理工系の基礎数学
【新装版】

複素関数

JN048555

理工系の基礎数学【新装版】

複素関数
COMPLEX ANALYSIS

松田 哲 Satoshi Matsuda

An Undergraduate Course
in Mathematics
for Science and Engineering

岩波書店

理工系数学の学び方

数学のみならず，すべての学問を学ぶ際に重要なのは，その分野に対する「興味」である．数学が苦手だという学生諸君が多いのは，学問としての数学の難しさもあろうが，むしろ自分自身の興味の対象が数学とどのように関連するかが見出せないからと思われる．また，「目的」が気になる学生諸君も多い．そのような人たちに対しては，理工学における発見と数学の間には，単に役立つという以上のものがあることを強調しておきたい．このことを諸君は将来，身をもって知るであろう．「結局は経験から独立した思考の産物である数学が，どうしてこんなに見事に事物に適合するのであろうか」とは，物理学者アインシュタインが自分の研究生活をふりかえって記した言葉である．

　一方，数学はおもしろいのだがよく分からないという声もしばしば耳にする．まず大切なことは，どこまで「理解」し，どこが分からないかを自覚することである．すべてが分かっている人などはいないのであるから，安心して勉強をしてほしい．理解する速さは人により，また課題により大きく異なる．大学教育において求められているのは，理解の速さではなく，理解の深さにある．決められた時間内に問題を解くことも重要であるが，一生かかっても自分で何かを見出すという姿勢をじょじょに身につけていけばよい．

　理工系数学を勉強する際のキーワードとして，「興味」，「目的」，「理解」を強調した．編者はこの観点から，理工系数学の基本的な課題を選び，「理工系の基礎数学」シリーズ全10巻を編纂した．

1. 微分積分
2. 線形代数
3. 常微分方程式
4. 偏微分方程式
5. 複素関数
6. フーリエ解析
7. 確率・統計
8. 数値計算
9. 群と表現
10. 微分・位相幾何

各巻の執筆者は数学専門の学者ではない．それぞれの専門分野での研究・教育の経験を生かし，読者の側に立って執筆することを申し合わせた．

　本シリーズは，理工系学部の1~3年生を主な対象としている．岩波書店からすでに刊行されている「理工系の数学入門コース」よりは平均としてやや上のレベルにあるが，数学科以外の学生諸君が自力で読み進められるよう十分に配慮した．各巻はそれぞれ独立の課題を扱っているので，必ずしも上の順で読む必要はない．一方，各巻のつながりを知りたい読者も多いと思うので，一応の道しるべとして相互関係をイラストの形で示しておく．

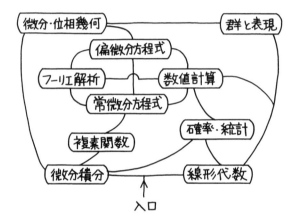

　自然科学や工学の多くの分野に数学がいろいろな形で使われるようになったことは，近代科学の発展の大きな特色である．この傾向は，社会科学や人文科学を含めて次世紀にもさらに続いていくであろう．そこでは，かつてのような純粋数学と応用数学といった区分や，応用数学という名のもとに考えられていた狭い特殊な体系は，もはや意味をもたなくなっている．とくにこの10年来の数学と物理学をはじめとする自然科学との結びつきは，予想だにしなかった純粋数学の諸分野までも深く巻きこみ，極めて広い前線において交流が本格化しようとしている．また工学と数学のかかわりも近年非常に活発となっている．コンピュータが実用化されて以降，工学で現われるさまざまなシステムについて，数学的な(とくに代数的な)構造がよく知られるようになった．そのため，これまで以上に広い範囲の数学が必要となってきているのである．

　このような流れを考慮して，本シリーズでは，『群と表現』と『微分・位相幾何』の巻を加えた．さらにいえば，解析学中心の理工系数学の教育において，代数と幾何学を現代的視点から取り入れたかったこともその 1 つの理由である．

　本シリーズでは，記述は簡潔明瞭にし，定義・定理・証明を羅列するようなスタイルはできるだけ避けた．とくに，概念の直観的理解ができるような説明を心がけた．理学・工学のための道具または言葉としての数学を重視し，興味をもって使いこなせるようにすることを第 1 の目標としたからである．歯ごたえのある部分もあるので一度では理解できない場合もあると思うが，気落ちすることなく何回も読み返してほしい．理解の手助けとして，また，応用面を探るために，各章末には演習問題を設けた．これらの解答は巻末に詳しく示されている．しかし，できるだけ自力で解くことが望ましい．

　本シリーズの執筆過程において，編者も原稿を読み，上にのべた観点から執筆者にさまざまなお願いをした．再三の書き直しをお願いしたこともある．執筆者相互の意見交換も活発に行われ，また岩波書店から絶えず示された見解も活用させてもらった．

　この「理工系の基礎数学」シリーズを征服して，数学に自信をもつようになり，より高度の数学に進む読者があらわれたとすれば，編者にとってこれ以上の喜びはない．

　　1995 年 12 月

　　　　　　　　　　　　　　　　　　　編者　吉川圭二
　　　　　　　　　　　　　　　　　　　　　　和達三樹
　　　　　　　　　　　　　　　　　　　　　　薩摩順吉

まえがき

本書は，理工系の学生を対象として，「複素関数」が実用的に使えることを主眼に書かれたものである．

この「理工系の基礎数学」シリーズの著者たちの多くがそうであるように，本著者も数学が専門ではない．しかし，理論物理学，なかんずく素粒子論が専門の研究領域である本著者にとって，複素関数論はなじみの数学のひとつである．かつては流体力学や航空力学が複素関数を多用していたが，最近では，素粒子論で脚光を浴びている超弦理論が複素関数論の知識なしには扱えない．また，超弦理論の基礎としてのみならず統計力学の臨界現象理論に対する基礎としても確立してきた共形場の理論は，複素関数論そのものの上に成り立っていると言ってもよい．このように，「複素関数」は理工学の諸分野を目指す学生諸君にとって学ばなければならないものである．

著者の考えでは，複素関数論はある意味で学びやすい，あるいは学びがいのある数学である．いろいろの定理が出てくるが，定理の証明内容と定理の応用内容がかなり合致しているからである．あるいは，定理の証明を理解することがすなわち定理の応用練習を含んでいる場合が少なくないと言ってもよい．したがって，本書を読む場合に，定理の証明を敬遠せずにその内容を理解することに挑戦してほしい．それが，証明の理解に加えて複素関数論の応用練習になると思う．

このような理由から，本書では，証明を省いて定理だけを与えてその定理の使い方にスペースを割くという，数学の応用に力点をおく本にありがちなスタイルをとらなかった．2,3の例外を除いて，提示した定理にはすべて証明を与えた．それは以上の意図に基づくものである．

また，随所に設問として問をあげ，そして各章の最後に演習問題を与えた．問にも演習問題にも，自習する読者が困らないように詳しい解答を付した．こ

れらの問や演習問題を力試しにぜひ解いてほしい．解答を見ながらでも解く意味はある．設問によっては別解を与えて，読者の思考を広げることも試みた．

本書を初めて読む際に少し程度が高いと思われる節には†印を付した．このような節は飛ばして読み進んでも差し支えない．しかし，いずれ立ち帰って，一度は眼を通して学んで欲しい．その内容は重要であるし，知っておいて欲しいものであるからだ．

さて，複素関数論の内容であるが，実におもしろく，理論としてうまくできているとしか言いようがないというのが著者の印象である．1 次変換，等角写像，積分定理，線積分と面積分の複素形式，定積分への応用，解析接続，漸近展開など，興味は尽きない．本書「複素関数」が読者に複素関数論の醍醐味の一端でも解き明かすことができれば，目的は達したことになるが，どうであろうか．

本書では不十分なところが多々あると思われるが，世に良書ありきで，そのような点は他の良書で補っていただきたい．巻末に，本書を補う意味でいくつかの良書の紹介を用意した．中には，著者自身これまで折りにふれてたびたび参照してきた本もあり，また本書の執筆の上で欠かせなかった本もある．いずれも簡単な紹介が付してあるので，参考にしていただけると幸いである．

最後に，辛抱強く本書執筆の後押しをして下さった，岩波書店編集部の片山宏海氏と宮部信明氏に厚くお礼を申し上げたい．また，編者の一人である大阪大学教授吉川圭二氏と岩波書店の宮部氏には，お忙しい中原稿を査読する労を惜しまずにとって下さったことに対して，ここに厚く感謝の意を表わしたい．

1996 年初春　比叡平にて

松田　哲

目　　次

1 複 素 数

この章では複素数の導入とその演算，さらに2次元平面上および2次元球面上の点としての複素数の性質とその応用について学ぶ．複素解析的方法は，実数値の問題に対しても有用であることが示される．

1-1　複素数の初等演算

変数 z についての実数係数の2次方程式

$$az^2 + bz + c = 0, \qquad a \neq 0 \tag{1.1}$$

の2つの根は

$$z = \frac{-b \pm \sqrt{b^2 - 4ac}}{2a} \tag{1.2}$$

で与えられる．$b^2 - 4ac \geqq 0$ のとき，根は実数であるが，$b^2 - 4ac < 0$ のとき，**虚根**となる．ここで関係式

$$\sqrt{-1} = i, \qquad (\pm d)i = \pm di = \pm id \quad (d : 任意の実数) \tag{1.3}$$

によって**虚数単位**とよばれる記号 i を導入すると，$b^2 - 4ac < 0$ のとき $\sqrt{b^2 - 4ac} = \sqrt{(-1)|b^2 - 4ac|} = \sqrt{-1}\sqrt{|b^2 - 4ac|} = i\sqrt{|b^2 - 4ac|}$ であるから，虚根は

$$z = -\frac{b}{2a} \pm i\frac{\sqrt{|b^2-4ac|}}{2a} \tag{1.4}$$

と表示できる．とくに，(1.1)で $a=1$, $b=0$, $c=1$ とおいて得られる方程式 $z^2+1=0$ または $z^2=-1$ の根は，$z=\pm i$ であるから，明らかに

$$(\pm i)^2 = i^2 = -1 \tag{1.5}$$

である．

2次方程式の虚根のように，任意の2つの実数の組 (x,y) で与えられる表現

$$z = x+iy \tag{1.6}$$

を**複素数**(complex number)とよぶ．x を**実部**(real part)，y を**虚部**(imaginary part)といい，

$$x = \mathrm{Re}\,z, \qquad y = \mathrm{Im}\,z \tag{1.7}$$

と書くこともある．2つの複素数 $z_1=x_1+iy_1$, $z_2=x_2+iy_2$ が等しい，すなわち $z_1=z_2$ であるとは，その実部および虚部が等しい，すなわち $x_1=x_2$, $y_1=y_2$ が成り立つことである．また，$x-iy$ を複素数 z の**共役複素数**(conjugate complex number)といい，$\bar{z}$ または z^* で表わす．

とくに，$x=0$, $y=0$ のとき，$z=0+i0=0$ と書く．したがって，$z\neq0$ は，$x\neq0$ または $y\neq0$ を意味する．$y=0$ のとき，z は実数 x となり，$z=x+i0=x$ と書く．また，$x=0$, $y\neq0$ のとき，z は**純虚数**(purely imaginary number)となり，$z=0+iy=iy=yi$ と書く．

任意の2つの複素数 $z_1=x_1+iy_1$, $z_2=x_2+iy_2$ に対して，**加法**と**乗法**を，普通の実数式と同じように因子展開の計算をし，$i^2=-1$ とおき換えることによって，

$$z_1+z_2 = (x_1+x_2)+i(y_1+y_2), \qquad z_1z_2 = (x_1x_2-y_1y_2)+i(x_1y_2+x_2y_1)$$
$$\tag{1.8}$$

で規定すると，複素数に対しても，実数の場合と同様の計算公式：

交換法則：$z_1+z_2 = z_2+z_1, \qquad z_1z_2 = z_2z_1$

結合法則：$(z_1+z_2)+z_3 = z_1+(z_2+z_3), \qquad (z_1z_2)z_3 = z_1(z_2z_3)$ (1.9)

分配法則：$z_1(z_2+z_3) = z_1z_2+z_1z_3$

が成り立つことは容易に確かめられる．したがって，複素数に対する**加減乗除**

の四則演算が，$i^2=-1$ なるおき換えによって，実数と同様に実行できる．とくに，2つの複素数 z_1, z_2 に対して，$z_1=z_2+w$ となる w がただ1つ定まる．これを z_1-z_2 と表わす：

$$w = (x_1-x_2)+i(y_1-y_2) = z_1-z_2 \tag{1.10}$$

同じく，$z_2 \neq 0$ のとき，$z_1=z_2 w$ となる w がただ1つ定まる（両辺に $\bar{z}_2$ を掛けて，両辺を実数 $z_2\bar{z}_2=x_2{}^2+y_2{}^2$ で割る）．これを z_1/z_2 と表わす：

$$w = \frac{z_1\bar{z}_2}{z_2\bar{z}_2} = \frac{x_1x_2+y_1y_2}{x_2{}^2+y_2{}^2}+i\frac{-x_1y_2+x_2y_1}{x_2{}^2+y_2{}^2} = \frac{z_1}{z_2} \tag{1.11}$$

また，$z+0=z$, $0z=0$, $\pm 1z=\pm z$ であることはいうまでもない．

　これで複素数の演算は不定性なしに行えるのであるが，読者の中には x と iy を加えた複素数 $z=x+iy$ は，次元の異なる物理量を加えるような（例えば，距離と加速度を加えて速度を出そうとするような），明らかに誤った，こじつけの計算なのではないだろうか，と違和感と疑念を抱かれる方もおられるかもしれない．このような点を明確にする複素数の厳密な定義を述べておこう．

　まず，実数の全体は四則演算を満たす．数学用語で，このような性質をもつ実数全体は**体**をなす，という．すでに述べたように，複素数の全体も四則演算を満たすので，複素数の全体は，やはり，体をなす．このような体の性質に基づいた複素数の定義は次のようなものである．

　複素数の厳密な定義　　複素数 z を，順序づけられた2つの実数の組 (x, y) で定義し，これを

$$z = (x, y) \tag{1.12}$$

と書く．任意の2つの複素数 $z_1=(x_1, y_1)$, $z_2=(x_2, y_2)$ に対して，両者が等しいとは $x_1=x_2$ かつ $y_1=y_2$ が成り立つことである．また，2つの複素数 $z_1=(x_1, y_1)$, $z_2=(x_2, y_2)$ の和と積を

$$\begin{aligned}
z_1+z_2 &= (x_1+x_2, y_1+y_2) \\
z_1z_2 &= (x_1x_2-y_1y_2, x_1y_2+x_2y_1)
\end{aligned} \tag{1.13}$$

で定義する．複素数の加法と乗法をこのように定義し，**零**は $z=0=(0,0)$ で与えられるとすると，実数の四則演算を使って，複素数全体が加減乗除の四則演算を満たすことが示される．

問 1-1　複素数が体をなすことを証明せよ.

　さて，複素数の中で，$(x,0)$ なる全体は，実数と同じ四則演算を満たす. したがって，特別な複素数 $(x,0)$ を実数 x と同じとみなして，$(x,0)=x$ と表わす. さらに，(1.13)による計算
$$(0,1)^2 = (0,1)(0,1) = (-1,0) = -1$$
からわかるように，$(0,1)$ は虚数単位に相当する複素数であるから，$(0,1)=i$ と表わそう. これより，容易に
$$(0,y) = (0,1)(y,0) = iy$$
であることが示される. すなわち，$(0,y)$ は純虚数である.

　以上から，複素数 z は次の表現をもつ:
$$z = (x,y) = (x,0)+(0,1)(y,0) = x+iy \tag{1.14a}$$
ただし，
$$x = (x,0), \quad y = (y,0), \quad i = (0,1) \tag{1.14b}$$
これで，(1.6)式の記号 $x+iy$ における掛け算，足し算の意味が，明確になったであろう.

1-2　複素平面

1つの数である実数の座標表示は，1次元的な直線上の点であることはよく知られている. 複素数 $z=x+iy$ は，すでに述べたように，順序づけられた2つの実数の組 (x,y) に他ならないから，2次元平面上に直交座標軸(図1-1)をとると，z は平面上の点で表わされる. 実部を表わす横軸を**実軸**(real axis)，虚部を表わす縦軸を**虚軸**(imaginary axis)とよぶ. このように各点が複素数を表わしている，直交座標軸を組み込んだ平面を，**複素数平面**(complex number plane)あるいは単に**複素平面**(complex plane)または**ガウス平面**(Gaussian plane)という. とくに，座標原点は $z=0$ を表わす.

　極形式　複素平面上の点である複素数 z は，図1-1に示されているように，極座標 (r,θ) を使って表現できる. すなわち，$x=r\cos\theta$, $y=r\sin\theta$ であるか

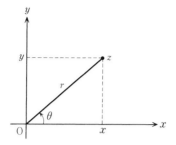

図 1-1 複素平面

ら,

$$z = x + iy = r(\cos\theta + i\sin\theta) \qquad (1.15)$$

これが,複素数表示の**極形式**(polar form)である.$r=\sqrt{x^2+y^2}=\sqrt{z\bar{z}}$ を z の**絶対値**(absolute value),$\theta=\arctan(y/x)$ を z の**偏角**(argument)といい,それぞれ記号 $|z|$, $\arg z$ で表わす:

$$|z| = r = \sqrt{x^2+y^2}, \quad \arg z = \theta = \arctan\left(\frac{y}{x}\right) \qquad (1.16)$$

z に対して,$r=|z|$ はただ1つ決まる.しかし,$z \neq 0$ に対して,$\theta=\arg z$ の値には 2π の整数倍の不定性が残る.すなわち,θ の1つの値を θ_0 とすると,θ の一般形は $\theta=\theta_0+2n\pi$($n=0, \pm1, \pm2, \cdots$)あるいは $\theta=\theta_0 \pmod{2\pi}$* である.さらに,$\arg z$ の正しい1つの値 θ_0 は,比 y/x だけで定まるのではなく,x および y の各符号を正しく与えるように確定しなければならない.とくに,$x=0$, $y>0$ のとき $\theta=\pi/2 \pmod{2\pi}$ となり,$x=0$, $y<0$ のとき $\theta=-\pi/2 \pmod{2\pi}$ となる.なお,$z=0$ の絶対値は0であるが,その偏角 $\arg 0$ は定義しない.θ の値を,例えば,

$$-\pi < \theta \leqq \pi \qquad (1.17)$$

に限れば,z に対して θ の値は一意的に確定する.このように制限された θ の値を,偏角の**主値**(principal value)という.

さて,ここで指数関数表示された複素数 $e^{i\theta}$ を

$$e^{i\theta} \equiv \cos\theta + i\sin\theta \qquad (1.18a)$$

---

* 一般に,2つの数 a, b が,ある数 p の整数倍の不定性を除いて等しいとき,$a=b \pmod{p}$ と書く.

で定義する. とくに, $e^{i0}=e^0=1$ である. これが自然な定義であることは, 次のようにしても示される. まず, 正弦関数, 余弦関数のべき級数展開は

$$\sin\theta = \sum_{k=0}^{\infty}\frac{(-1)^k}{(2k+1)!}\theta^{2k+1}, \quad \cos\theta = \sum_{k=0}^{\infty}\frac{(-1)^k}{(2k)!}\theta^{2k} \tag{1.19}$$

で与えられる. 一方, よく知られた実数 t の指数関数のべき級数展開

$$e^t = \sum_{n=0}^{\infty}\frac{t^n}{n!} \tag{1.20}$$

において, t の代わりに形式的に $i\theta$ と置いて, 実部と虚部の和にまとめ直すと,

$$e^{i\theta} = \sum_{n=0}^{\infty}\frac{(i\theta)^n}{n!} = \sum_{k=0}^{\infty}\frac{(-1)^k}{(2k)!}\theta^{2k} + i\sum_{k=0}^{\infty}\frac{(-1)^k}{(2k+1)!}\theta^{2k+1}$$
$$= \cos\theta + i\sin\theta \tag{1.18b}$$

が得られる.

このオイラー(Euler)の公式(1.18a, b)を用いると, 極形式はさらに簡単でかつ実用的な形

$$z = re^{i\theta} \tag{1.21}$$

になる. ここで

$$e^{-i\theta} = e^{i(-\theta)} = \cos(-\theta) + i\sin(-\theta) = \cos\theta - i\sin\theta \tag{1.22}$$

であることに注意しよう.

問 1-2 等式

$$|e^{i\theta}| = 1, \quad e^{-i\theta} = \frac{1}{e^{i\theta}}, \quad e^{i\theta_1}e^{i\theta_2} = e^{i(\theta_1+\theta_2)}, \quad \frac{e^{i\theta_1}}{e^{i\theta_2}} = e^{i(\theta_1-\theta_2)} \tag{1.23}$$

を示せ.

問 1-3 等式(1.23)を使って, ド・モアヴル(de Moivre)の公式

$$(\cos\theta + i\sin\theta)^n = \cos n\theta + i\sin n\theta \quad (n=整数) \tag{1.24}$$

を証明せよ.

極形式を使うと, 2つの複素数 $z_1 = r_1 e^{i\theta_1}$, $z_2 = r_2 e^{i\theta_2}$ に対して

$$z_1 z_2 = r_1 r_2 e^{i(\theta_1+\theta_2)}, \quad \frac{z_1}{z_2} = \frac{r_1}{r_2}e^{i(\theta_1-\theta_2)} \quad (z_2 \neq 0) \tag{1.25}$$

となる．したがって，

$$|z_1 z_2| = r_1 r_2 = |z_1||z_2|, \qquad \arg(z_1 z_2) = \theta_1 + \theta_2 = \arg z_1 + \arg z_2 \,(\mathrm{mod}\,2\pi)$$

$$\left|\frac{z_1}{z_2}\right| = \frac{r_1}{r_2} = \frac{|z_1|}{|z_2|}, \qquad \arg\!\left(\frac{z_1}{z_2}\right) = \theta_1 - \theta_2 = \arg z_1 - \arg z_2 \,(\mathrm{mod}\,2\pi)$$

$$(1.26)$$

が成り立つ．

　この結果を用いると，1-1 節で述べた複素数の四則演算に対応する複素平面上の幾何学的操作が，次のように作図される．まず，加法は 2 次元平面上のベクトル加法に帰するから，原点から点 z_1, z_2 に到る線分を 2 辺とする平行四辺形の新たな頂点が $z_1 + z_2$ を与える（図 1-2）．減法は，原点に関する z_2 の対称点 $-z_2$ を求め，$z_1 - z_2 = z_1 + (-z_2)$ として加法に帰着させる（図 1-2）．

　次に，乗法は，(1.26) の結果を使って，3 点 $0, 1, z_1$ を頂点とする 3 角形 A と，3 点 $0, z_2, z_1 z_2$ を頂点とする 3 角形 B とが同じ向きに相似である，すなわち，3 角形 A を原点の周りに $\arg z_2$ だけ回転させて各辺を $|z_2|$ 倍にすると 3 角形 B に重なることに注意すると，頂点 $z_1 z_2$ が得られる（図 1-3）．

　除法は乗法の逆演算である．あるいは，乗法と同様にして，3 角形 $0, z_2, z_1$ が 3 角形 $0, 1, z_1/z_2$ に対して同じ向きに相似であることを使うと，頂点 z_1/z_2 が

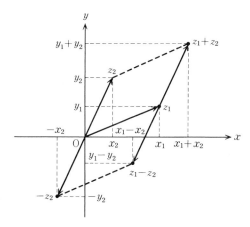

図 1-2　複素数の加法と減法

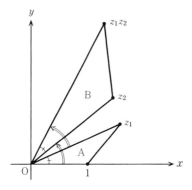

図1-3 複素数の乗法

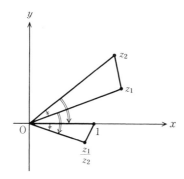

図1-4 複素数の除法

求まる(図1-4).

問1-4 複素数 z_1, z_2 に対して, 不等式

$$||z_1| - |z_2|| \leqq |z_1 \pm z_2| \leqq |z_1| + |z_2| \tag{1.27}$$

を示せ.

質点の平面運動の複素形式 複素数の実用的応用として, 質点の平面運動を複素数を使って解くことを考えよう. 質量 m, 位置ベクトル $\boldsymbol{r} = (x, y)$ の質点が力 $\boldsymbol{F} = (X, Y)$ を受けて運動する際のニュートンの運動方程式は, 時間微分をドットで表わすと,

$$m\ddot{\boldsymbol{r}} = \boldsymbol{F} \tag{1.28}$$

で与えられる．ここで，$\boldsymbol{r}$ および $\boldsymbol{F}$ の x 成分，y 成分を複素数表示 $z=x+iy$，$Z=X+iY$ にまとめると，運動方程式は

$$m\ddot{z} = Z \tag{1.29}$$

なる**複素形式**に表わされる．時刻 $t=0$ における初期条件，すなわち，質点の位置 $\boldsymbol{r}$ と速度 $\dot{\boldsymbol{r}}$ の初期値 $\boldsymbol{r}_0\equiv(x_0,y_0)$，$\dot{\boldsymbol{r}}_0\equiv(u_0,v_0)$ は，複素形式では

$$z = z_0 \equiv x_0+iy_0, \quad \dot{z} = \dot{z}_0 \equiv u_0+iv_0 \tag{1.30}$$

となる．

例題 1-1　進行方向に対して直角な右向き方向に，速度に比例する大きさの力を受ける質点の平面運動を求めよ．

[解]　速度の複素数表示は $\dot{z}$，それに垂直な右向き方向の力の複素数表示 Z は，$k(>0)$ を比例定数として，偏角に注意すると（図 1-5 参照），

$$Z = k\dot{z}e^{-i\pi/2} = -ik\dot{z} \tag{1.31}$$

で与えられる．したがって，運動方程式の複素数表示は

$$m\ddot{z} = -ik\dot{z} \tag{1.32}$$

この一般解は，2 つの複素定数を含み，

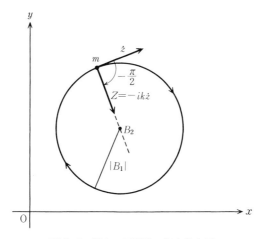

図 1-5　質点の円運動の複素数表示

$$z = B_1 e^{-i\frac{k}{m}t} + B_2 \qquad (1.33)$$

で与えられる．時刻 $t=0$ における初期条件 $z=z_0$, $\dot{z}=\dot{z}_0$ を考慮すると，定数は次のように決まる：

$$B_1 = i\frac{\dot{z}_0 m}{k}, \qquad B_2 = z_0 - i\frac{\dot{z}_0 m}{k} \qquad (1.34)$$

一般解の質点の軌道は，点 B_2 を中心とし，半径が $|B_1|$ の円周上を右回りするものとなる．■

1-3 無限遠点と点集合

複素平面上の点 z を**要素**（または**元**ともいう）とする集合について，いくつかの概念を含めて，簡単な説明をしておこう．実数集合についての諸性質，諸定理については，ひと通り学んでいるものとする．まず，複素平面に無限遠点を導入する．

　リーマン球面　　3次元空間内に原点 O を中心とする半径 1 の球面 Σ をとり，図 1-6 に示したように，xy 平面 Π を複素平面とする．Π に垂直な Σ の直径，すなわち z 軸が Σ と交わる 2 点を，それぞれ北極 N，南極 S とよぶ．N と Π 上の点 z とを結ぶ直線は，N 以外の点 Z で Σ と再び交わる．このようにして平面 Π の点と球面 Σ の点とを対応させる写像を，**立体射影**

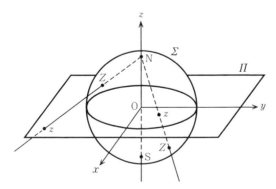

図 1-6　リーマン球面

（stereographic projection）あるいは**極射影**（polar projection）という．このとき，平面 Π の単位円 $|z|=1$ の円周上の点は，球面 Σ 上のそれ自身の点に写り，その内部 $|z|<1$ は「南半球」（球面を「赤道面」Π で分けて得られる2つの半球面のうち，南極 S を含む方）に，外部 $|z|>1$ は「北半球」に写像される．逆に，Σ 上の北極以外の点 Z は，N と Z を結ぶ直線によって，必ず Π 上のある1点 z に射影される．すなわち，Π 上の点の全体（複素数の全体）と Σ から1点 N を除いた球面上の点全体との間に，1対1の対応がつけられる．

　ただし，このとき，球面上の除いた1点である北極 N に対応する点が Π の上にない．しかし，z が原点 O からどんどん遠ざかると，対応する点 Z は N に限りなく近づいて行く．そこで，原点から無限の遠距離にあるとみなされる仮想上の1点を Π 上の「無限に遠い所」に考え，これを**無限遠点**（point at infinity）とよび，記号 ∞ で表わすことにする．∞ と N とを対応させることにすると，∞ を追加させた Π と Σ との間に1対1の対応がつけられる．これは，あたかも，伸び縮みする無限に広がったふろしき Π を，四方八方から包み込んで，ただ1つの無限遠点で結んでしまうことによって，球面 Σ を作るような操作を思い起こさせる．したがって，「∞ を含めた複素数の全体」（これに対応する複素平面を**拡張された複素平面**（extended complex plane）とよぶ）は，「球面 Σ 上の点全体」によって1対1に表示できる．このように，面上の各点が複素数を表わすと見られる球面 Σ を，**複素数球面**（complex sphere）または**リーマン球面**（Riemann sphere）という．また，∞ でない複素数を，とくに**有限な複素数**といい，対応する複素平面（すなわち Π）を**有限複素平面**とよぶこともある．

　今後は，しばしば ∞ を複素数に入れて考えるが，しかし，これはあくまで便宜上のことであって，∞ はどこまでも特別扱いする必要がある．これからの各章で必要に応じて説明されるように，複素数 ∞ の性質および ∞ における複素関数の諸性質は，例えば 1-5 節で説明される1次変換 $w=1/z$ によって無限遠点 $z=\infty$ を有限複素平面上の点 $w=0$ に写像し，その写像された有限な点 $w=0$ の複素数としての性質およびその点での複素関数の諸性質によって定義づけしなければならない．

拡張された複素平面上での ∞ を含む四則演算は，次のようになる：すべての有限な z $(z \neq \infty)$ に対して $z + \infty = \infty + z = \infty$, $z/\infty = 0$, すべての $z \neq 0$ に対して $z \cdot \infty = \infty \cdot z = \infty$, $z/0 = \infty$, しかし，$\infty + \infty$, $0 \cdot \infty$, $\infty \cdot 0$, $0/0$ は定義されない.

複素平面上の点集合　　有限個または無限個の複素数の点の集まりを，複素平面上の**点集合**または**集合**という．例えば，2次方程式(1.1)の解は，たかだか2個の点の集まりで，これは**有限集合**である．また，実数パラメター t で

$$z = (1-t)z_1 + tz_2 \tag{1.35}$$

と記述される，2点 z_1, z_2 を通る直線上の点の集まりは，**無限集合**である.

複素平面上で，中心点が a，半径が r(>0) の円を考えよう．次の各点集合

$$\{z : |z-a| = r\}, \quad \{z : |z-a| < r\}, \quad \{z : |z-a| \leq r\} \tag{1.36}$$

を，それぞれ，**円周**, **開円板**, **閉円板**と呼ぶ.

ここで，便利な記号を導入しよう．すなわち，点 z が集合 A に属することを，$z \in A$ で表わす.

さて，すべての $z \in A$ に対して $|z| \leq R$ なる定数 R が存在するとき，集合 A は**有界**であるという．また，$z_0 \neq \infty$ を中心点とする半径 r の開円板，すなわち，$|z - z_0| < r$ なる z の全体を，z_0 の r **近傍**という．R をある定数とするとき，$|z| > R$ なる全体を ∞ の1つの近傍という．(1-5節の1次変換 $w = 1/z$ を使うと，z 平面の ∞ は，w 平面の原点 $w = 0$ に写像され，したがって，$|z| > R$ なる ∞ の近傍は，$|w| < 1/R$ で与えられる $w = 0$ の $1/R$ 近傍へ写像される.)

点 z_0 に対して，その任意の r 近傍が z_0 以外に集合 A の点を少なくとも1つ含むならば，z_0 を A の**集積点**という．z_0 は，A に属していても($z_0 \in A$)，属していなくても($z_0 \notin A$)，どちらでもよい.

さてここで，集合に関するいくつかの定義を与えておこう．いかなる点 z をとっても，$z \notin A$ となる集合 A(すなわち，要素または元を1つも含まない集合)を，**空集合**といい，記号 $\emptyset$ で表わす．1つの集合 A に属さない点の全体を A の**補集合**といい，A^c で表わす.

$z \in A_1$ ならば必ず $z \in A$ なるとき，A_1 は A の**部分集合**であるといい，$A_1 \subset A$ と書く(図1-7)．2つの集合 A_1, A_2 の少なくとも一方に属する点の全体を，

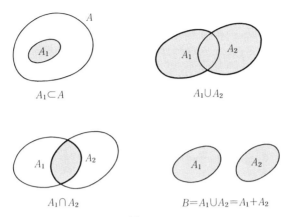

$A_1 \subset A$　　　$A_1 \cup A_2$

$A_1 \cap A_2$　　　$B = A_1 \cup A_2 = A_1 + A_2$

図 1-7

A_1, A_2 の**和集合**(または**合併集合**)といい，$A_1 \cup A_2$ と表わす．A_1 と A_2 の両方に属する点の全体からなる集合を，**積集合**(または**共通部分**)といい，$A_1 \cap A_2$ で表わす．A_1 と A_2 がいかなる点も共有しないとき，すなわち，$A_1 \cap A_2 = \emptyset$ のとき，A_1, A_2 は**互いに素**であるという．このとき，$B = A_1 \cup A_2$ は部分集合 A_1, A_2 の**直和**であるといい，$B = A_1 + A_2$ で表わす．A の集積点の全体を A の**導集合**といい，A' で表わす．$\bar{A} = A' \cup A$ を A の**閉包**という．

$A' \subset A$ ならば，$\bar{A} = A' \cup A = A$ である．このとき，A を**閉集合**という．いいかえると，A の集積点がすべて A に属するとき，A は閉集合である．閉集合の補集合とみなされる集合を**開集合**というが，開集合は次のように定義してもよい：集合 A の任意の点 $z \in A$ に対して，その適当な r 近傍が A に含まれるとき，A を開集合という．

通常開集合の定義は後者で与えられるが，この後者の定義に従えば，開集合 A の補集合 A^c は閉集合である，ということになる．なぜなら，もし開集合 A の補集合 A^c が閉集合でないとすると，$z_0 \notin A^c$(すなわち，$z_0 \in A$)なる A^c の集積点 z_0 があり，どのような r_n $(n = 1, 2, \cdots)$ をとっても z_0 の r_n 近傍 $|z_0 - z_n| < r_n$ に $z_n \in A^c$(すなわち，$z_n \notin A$)となる点 z_n が必ずひとつは存在する．これは，上記開集合の後者の定義によれば，z_0 が開集合 A の点である(すなわち，$z_0 \in A$ である)ことに矛盾する．したがって，A^c は閉集合である．

また，一般に，点 z を含む開集合のことを，z の**近傍**ということもある．

一般に複素平面上の点は，1つの集合 A が与えられたとき，次の3種類に分類される（図1-8参照）．まず，その r 近傍が A に含まれるような点を A の**内点**という．次に，その r 近傍が A と互いに素であるような点を A の**外点**という．最後に，A の内点でも外点でもない点（いい換えると，その r 近傍が，常に，A の点とその補集合の点を含むような点）を A の**境界点**という．境界点の集合を**境界**という．

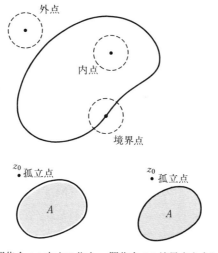

開集合A：内点の集合　　閉集合A：境界点を含む集合

図1-8

開集合は内点のみから成る集合である．これに対して，閉集合は境界を含む集合である．明らかに，A の内点はすべて集積点である．また，A の集積点は，A の外点とはなり得ないから，A の内点であるか，または A の境界点である．

A の集積点でない A の点 z_0 を，A の**孤立点**という．すなわち，z_0 の r 近傍が z_0 以外に A の点を含まないとき，z_0 は A の**孤立点**である．孤立点の集合を，**離散集合**という．

問1-5 集合 A の境界点が A に属さないならば，その境界点は A の集積点である

ことを証明せよ.

コンパクトな集合　　集合 A が**コンパクト**であるというのは, A が次の性質をもつことである：開集合を要素とする集合 U があって, A が U に属する集合で覆われているならば, A は U に属する有限個の開集合で覆われる.

　1次元または2次元実数空間では, 有界な閉集合を, 通常, コンパクトな集合という. 無限遠点を含めた拡張された複素平面空間では, 「任意の閉集合はコンパクトである」. すなわち, コンパクトな集合には有界でないものも含まれるように拡張される. これを定理の形に書くと, 次のようになる：

　定理 1-1(**ハイネ-ボレル**(Heine-Borel)**の被覆定理**)　z 平面上の任意の閉集合 A は, それが開集合 U_λ ($\lambda \in \Lambda$：Λ は点集合)の合併集合 $U = \bigcup_{\lambda \in \Lambda} U_\lambda$ で覆われているならば, 有限個の集合 U_λ で覆われる.

　この定理の証明は長くなるので, ここでは省略しよう. 証明を演習問題 [5] として挙げてあるので, 興味ある読者はその解を参照されるとよい.

　例題 1-2　コンパクトな集合 A は閉集合であることを証明せよ.

　[解]　明らかに, 閉集合はコンパクトであると主張する定理 1-1 の逆を証明すればよい. A の補集合 A^c の任意の点を z_0 とする. A の点 z に対して適当な ε 近傍 $U_\varepsilon(z)$ (例えば, $\varepsilon = \varepsilon(z) = |z - z_0|/3$ ととる)をとると, A は, 明らかに無限個の開集合 $\{U_{\varepsilon(z)} : z \in A\}$ の和集合 $U = \bigcup_{z \in A} U_{\varepsilon(z)}(z)$ で覆われるから(図 1-9 参照), そのコンパクト性により有限個の開集合 $U_{\varepsilon(z_1)}(z_1), U_{\varepsilon(z_2)}(z_2), \cdots,$ $U_{\varepsilon(z_n)}(z_n)$ $(z_k \in A, k = 1, 2, \cdots, n)$ で覆われる：$A \subset \bigcup_{k=1}^{n} U_{\varepsilon(z_k)}(z_k)$. 正の数 $\varepsilon(z_1)$, $\varepsilon(z_2), \cdots, \varepsilon(z_n)$ の最小値を δ とすると, δ の定義より $U_{\varepsilon(z_k)}(z_k) \cap U_\delta(z_0) = \emptyset$ であるから, $A \cap U_\delta(z_0) = \emptyset$. すなわち, 点 z_0 は A の境界点でない. このように, A に属さない点はすべて A の境界点ではないから, A の境界点は A に属する. すなわち, A は閉集合である*. ∎

　＊　補足的説明：A が $z = \infty$ を含むとき(したがって, つねに $z_0 \neq \infty$ のとき)は, $|z| > R$ ($> |z_0|$)なる全体で与えられる ∞ の1つの近傍を $U_R(\infty)$ とすると, $A \subset \bigcup_{k=1}^{n} U_{\varepsilon(z_k)}(z_k) \cup$

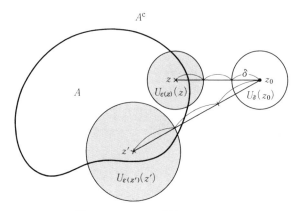

図1-9　$\varepsilon(z)=\delta$ の場合：$\varepsilon(z')\geqq\delta$

その他の有用な定理・定義を述べておく.

定理1-2(ボルツァーノ-ワイエルストラス(Bolzano-Weierstrass)の定理)

拡張された複素平面上の無限点集合 A は，少なくとも1つの集積点をもつ.

この定理の証明は，定理1-1のおかげで，そうやっかいではない. A に集積点がないと仮定すると，拡張された複素平面上の任意の点 z に対して適当な近傍 $U(z)$ をとるとき，$U(z)$ はたかだか1つしか A の点を含まない. 拡張された複素平面 $|z|\leqq\infty$ は閉集合であり，かつ $U(z)$ の全体 $U=\bigcup\limits_{\{z:|z|\leqq\infty\}}U(z)$ で覆われるから，ハイネ-ボレルの定理により，有限個の $U(z_1),U(z_2),U(z_3),$ $\cdots,U(z_n)$ で覆われる. したがって，A はたかだか n 個の点から成ることになる. これは，A が無限点集合であることに反する. したがって，A は必ず集積点をもたなければならない. ∎

注意　ユークリッド平面上の点集合の場合には，集合が有界であるという仮定がおかれる. 定理1-2の複素平面には無限遠点が追加されているから，この仮定は不要と

$U_R(\infty)$ であるから，δ として正の数 $\varepsilon(z_1),\cdots,\varepsilon(z_n)$, $R-|z_0|$ の中の最小値を選ぶと，以下の議論は同様である. また，$z_0=\infty$ のとき(したがって，$z=\infty\notin A$ のとき)は，$z_k\in A$ の適当な ε_k 近傍を $U_{\varepsilon_k}(z_k)$ とすると，A はそのコンパクト性により有限個の開集合 $U_{\varepsilon_k}(z_k)$ $(k=1,2,\cdots,n)$ で覆われる. よって R を十分大きくとった ∞ の近傍 $U_R(z_0=\infty)$ に対して $U_{\varepsilon_k}(z_k)\cap U_R(z_0=\infty)=\emptyset$ となるから，以下の議論はやはり同様となる.

なることに注意しよう．拡張された複素平面上では，有界でない無限点集合は，∞ を集積点としている．

定理1-3（カントール（Cantor）の共通部分定理） 閉集合の列 A_n（$n=1,2,$ $\cdots$）において，各 A_n は空でなく（$A_n \neq \emptyset$），かつ $A_n \subset A_{n-1}$（$n=1,2,\cdots$）となっているならば，すべての A_n に共有される点が存在する．すなわち，$\bigcap\limits_{n=1}^{\infty} A_n$ は空集合でない．

この定理の証明も，定理1-2を使えば容易である．A_n に属する任意の1点を z_n とする．まず点集合 $\{z_1, z_2, \cdots\}$ が有限集合ならば，$z_{n_1} = z_{n_2} = \cdots$ となる無限整数列 $n_1 < n_2 < \cdots$ が存在する．この整数列の点を $z_0 = z_{n_k}$（$k=1,2,\cdots$）とすると，任意の n に対して $n_k > n$ であるような n_k が必ず存在するから，$z_0 = z_{n_k}$ $\in A_{n_k} \subset A_n$ となる．したがって，$z_0 \in \bigcap\limits_{n=1}^{\infty} A_n$．一方 $\{z_1, z_2, \cdots\}$ が無限集合ならば，ボルツァーノ－ワイエルストラスの定理により，集積点 z_0 をもつ．任意の m に対して，$\{z_1, z_2, \cdots\}$ から有限個の点 $z_1, z_2, \cdots, z_{m-1}$ を取り去っても，z_0 は点集合 $\{z_m, z_{m+1}, \cdots\}$ の集積点である．点列 $z_m, z_{m+1}, \cdots$ はすべて閉集合 A_m に属するから，集積点 z_0 も A_m に属する．すなわち，任意の m に対して $z_0 \in A_m$ となり，したがって，$z_0 \in \bigcap\limits_{m=1}^{\infty} A_m$ が成り立つ． ▌

直径と距離* 集合 A の任意の2点を z_1, z_2 とするとき，$|z_1 - z_2|$ の上限，すなわち

$$\sup |z_1 - z_2| \quad (z_1, z_2 \in S) \tag{1.37}$$

を A の**直径**といい，$d(A)$ で表わす．また，2つの集合 A, A' において，A から任意の点 z を，A' から任意の点 z' をとるとき，$|z - z'|$ の下限，すなわち

$$\inf |z - z'| \quad (z \in S, \; z' \in S') \tag{1.38}$$

を A と A' の**距離**といい，$d(A, A')$ で表わす．

この定義より，2つの有限閉集合である2点 z_1, z_2 の間の距離は，$d(z_1, z_2)$

---

* 実数の集合 S に属するすべての数が a より大きくないとき，S は**上に有界**といい，a を**上界**と呼ぶ．**下界**についても同様である．両方に有界ならば，単に**有界**という．最小の上界，最大の下界をそれぞれ**上限**，**下限**といい，$\sup S$ および $\inf S$ で表記する．上限，下限は必ずしも S に属する数ではない．上限 $a = \sup S$ は次の性質をもつ：(i) S に属するすべての数 x に対して $x \leq a$，(ii) どのような正の数 ε をとっても，必ず $a - \varepsilon < x$ となるような S に属する数 x がある．下限の性質も同様である．なお便宜上，上に有界でない S については $\sup S = +\infty$，下に有界でない S については $\inf S = -\infty$ と約束する．

$=|z_1-z_2|$ である.

　問 1-6　2つの有界な閉集合 A, A' に共通点がなければ，$d(A, A')=d_0>0$ である
ことを証明せよ(演習問題 [6] と比較してみよ).

1-4　複素数列と極限

任意の正の整数(**自然数**) n に対して，複素数 z_n が対応する数列を，**複素数列**
といい，$\{z_n\}$ と書く.

　複素数列の収束と発散　　複素数列 $\{z_n\}$ は複素平面上の点列

$$\{z_n\}: z_1, z_2, \cdots, z_n, \cdots$$

であり，複素数列が複素数の**極限値 z に収束する**，すなわち

$$\lim_{n\to\infty} z_n=z \quad \text{または} \quad z_n\to z \quad (n\to\infty) \tag{1.39}$$

であるとは，点列 $\{z_n\}$ が z に収束することである. この定義の条件は，次の
ように与えられる：まず，z が有限のとき，任意の小さな実数 $\varepsilon>0$ に対して，
適当な自然数 $n_0=n_0(\varepsilon)$ をとると，$n\geqq n_0$ なるすべての自然数 n に対して(図
1-10 参照)

$$|z_n-z| < \varepsilon \quad (n\geqq n_0) \tag{1.40}$$

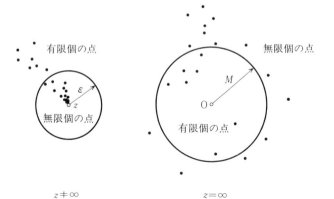

図 1-10　複素数列の収束と発散

一方，$z=\infty$ のとき，任意の大きな M に対して，適当な自然数 $m_0=m_0(M)$ をとると，

$$|z_n|>M \quad (n\geqq m_0) \tag{1.41}$$

ボルツァーノ-ワイエルストラスの定理(定理1-2)により，複素数列 $\{z_n\}$ が無限集合である場合，その複素数列は必ず集積点をもつ．したがってこの場合，複素数列が収束するならば集積点はただ1つである．とくに，そのただ1つの集積点が無限遠点 $z=\infty$ であるとき，複素数列は無限遠点に収束するというかわりに，複素数列は**発散する**ともいう．

発散する複素数列 $\{z_n\}$ は，例えば1-5節の1次変換 $w=1/z$ により，$w_n=1/z_n$ とおいて得られる w 平面上の点列である複素数列 $\{w_n\}$ について考察すれば，有限な極限値 $w=0$ に収束する複素数列として扱うことが許される．したがって，以下では，一般性を失うことなく有限な極限値の場合を考察する．

定理1-4(コーシー(Cauchy)の判定法)　複素数列 $\{z_n\}$ が収束するための必要十分な条件は，任意の小さな ε に対して，適当な自然数 $n_0=n_0(\varepsilon)$ をえらぶと，

$$|z_m-z_n|<\varepsilon \quad (m,n\geqq n_0) \tag{1.42}$$

が成り立つことである．

[証明]　この定理は基本的であるから，面倒でもここで証明をしておこう．$\{z_n\}$ が極限値 z に収束するとき，任意の ε に対して適当な $n_0=n_0(\varepsilon)$ をえらぶと，$|z_n-z|<\varepsilon/2\ (n\geqq n_0)$. ゆえに，$m,n\geqq n_0$ のとき

$$|z_m-z_n|\leqq|z_m-z|+|z_n-z|<\frac{\varepsilon}{2}+\frac{\varepsilon}{2}=\varepsilon$$

逆に，定理の条件が成り立っているとき，正数列 $\{\varepsilon_\nu=1/\nu\}(\nu=1,2,\cdots)$ をとる．$\varepsilon=\varepsilon_\nu$ に対する自然数 $n_0(\varepsilon)$ を $n_\nu\equiv n_0(\varepsilon_\nu)$ とすると，必要に応じて n_ν をそれより大きい数で置き換えてよいから，一般性を失うことなく $n_1<n_2<\cdots<n_\nu<\cdots\to\infty$ となっていると仮定してよい．さて定理の条件が成り立つから

$$|z_m-z_n|<\varepsilon_\nu \quad (m,n\geqq n_\nu;\nu=1,2,\cdots)$$

である．とくに，$\nu=1$ の場合を考えると，$|z_n-z_{n_1}|<\varepsilon_1\ (n\geqq n_1)$. すなわち，半径 ε_1 の閉円板 $\varDelta_1:|z-z_{n_1}|\leqq\varepsilon_1$ に，すべての $z_n\ (n\geqq n_1)$ は含まれる：$z_n\in\varDelta_1$

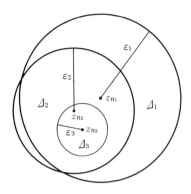

図 1-11

$(n \geqq n_1)$. 次に, $\nu=2$ として $|z_n-z_{n_2}|<\varepsilon_2\,(n \geqq n_2)$, すなわち, すべての z_n $(n \geqq n_2)$ は, 半径 ε_2 の閉円板 $\varDelta_2 : |z-z_{n_2}| \leqq \varepsilon_2$ に含まれる : $z_n \in \varDelta_2\,(n \geqq n_2)$. $n_2 > n_1$ であるから, 実は, $z_n\,(n \geqq n_2)$ は $\varDelta_1$ にも含まれ, したがって $D_2 \equiv \varDelta_1 \cap \varDelta_2$ に含まれる(図 1-11 参照のこと). 同様にして, 閉円板 $\varDelta_\nu : |z-z_{n_\nu}| \leqq \varepsilon_\nu$ $(\nu=3,4,\cdots)$ を定義すると, すべての $z_n\,(n \geqq n_\nu)$ は $D_\nu \equiv \varDelta_1 \cap \varDelta_2 \cap \cdots \varDelta_\nu$ に含まれる. 定義より, 閉集合列 $\{D_\nu\}$ は関係式 $D_\nu \subset D_{\nu-1}$ を満たし, しかも各 D_ν は半径 ε_ν の閉円板 $\varDelta_\nu$ に含まれている. 定理 1-3 によって, $\{D_\nu\}$ には共有する点が存在し, $\varepsilon_\nu \to 0\,(\nu \to \infty)$ だから, それはただ 1 点 z となる. 任意の ε に対して, $\varepsilon_\nu < \varepsilon/2$ なる ν をとると, 自然数 $n \geqq n_\nu = n_0(\varepsilon_\nu) \equiv \hat{n}_0(\varepsilon)$ に対して $z_n \in \varDelta_\nu$, かつ $z \in \varDelta_\nu$ であるから,

$$|z_n-z| \leqq |z_n-z_{n_\nu}|+|z_{n_\nu}-z| \leqq \varepsilon_\nu + \varepsilon_\nu < \varepsilon \quad (n \geqq \hat{n}_0(\varepsilon))$$

となる. すなわち, 複素数列 $\{z_n\}$ は極限値 z に収束する. ∎

　ここで次のことに注意しよう : $||z_n|-|z|| \leqq |z_n-z|$ であるから, $\displaystyle\lim_{n\to\infty} z_n=z$ ならば $\displaystyle\lim_{n\to\infty}|z_n|=|z|$, すなわち

$$\lim_{n\to\infty}|z_n| = |z| = |\lim_{n\to\infty} z_n| \tag{1.43}$$

となる.

　複素数の級数　1 つの複素数列 $\{a_n\}$ からつくられた**部分和** $s_n=\displaystyle\sum_{k=1}^{n} a_n$ の複素数列 $\{s_n\}$ が, 極限値 $\displaystyle\lim_{n\to\infty} s_n=s$ をもつとき, **無限級数**(または**級数**とよぶ)

$$\sum_{n=1}^{\infty} a_n = a_1 + a_2 + \cdots + a_n + \cdots$$

は s に収束するといい,

$$s = \sum_{n=1}^{\infty} a_n \tag{1.44}$$

と書く. 無限級数が収束しないとき, **発散する**という.

　複素数列に関する定理を部分和の複素数列に適用すれば, 級数に関する定理が得られる.

　定理 1-5　複素数の級数 $\sum_{n=1}^{\infty} a_n$ が収束するための必要十分な条件は, 任意の小さな ε に対して, 適当な自然数 $n_0 = n_0(\varepsilon)$ を選ぶと,

$$|s_n - s_m| = |a_{m+1} + a_{m+2} + \cdots + a_n| < \varepsilon \quad (n > m \geqq n_0) \tag{1.45}$$

が成り立つことである.

これは証明するまでもないであろう. さらに, 次の性質が容易に導かれる:

1.　収束する級数の項 a_n は $\lim_{n \to \infty} a_n = 0$ を満たす(証明は定理 1-5 で $m = n-1$ と選べばよい).

2.　$\sum_{n=1}^{\infty} a_n$ が収束または発散するとき, $\{a_n\}$ のうちの有限個の項を他の項でおきかえても, その極限の性質は変わらない.

3.　$\sum_{n=1}^{\infty} a_n$ が収束するとき, 任意の n に対する剰余 $r_n = s - s_n = \sum_{k=n+1}^{\infty} a_n = a_{n+1} + a_{n+2} + \cdots$ も収束する. このとき $r_n \to 0$ $(n \to \infty)$ である.

さらに, 無限級数 $\sum_{n=1}^{\infty} |a_n|$ を $\sum_{n=1}^{\infty} a_n$ の**絶対値級数**といい, $\sum_{n=1}^{\infty} |a_n|$ が収束するとき, $\sum_{n=1}^{\infty} a_n$ は**絶対収束**するという.

4.　絶対収束する級数は収束する(この証明には, $|a_{m+1} + \cdots + a_n| \leqq |a_{m+1}| + \cdots + |a_n|$ なる関係式を使えばよい).

　定理 1-6　絶対収束する級数については, その項の順序を任意に入れ換えて得られる級数も絶対収束であって, その級数の和は変わらない.

　[証明]　絶対収束級数 $\{a_n\}$ の項の順序を入れ換えて得られる級数を $\{a_n'\}$ とする. 任意の自然数 N に対して $|a_1'| + |a_2'| + \cdots + |a_N'| \leqq \sum_{n=1}^{\infty} |a_n|$ であるから, $N \to \infty$ とすると $\sum_{n=1}^{\infty} |a_n'| \leqq \sum_{n=1}^{\infty} |a_n| < \infty$ となる. したがって, $\sum_{n=1}^{\infty} a_n'$ は絶対収束するから収束する. 各級数の和を $\sum_{n=1}^{\infty} a_n = s$, $\sum_{n=1}^{\infty} a_n' = s'$ とおき, 各部分和を

s_n, s'_n とする. 任意の ε に対して, $m_0, n_0\,(m_0<n_0)$ を適当にとると $|s_{m_0}-s|\le$ $|a_{m_0+1}|+|a_{m_0+2}|+\cdots<\varepsilon/3$, $|s'_n-s'|\le\varepsilon/3\,(n\ge n_0)$. さて, m_0 に対して $n_1\ge$ n_0 を十分大きくとると, 数列 $a'_1, a'_2, \cdots, a'_{n_1}$ は数列 $a_1, a_2, \cdots, a_{m_0}$ をことごとく含むから, $|s'_{n_1}-s_{m_0}|\le|a_{m_0+1}|+|a_{m_0+2}|+\cdots<\varepsilon/3$ である. したがって, $|s-s'|=|s-s_{m_0}+s_{m_0}-s'_{n_1}+s'_{n_1}-s'|\le|s-s_{m_0}|+|s_{m_0}-s'_{n_1}|+|s'_{n_1}-s'|<\varepsilon$ が成り立つ. ゆえに $s=s'$ である. ▮

定理 1-6 を使うと, 次の定理が容易に証明される:

定理 1-7　$s=\sum\limits_{n=1}^{\infty}a_n$, $t=\sum\limits_{n=1}^{\infty}b_n$ が共に絶対収束するとき, $a_k b_l\,(k,l=1,2,\cdots)$ を任意の順序でならべた数列を $c_n\,(n=1,2,\cdots)$ とすると, 無限級数 $\sum\limits_{n=1}^{\infty}c_n$ は絶対収束し, $\sum\limits_{n=1}^{\infty}c_n=st$ である.

[証明]　$\sum\limits_{n=1}^{\infty}|c_n|$ の部分和を $|a_{k_1}b_{l_1}|+|a_{k_2}b_{l_2}|+\cdots+|a_{k_N}b_{l_N}|$ とすると, $|a_{k_1}b_{l_1}|+|a_{k_2}b_{l_2}|+\cdots+|a_{k_N}b_{l_N}|\le(|a_{k_1}|+|a_{k_2}|+\cdots+|a_{k_N}|)(|b_{l_1}|+|b_{l_2}|+\cdots$ $|b_{l_N}|)\le(\sum\limits_{n=1}^{\infty}|a_n|)(\sum\limits_{n=1}^{\infty}|b_n|)<\infty$. ここで $N\to\infty$ とすると, $\sum\limits_{n=1}^{\infty}c_n$ が絶対収束であることがわかる. したがって, 項を入れ換えても和の値は変わらない. 部分和 $s_n=a_1+a_2+\cdots+a_n$, $t_n=b_1+b_2+\cdots+b_n$ を定義し, $\sum\limits_{n=1}^{\infty}c_n$ の項の順序を適当に入れ換えると $\sum\limits_{n=1}^{\infty}c_n=s_1t_1+(s_2t_2-s_1t_1)+\cdots+(s_nt_n-s_{n-1}t_{n-1})+\cdots=\lim\limits_{n\to\infty}s_nt_n=st$ が得られる. ▮

とくに, $\sum\limits_{n=1}^{\infty}a_n$, $\sum\limits_{n=1}^{\infty}b_n$ が絶対収束であるとき, **コーシーの乗積級数**

$$\Big(\sum_{n=1}^{\infty}a_n\Big)\Big(\sum_{n=1}^{\infty}b_n\Big)=\sum_{n=1}^{\infty}(a_1b_n+a_2b_{n-1}+\cdots+a_nb_1) \qquad (1.46)$$

は絶対収束することが, 定理 1-7 から容易に導出される.

例題 1-3　与えられた各点 $z:|z|<1$ に対して複素数列 $\{z_n=1+z+z^2+\cdots+z^{n-1}\}\,(n=1,2,3,\cdots)$ を定義する. このとき

$$\lim_{n\to\infty}z_n=1+z+z^2+\cdots+z^n+\cdots=\frac{1}{1-z}\quad(|z|<1) \qquad (1.47)$$

が成り立つことを証明せよ.

[解]　z は与えられたものとする. $z_n=(1-z^n)/(1-z)$ であるから, 任意の ε

に対して十分大きな自然数 n_0 を選ぶと，自然数 $n>n_0$ に対して

$$\left|z_n - \frac{1}{1-z}\right| = \left|\frac{1-z^n}{1-z} - \frac{1}{1-z}\right| = \frac{|z|^n}{|1-z|} < \varepsilon$$

最後の不等式は，$|z|<1$ だから n が十分大きなとき成り立つ．∎

　上の例のように，複素数列の各項 z_n が複素数 z で与えられているとき，すなわち z の関数 $z_n = f_n(z)$ であるとき，とくにその数列を $\{f_n(z)\}$ と表記して**関数列**と呼ぶ．関数列には一様収束という性質がある．これについては 2-4 節で述べることにして，以下でまず，複素関数そのものの性質を調べることにする．

1-5　1 次変換

次の **1 次分数関数**（または **1 次関数**ともいう）

$$w = \frac{az+b}{cz+d} \quad (ad-bc \neq 0) \tag{1.48}$$

を考える．$ad-bc \neq 0$ は，w が定数となる場合を除外するための条件である．(1.48)を z について解くと，次の逆関数がえられる：

$$z = \frac{dw-b}{-cw+a} \tag{1.49}$$

このような 1 次関数による z 平面から w 平面への（逆に，w 平面から z 平面への）変換を，**1 次変換**または**メービウス**(Möbius)**変換**という．

　変換(1.48)において，まず，$cz+d \neq 0$ であるような任意の z に対して，複素数 w がただ 1 つ決まる．これは，有限な z については明らかである．z が無限遠点のとき，もし $c=0$ なら，条件 $ad-bc \neq 0$ より $d \neq 0$ かつ $a \neq 0$，したがって変換は $w=(a/d)z+(b/d)$ となり，$z=\infty$ には $w=\infty$ が対応する．同じく $z=\infty$ のとき，もし $c \neq 0$ なら，$w=(a\infty+b)/(c\infty+d)=(a+b/\infty)/(c+d/\infty)$ $=a/c$ が対応する．

　次に，$cz+d=0$ としよう．このとき，$c \neq 0$ である．（なぜなら，もし $c=0$ なら $d=0$ であるが，これは条件 $ad-bc \neq 0$ より許されない．）したがって，z

$=-d/c$ である. このとき, $w=(1/c)(-ad+bc)/0=\infty$ である.

以上の考察から, z および w の拡張された複素平面は, 変換(1.48),(1.49)によって 1 対 1 に写像される.

1 次変換の合成と円円対応　　1 次変換(1.48)を変形すると,

$$w = \frac{az+b}{cz+d} = \frac{a}{c} + \frac{(bc-ad)/c^2}{z+(d/c)} \quad (c \neq 0) \tag{1.50}$$

または($c=0$ のとき, 条件 $ad-bc \neq 0$ より $a \neq 0$, $d \neq 0$ となるから)

$$w = \frac{a}{d}\left(z+\frac{b}{a}\right) \quad (c=0,\ a \neq 0,\ d \neq 0) \tag{1.51}$$

となる. これより明らかに, 1 次変換(1.48)は次の特殊な型の 1 次関数の合成によって得られることがわかる:

$$\text{(i)}\ w = \alpha z\ (\alpha \neq 0), \quad \text{(ii)}\ w = z + \beta, \quad \text{(iii)}\ w = \frac{1}{z} \tag{1.52}$$

(i)は, z 平面を $|\alpha|$ 倍に拡大して, 原点のまわりに $\arg \alpha$ だけ回転する変換で, (ii)は, z 平面の平行移動である. どちらも, 円を円に写像する変換である. (iii)も円円対応の変換であることは, 次のようにしてわかる:$z=x+iy$ 平面上の円の方程式の一般形は, a, b_1, b_2, c を任意の実数として($\beta \equiv b_1+ib_2$)

$$a(x^2+y^2)+2b_1 x-2b_2 y+c = 0 \quad \text{または} \quad az\bar{z}+\beta z+\bar{\beta}\bar{z}+c = 0$$

である. ここで変換(iii)に対応する代入 $z=1/w$ をすると

$$cw\bar{w}+\beta\bar{w}+\bar{\beta}w+a = 0$$

が得られる. これは w 平面上の円である. ここで, 直線は, 有限の点を通る半径が無限大の円であることに注意しよう. 実際, 上の一般式で $a \to 0$ とすると, 直線の方程式が得られる(w 平面では, $c \to 0$ が直線に対応する). 変換(iii)によって, 円は円に($a \neq 0$, $c \neq 0$), 円は直線に($a \neq 0$, $c=0$), 直線は円に($a=0$, $c \neq 0$), 直線は直線に($a=0$, $c=0$)写像される.

不動点　　一般に, z 平面から w 平面への変換によって, 点 z の写像された点 w がもとの複素数 z になるとき, すなわち同一点 $w=z$ へ写像されるとき, もとの点 z を**不動点**(fixed point)という. したがって, 1 次変換(1.48)の不動点は

$$z = (az+b)/(cz+d) \quad \text{または} \quad cz^2-(a-d)z-b = 0$$

から求まる．これは，$c \neq 0$ のとき，z に関して2次式であり，不動点はその2根（2重根を含む）で，有限となる．$c=0$, $a \neq d$ のとき，不動点は1次式 $-(a-d)z-b=0$ の根 $z=-b/(a-d)$ と ∞（無限遠点）である．ここで $a \to d$ とすると，次の結果となる：$c=0$, $a=d$ のとき，2つの不動点は一致し，∞（無限遠点）が2重の不動点となる．2次式の係数がすべて0となるとき（$c=b=0$, $a=d \neq 0$），またそのときに限って，変換は恒等写像である．

この考察から，次の定理が成り立つ：

定理1-8　恒等変換でない1次変換は，たかだか2つの不動点をもつ．もし1次変換が3つ以上の不動点をもつときは，それは恒等変換でなければならない．

非調和比　1次変換(1.48)は4つのパラメター a,b,c,d を含むが，その比 $a:b:c:d$ だけが本質的である．つまり，1次変換の実質的複素パラメターの数は3個である．これに関連した定理を述べる：

定理1-9　任意の相異なる3点 z_2, z_3, z_4 を，それぞれ任意の相異なる3点 w_2, w_3, w_4 に写像する1次変換は，ただ1つ決まり，

$$\frac{w-w_2}{w-w_4} \Big/ \frac{w_3-w_2}{w_3-w_4} = \frac{z-z_2}{z-z_4} \Big/ \frac{z_3-z_2}{z_3-z_4} \tag{1.53}$$

で与えられる．もし，これらの点 $z_2, z_3, \cdots, w_4$ の中のあるものが ∞ であれば，この点を含む因子の商は，その ∞ に対する商の極限値である1でおきかえるものとする．

これは，次のように証明される．式(1.53)を $G(w)=F(z)$ と書くと，G と F は各変数についての1次関数である．逆関数 G^{-1} を使って，z から w への変換 $w=f(z)=G^{-1}(F(z))$ が求まる．1次変換の逆および合成は1次変換であるので，$w=f(z)$ は1次変換である．$G(w_2)=F(z_2)=0$, $G(w_3)=F(z_3)=1$, $G(w_4)=F(z_4)=\infty$ であるから，$w_2=f(z_2)$, $w_3=f(z_3)$, $w_4=f(z_4)$ である．すなわち，(1.53)を w について解いた1次変換 $w=f(z)$ は，3点 z_2, z_3, z_4 を3点 w_2, w_3, w_4 へ写像する．次に，もし3点 z_2, z_3, z_4 を3点 w_2, w_3, w_4 へ写像する他の1次変換 $w=g(z)$ があったとすると，その逆変換 g^{-1} を使って得られ

る合成 1 次変換 $h(z)=g^{-1}(f(z))$ は，3 点 z_2, z_3, z_4 を 3 点 z_2, z_3, z_4 に写像する．すなわち，3 つの相異なる不動点をもつことになる．定理 1-8 により，$h(z)$ は恒等変換である：$h(z)=g^{-1}(f(z))=z$．ゆえに，$g(z)=f(z)$．∎

拡大された複素平面上の相異なる 3 点 z_2, z_3, z_4 に対して，(1.53)式の右辺の 1 次関数 $F(z)$ を，4 点 z, z_2, z_3, z_4 の**非調和比**（または**複比**）といい，

$$(z, z_2, z_3, z_4) = \frac{z-z_2}{z-z_4} \bigg/ \frac{z_3-z_2}{z_3-z_4} \tag{1.54}$$

で表わす．

問 1-7　z 平面上の相異なる 4 点 z_1, z_2, z_3, z_4 が，1 次変換(1.48)によって w 平面上の 4 点 w_1, w_2, w_3, w_4 に写像されるとき

$$(w_1, w_2, w_3, w_4) = (z_1, z_2, z_3, z_4)$$

であることを示せ．

問 1-8　z 平面で，有限半径をもった任意の円周上時計まわりの方向に，z_2, z, z_3, z_4 なる順序で並んだ相異なる 4 点がある．

$$0 < (z, z_2, z_3, z_4) < 1$$

であることを証明せよ．

鏡像の原理　　中心 O，半径 R の円を K とする．点 O からの同一半直線上にある 2 点 P, Q に対して，$\overline{\mathrm{OP}} \cdot \overline{\mathrm{OQ}} = R^2$ が成り立つとき（図 1-12 参照），P と Q は円 K に関して**鏡像**の位置にある，または互いに他の鏡像である，という．中心 O の K に関する鏡像は無限遠点とする．また，直線は半径 ∞ の円とみなされるが，直線 L に関して線対称な 2 点を L に関して鏡像の位置にある，

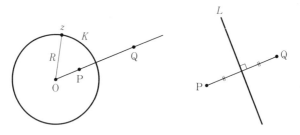

図 1-12　$\overline{\mathrm{OP}} \cdot \overline{\mathrm{OQ}} = R^2$，または L に関して線対称

という.

複素平面上の2点 p, q が円 $|z-z_0|=R$ に関して鏡像の位置にあるとき,$p-z_0$ と $q-z_0$ の偏角は同じであるから

$$(p-z_0)(\bar{q}-\bar{z}_0) = R^2 \tag{1.55}$$

が成り立つ.したがって,$p=z_0+\rho e^{i\lambda}$ と表わすと,$q=z_0+(R^2/\rho)e^{i\lambda}$ である.鏡像の定義から,円 $|z-z_0|=R$ は,p, q からの距離の比が $(R-\rho):((R^2/\rho)-R)=\rho:R$ であるような点の軌跡(これをアポロニウス(Appolonius)の円という):

$$\frac{|z-p|}{|z-q|} = \frac{\rho}{R} \equiv k \tag{1.56}$$

に他ならない(問1-9参照).この円の中心 z_0 と半径 R は,互いに鏡像の点 p, q によって

$$z_0 = \frac{p-k^2 q}{1-k^2}, \quad R = k\frac{|p-q|}{|1-k^2|} \tag{1.57}$$

で与えられる.とくに $k=1$ の場合には,$z_0 \to \infty$,$R \to \infty$ でこの円は直線となり,p, q はその直線に関して鏡像の位置にあることになる.

問1-9 (1.56),(1.57)式を証明せよ.

例題1-4 1次変換についての**鏡像の原理**:1つの円 K に関して鏡像の位置にある2点 z_1, z_2 は,任意の1次変換 $w=f(z)$ によって,その像円 Γ に関して鏡像の位置にある2点 w_1, w_2 に写像されることを示せ.

[解] 1次変換 $w=f(z)$ は,(1.52)式の各変換(i),(ii),(iii)の合成で与えられる.(i),(ii)については明らかなので,(iii)について証明すれば十分だろう.円 K はアポロニウスの円であるから,$|z-z_1|/|z-z_2|=k$ と表わされる.1次変換 $w=1/z$ により,像円 Γ の表現式は $|(1/w)-z_1|/|(1/w)-z_2|=k$ となる.$1/z_1=w_1$, $1/z_2=w_2$ を代入して,$|w-w_1|/|w-w_2|=|z_2/z_1|k$ が得られる.したがって,像円 Γ はアポロニウスの円で,w_1, w_2 は Γ に関して鏡像の位置にある. ∎

第 1 章演習問題

[1] α,β を実数とするとき，複素数 $\sqrt{\alpha+i\beta}$ を計算し，$x+iy$ の形に表わせ．

[2] 複素数の表示 $z=x+iy$ または $z=re^{i\theta}$ を使って，次の複素数の実部，虚部を求めよ：

$$（\mathrm{i}）\ e^{z^2}，\quad（\mathrm{ii}）\ z^z，\quad（\mathrm{iii}）\ e^{e^z}$$

[3] (1.33)式の $\mathrm{Re}\,z,\mathrm{Im}\,z$ を計算し，x,y を求めよ．

[4] リーマン球面上の点 Z の3次元直交座標を (x_1,x_2,x_3) とするとき，

$$z=\frac{x_1+ix_2}{1-x_3},\quad x_1=\frac{z+\bar{z}}{|z|^2+1},\quad x_2=\frac{z-\bar{z}}{i(|z|^2+1)},\quad x_3=\frac{|z|^2-1}{|z|^2+1}$$

であることを証明せよ．

[5] 定理1-1（ハイネ-ボレルの被覆定理）を証明せよ．

[6] 有界閉集合 A と閉集合 B に共通点がなければ，$d(A,B)=d_0>0$ であることを証明せよ．

[7] 複素数列 $\{z^n\}$ の極限値を求めよ．また，無限級数

$$1+z+z^2+\cdots+z^n+\cdots$$

の収束，発散を考察せよ．

[8] z 平面の上半面 $(\mathrm{Im}\,z>0)$ を w 平面の上半面 $(\mathrm{Im}\,w>0)$ に写像する1次変換は

$$w=(az+b)/(cz+d)\quad \left(a,b,c,d\text{ は実数で }\begin{vmatrix} a & b \\ c & d \end{vmatrix}>0\right)$$

であることを証明せよ．

2 複素関数と正則性

この章では，複素関数の微分と，微分可能な複素関数の諸性質，とくに正則性について述べる．ここで，複素微分と複素形式表現なるものが登場する．また，複素関数列とその一様収束性についても学ぶ．

複素数の集合 A を**変域**とする**複素変数** $z=x+iy$ に対して，別の複素数 $w=u+iv$（ここで u,v は，実変数 x,y で決まる 2 つの実数値）を対応させる規則が与えられているとき，

$$w = f(z) \tag{2.1}$$

と書き，f を A で定義された**関数**または**複素関数**（complex function）という．また，集合 A を関数 f の**定義域**，f の値 $w=f(z)$（$z\in A$）全体の集合 $f(A)$ を関数 f の**値域**という．1 つの z に対して，ただ 1 つの w が対応するとき，$f(z)$ を **1 価関数**（one-valued function）とよび，2 つ以上の w が対応するとき，**多価関数**（many-valued function）とよぶ．多価関数は特殊なので，以下では，とくに断らない限り，ひとまず 1 価関数のみを考えよう．

$w=f(z)$ は，z 平面と w 平面を考えると，z 平面上の集合 A に属する点 z を w 平面上のある点 w に**写像**または**変換**する操作を規定する，といってよい．

この章で後述する**複素解析関数**（complex analytic function），あるいは**正則関数**（regular function, holomorphic function）とよばれるものは，任意の 2 つの実数値関数 $\varphi(x,y),\psi(x,y)$ をとって

$$u = \varphi(x, y), \ v = \phi(x, y) \tag{2.2}$$

で決まるような，単なる1組の実数値 (x, y) からもう1組の実数値 (u, v) への勝手な変換ではない．これより特殊なものであって，わかりやすくいえば，(2.2)を(2.1)に代入すると，$\varphi(x, y) + i\phi(x, y) = F(x + iy)$ のように，1変数 $z = x + iy$ の関数形にまとまるような種類の変換ということができる．例えば，$(x^2 - y^2) + 2ixy = (x + iy)^2 = z^2$ は正則関数である．勝手な変換では，一般に2変数 $z = x + iy, \bar{z} = x - iy$ の関数形 $F(z, \bar{z})$ となる．例えば，$(x^2 - y^2 + x) - i(2xy - y) = z^2 + \bar{z}$ のような変換である．(2.1)では，このような正則でない場合も含めた一般形を，記号 $f(z)$ で表わしている：$F(z, \bar{z}) \equiv f(z)$．したがって，一般に $f(z)$ と書いたとき，$f(z)$ が正則であるかないかを断る必要がある．

2-1　連続性と微分

開集合 D に属する任意の2点が D 内にある折れ線で結ぶことができるとき，D は**連結**（connected）であるという．連結開集合 D を**領域**といい，領域の閉包を**閉領域**という．とくに，$|z| < \infty$ である点の連結開集合を**有界領域**と呼ぶ．

　本章では主として領域または閉領域で定義された関数を考察するが，ここではまず，z 平面上の一般の点集合 A で定義された複素関数 $f(z)$ の極限と連続性について述べることから始める．

　$c \neq \infty$ を関数定義域 A の1つの集積点，$\gamma \neq \infty$ を複素数とするとき，任意の $\varepsilon > 0$ に対して，適当な $\delta(\varepsilon) > 0$ を定めて

$$0 < |z - c| < \delta \ \ \text{のとき} \ \ |f(z) - \gamma| < \varepsilon \tag{2.3}$$

となるようにできるならば，$z \to c$ のとき $f(z)$ は γ に収束する，あるいは，γ は $z \to c$ のときの $f(z)$ の極限である，といい，

$$\lim_{z \to c} f(z) = \gamma \ \ \text{または} \ \ f(z) \to \gamma \ \ (z \to c) \tag{2.4}$$

と書く．この極限の定義において，z は複素平面上のどのような方向から c に近づいてもよいことに注意しなければならない．

　また，$c = \infty$ のときは，$z = 1/\zeta$ とおいて定義された複素変数 ζ の関数 $g(\zeta) \equiv$

$f(1/\zeta)$ について，$\zeta \to 1/c = 1/\infty = 0$ のときの極限 $g(\zeta) \to \gamma$ を同様に考察すればよい．これによって，極限の定義が無限遠点を含む任意の集積点の場合に拡大される．ε, δ 記法で書くと：$0 < |\zeta| = |1/z| < \delta(\varepsilon)$ のとき $|g(\zeta) - \gamma| = |f(z = 1/\zeta) - \gamma| < \varepsilon$，すなわち任意の ε に対して，適当な $R(\varepsilon) = 1/\delta(\varepsilon)$ が存在し，$|z| > R$ なるすべての z に対して $|f(z) - \gamma| < \varepsilon$ となるとき，$f(z) \to \gamma$ $(z \to \infty)$ と書く．

さらに，任意の大きな正の数 $R = 1/\varepsilon$ に対して，適当な $\delta(R)$ が存在し，$0 < |z - c| < \delta$ なるすべての z に対して $|f(z)| > R$ が成り立つとき，z が c に近づくと $f(z)$ は**無限大**になると言い，$f(z) \to \infty$ $(z \to c)$ と書く．これによって，極限 γ が ∞ の場合へ拡張される．

これらの考察より，$z \to \infty$ に対して $f(z) \to \infty$ の場合の ε, δ 記法は自明であろう．以上をまとめると，無限遠点に関する極限は

$$\lim_{z \to \infty} f(z) = \gamma, \quad \lim_{z \to c} f(z) = \infty, \quad \lim_{z \to \infty} f(z) = \infty \tag{2.5}$$

と書かれる．

問 2-1 $\lim_{z \to \infty} f(z) = \infty$ の ε, δ 記法を与えよ．

問 2-2 $f(z) \to \gamma$ $(z \to c)$ であるための必要十分条件は，c に収束するすべての複素数列 $\{z_n\}$ $(z_n \in A, z_n \neq c)$ に対して，複素数列 $\{f(z_n)\}$ が γ に収束することであることを証明せよ．

ここで注意すべきことは，$f(z)$ は $z = c$ で定義されていなくてもよいし，また定義されていても $f(c)$ と極限値 γ とは無関係である．

一方，$c \in A$ で，かつ $\gamma = f(c) \neq \infty$ であるとき，次の連続性が定義される．すなわち，

$$\lim_{z \to c} f(z) = f(c) \quad \text{または} \quad f(z) \to f(c) \quad (z \to c) \tag{2.6}$$

ならば，$f(z)$ は c で**連続**(continuous)である(あるいは，$z = c$ で連続である)という．ε, δ 記法を使うと，任意の $\varepsilon > 0$ に対して，適当な $\delta(\varepsilon) > 0$ を定めて

$$|z - c| < \delta \quad \text{のとき} \quad |f(z) - f(c)| < \varepsilon \tag{2.7}$$

となるようにできるならば，$f(z)$ は c で連続である．$c=\infty$ の場合は，$\zeta=1/z$ なる複素変数の関数 $g(\zeta)\equiv f(1/z)$ について，$\zeta=1/\infty=0$ での連続性を同様に考察すればよい．また，c が A の孤立点である場合には，$\delta(\varepsilon)$ を十分小さくとったとき，$z\in A$，$|z-c|<\delta$ ならば $z=c$ となるから，$f(z)$ は必ず(2.7)の条件を満たす．したがって，A の孤立点では $f(z)$ は連続であるとする．

　A の各点において連続な関数は，**A において連続**であるという．このとき，(2.5)の ε,δ 記法において，δ は ε のみならず，一般には各点 c にも依存するが，$\delta(\varepsilon)$ が c に無関係に選べるとき，$f(z)$ は A において**一様連続**(uniformly continuous)であるという．これは次の条件と同値である：任意の $\varepsilon>0$ に対して，適当な $\delta(\varepsilon)>0$ をとると，

$$z,z'\in A,\quad |z-z'|<\delta\quad \text{に対してつねに}\quad |f(z)-f(z')|<\varepsilon \qquad (2.8)$$

である．

　問 2-3　有界閉集合 A で連続な関数 $f(z)$ は，一様連続であることを，証明せよ．

　有界領域 D で定義された複素関数 $f(z)$ が，定義領域内の 1 点 $z_0=z-h$ に対して，有限な極限

$$f'(z_0)=\lim_{z\to z_0}\frac{f(z)-f(z_0)}{z-z_0}=\lim_{h\to 0}\frac{f(z_0+h)-f(z_0)}{h} \qquad (2.9)$$

をもつとき，$f(z)$ は点 z_0 で**微分可能**(differentiable)といい，その極限値を $f(z)$ の z_0 における**微分係数**(differential coefficient)とよんで，記号 $f'(z_0)$ で表わす．$f(z)$ が領域 D に属するすべての点 z で微分可能であるとき，その微分係数 $f'(z)$ も D で定義された z の関数となり，$f'(z)$ を $f(z)$ の**導関数**(derivative)とよぶ．そして，$f(z)$ から $f'(z)$ を求めることを，$f(z)$ を z について**微分する**(differentiate)といい，微分して得られる導関数を $df(z)/dz$ と書くこともある：

$$f'(z)=\frac{df(z)}{dz} \qquad (2.10)$$

　z 平面上の無限遠点 $z=\infty$ を含む領域 $D_\infty(\not\ni 0)$ において，複素関数 $f(z)$ の微分可能性等の諸性質を調べるには，z 平面上の領域 D_∞ から写像 $\zeta=1/z$ によ

って得られる $\zeta=1/\infty=0$ を含むζ平面上の有界領域 $D_{1/\infty}$ において，関数 $f(z)$ に対して $z=1/\zeta$ とおいて定義された関数 $g(\zeta)\equiv f(1/\zeta)$ の複素変数ζについての微分可能性等を考察すればよい．

　したがって，一般性を失うことなく，以下ではとくに断らない限り，話を z の有界領域に限ることにする．

　$f(z)$ が z で微分可能なとき，

$$\frac{f(z+h)-f(z)}{h} = f'(z)+\varepsilon(h\,;\,z) \qquad (2.11)$$

とおけば，$\displaystyle\lim_{h\to 0}\varepsilon(h\,;\,z)=0$ である．$\varepsilon(h\,;\,z)$ は $h\neq0$ で定義された h の関数であるが，$h=0$ のとき $\varepsilon(0\,;\,z)=0$ と定義すれば，$h=0$ の場合も含めて

$$f(z+h)-f(z) = f'(z)h+\varepsilon(h\,;\,z)h, \qquad \lim_{h\to 0}\varepsilon(h\,;\,z) = \varepsilon(0\,;\,z) = 0 \quad (2.12)$$

が成り立つ．

　ここで無限小の定義をしておこう．$\displaystyle\lim_{h\to 0}\alpha(h)=0$ なる関数 $\alpha(h)$ を**無限小**という．$\varepsilon(h)$，$\alpha(h)$ が無限小であるとき，無限小 $\varepsilon(h)\alpha(h)$ を記号 $o(\alpha(h))$ で表わすことにする．この記号は，関数 $\varepsilon(h)$ の具体的な形に関心がない場合に，便利である．これを使うと，(2.12)は $\alpha(h)=h$ とおいて

$$f(z+h)-f(z) = f'(z)h+o(h) \qquad (2.13)$$

と書かれる．ゆえに，$f(z)$ が微分可能ならば $\displaystyle\lim_{h\to 0}f(z+h)=f(z)$，すなわち，<u>微分可能な関数は連続である</u>．

　例えば，$f(z)=z, z^2, 1/z$ の導関数は，それぞれ $f'(z)=1, 2z, -1/z^2$ である．すなわち，$f(z)$ が変数 $\bar{z}$ によらずに1変数 z のみの関数であるときは，実数関数について成立した微分の関係式は，そのまま複素関数についても成立する．

　このように，複素関数の微分可能性の定義は実変数の場合とまったく同じであるが，極限の意味に大きな差がある．(2.9)の極限 $z\to z_0$ は，複素平面上で z が z_0 に近づくのであるから，多種多様な近づき方を意味する．(2.9)は，そのあらゆる近づき方に対して，同じ極限値に収束することを要求しているのであるから，実変数のときよりずっと厳しい制限となる．このことは，これからの議論の中で，次第に明確になるであろう．

ここで，例として，関数 $f(z)=\bar{z}$ の微分可能性を調べよう．$h=\varDelta x+i\varDelta y$ とおくと，

$$\frac{\overline{z+h}-\bar{z}}{h}=\frac{\bar{h}}{h}=\frac{\varDelta x-i\varDelta y}{\varDelta x+i\varDelta y}$$

であるから，$\varDelta y=0$ のときは(すなわち，実軸に平行な極限に対しては)

$$\lim_{h\to 0}\frac{f(z+h)-f(z)}{h}=\lim_{\varDelta x\to 0}\frac{\varDelta x}{\varDelta x}=1$$

$\varDelta x=0$ のときは(すなわち，虚軸に平行な極限に対しては)

$$\lim_{h\to 0}\frac{f(z+h)-f(z)}{h}=\lim_{\varDelta y\to 0}\frac{-i\varDelta y}{i\varDelta y}=-1$$

となって，極限：$\lim_{h\to 0}[f(z+h)-f(z)]/h$ が確定しないから，$f(z)=\bar{z}$ はいたるところで微分不可能である．

問 2-4 関数 $f(z)=|z|,\,|z|^2,\,\mathrm{Re}\,z+\mathrm{Im}\,z$ は，それぞれ，どのような点で微分可能であるか．

さて，$f(z),g(z)$ が点 z で微分可能ならば，次の関数 $h(z)$

$$h(z)=f(z)\pm g(z);\quad f(z)g(z);\quad \frac{f(z)}{g(z)}$$

も同じく微分可能で，導関数 $h'(z)$ は，実変数の場合と同様に，それぞれ

$$h'(z)=f'(z)\pm g'(z);\quad f'(z)g(z)+f(z)g'(z);\quad \frac{f'(z)g(z)-f(z)g'(z)}{g(z)^2}$$

$$(2.14)$$

で与えられる．ただし，$f(z)/g(z)$ については，$g(z_0)=0$ となる点 z_0 を除く．

また，関数 $f(z),g(w)$ がそれぞれ点 $z,w=f(z)$ で微分可能ならば，合成関数 $h(z)=g(f(z))$ は点 z で微分可能で，その導関数 $h'(z)$ は，実変数のときと同じく，

$$h'(z)=g'(f(z))f'(z) \tag{2.15}$$

で与えられる．

2-2 正則関数とコーシー–リーマンの関係式

複素関数 $f(z)$ が，点 z_0 で微分可能なばかりでなく，z_0 を含む適当な近傍（どんなに小さな近傍でもよい）内の点 z で微分可能なとき，$f(z)$ は点 z_0 で**正則**（regular, holomorphic）であるといい，$f(z)$ を z の**正則関数**（regular function, holomorphic function）とよぶ．ただし，$z_0=\infty$ のときは，$g(\zeta)\equiv f(1/\zeta)$ が ζ の関数として $\zeta=0$ で正則であることが要求され，このとき，$g'(0)$ は有限であるから，必然的に $f'(\infty)=0$ となる：$f'(\infty)=\lim_{\zeta\to 0}(-\zeta^2)g'(\zeta)=0$．（無限遠点における正則性については，5-1 節の説明を参照のこと．）

いま，領域 D で微分可能な $z=x+iy$ の関数（したがって，領域 D で正則な関数）

$$w = f(z) = u(x,y) + iv(x,y) \tag{2.16}$$

を考えよう．2つの実変数 x,y の実関数 $u(x,y),v(x,y)$ は，複素関数 $f(z)$ の実部と虚部を表わしている．z の微小変化 $\Delta z\equiv h=\Delta x+i\Delta y$ に対する w の微小変化を $\Delta w=f(z+h)-f(z)=\Delta u+i\Delta v$ と書き，$f'(z)=a+ib$ とおくと，(2.13) より

$$\Delta u+i\Delta v = (a+ib)(\Delta x+i\Delta y)+o(h) \tag{2.17}$$

が得られる．この等式を，実部と虚部に分けて書くと

$$\Delta u = u(x+\Delta x,y+\Delta y)-u(x,y) = a\Delta x-b\Delta y+o(\sqrt{\Delta x^2+\Delta y^2})$$
$$\Delta v = v(x+\Delta x,y+\Delta y)-v(x,y) = b\Delta x+a\Delta y+o(\sqrt{\Delta x^2+\Delta y^2}) \tag{2.18}$$

が得られる．この関係式は，2変数 x,y の関数 $u(x,y),v(x,y)$ が**全微分可能条件***を満たしていることを示している．これより，$u(x,y),v(x,y)$ は全微分可能，したがって，**偏微分可能**で，かつ

---

* 2つの実変数 x,y の関数 $\varphi(x,y)$ に対して，$x=x_0, y=y_0$ の近傍で，定数 A,B を適当に選ぶと，$\varphi(x,y)-\varphi(x_0,y_0)=A(x-x_0)+B(y-y_0)+o(\sqrt{(x-x_0)^2+(y-y_0)^2})$ が成り立つとき，$\varphi(x,y)$ は $x=x_0, y=y_0$ において全微分可能であるという．全微分可能であれば，偏微分可能であって，定数 A,B は偏微分係数 $A=\partial\varphi(x_0,y_0)/\partial x, B=\partial\varphi(x_0,y_0)/\partial y$ で与えられる．逆に，偏微分可能であっても，全微分可能であるとは限らない．また，$\varphi(x,y)$ が全微分可能ならば，$\varphi(x,y)$ は $x=x_0, y=y_0$ で連続であるが，偏微分可能であるというだけでは連続とは限らない．

$$u_x(x, y) = v_y(x, y) = a, \quad -u_y(x, y) = v_x(x, y) = b \quad (2.19)$$

が成り立っている．ここで，$u_x\equiv\partial u/\partial x$, $u_y\equiv\partial u/\partial y$, $v_x\equiv\partial v/\partial x$, $v_y\equiv\partial v/\partial y$ と定義した．方程式

$$\begin{cases} u_x(x, y) = v_y(x, y) \\ u_y(x, y) = -v_x(x, y) \end{cases} \quad (2.20)$$

をコーシー–リーマンの関係式（Cauchy-Riemann's relation），あるいはコーシー–リーマンの微分方程式という．

逆に，ある領域 D で定義された $z=x+iy$ の関数 $f(z)=u(x,y)+iv(x,y)$ の実部と虚部が全微分可能で，コーシー–リーマンの関係式(2.20)を満たすとする．このとき，その偏微分を上記のように a, b とおくと，$\Delta u, \Delta v$ は上記の式で与えられ，したがって，$h=\Delta x+i\Delta y$ に対して

$$f(z+h)-f(z) = \Delta u+i\Delta v = (a+ib)(\Delta x+i\Delta y)+o(|h|) \quad (2.21)$$

が成り立つ．ゆえに

$$\lim_{h\to 0}\frac{f(z+h)-f(z)}{h} = a+ib \quad (2.22)$$

すなわち，$f(z)$ は微分可能で，$f'(z)=a+ib$ である．

以上の考察から，次の定理が成り立つ：

定理 2-1 領域 D で定義された $z=x+iy$ の関数 $f(z)=u(x,y)+iv(x,y)$ が D において正則であるための必要十分条件は，D において $u(x,y), v(x, y)$ が全微分可能であって，コーシー–リーマンの微分方程式を満足することである．

複素形式表現 さて，$f'(z)=a+ib$ であるから，明らかに

$$f'(z) = u_x(x,y)+iv_x(x,y) = v_y(x,y)-iu_y(x,y) \quad (2.23)$$

が成り立っている．すなわち，

$$f'(z) = \partial f(z)/\partial x = -i\partial f(z)/\partial y \quad (2.24)$$

である．この章のはじめに述べたように，複素関数は一般に $f(z)=F(z,\bar z)$ である．微分演算子の関係式

$$\frac{\partial}{\partial x} = \frac{\partial z}{\partial x}\frac{\partial}{\partial z}+\frac{\partial \bar z}{\partial x}\frac{\partial}{\partial \bar z} = \frac{\partial}{\partial z}+\frac{\partial}{\partial \bar z}, \quad \frac{\partial}{\partial y} = \frac{\partial z}{\partial y}\frac{\partial}{\partial z}+\frac{\partial \bar z}{\partial y}\frac{\partial}{\partial \bar z} = i\left(\frac{\partial}{\partial z}-\frac{\partial}{\partial \bar z}\right) \quad (2.25)$$

を使って，上記の関係式は

$$f'(z) = \left(\frac{\partial}{\partial z} + \frac{\partial}{\partial \bar{z}}\right) F(z,\bar{z}) = \left(\frac{\partial}{\partial z} - \frac{\partial}{\partial \bar{z}}\right) F(z,\bar{z}) \qquad (2.26)$$

となる．これより，$\partial F(z,\bar{z})/\partial \bar{z} \equiv 0$ が成り立っている．すなわち，複素関数 $f(z) = F(z,\bar{z})$ が正則であるとき，F は $\bar{z} = x - iy$ に依存せず，$z = x + iy$ のみの関数となる：

$$f(z) = u(x,y) + iv(x,y) = F(x+iy) \qquad (2.27)$$

以上の考察は，コーシー-リーマンの関係式の複素形式表現が

$$\frac{\partial f(z)}{\partial \bar{z}} = \frac{\partial F(z,\bar{z})}{\partial \bar{z}} = 0 \qquad (2.28)$$

であることを示している．実際，ここで $f = u + iv$, $\partial/\partial \bar{z} = (\partial/\partial x + i\partial/\partial y)/2$ を代入して得られる(2.28)の実部，虚部に対する等式は，(2.20)を与える．

　後にコーシーの積分定理(4-3節)から示すように，領域 D で正則な関数 $f(z)$ の導関数 $f'(z)$ は，D で再び正則である．したがって，$f(z)$ は何回でも微分することができる．つまり，$f(z)$ の n 階導関数 $f^{(n)}(z)$ $(n=1,2,\cdots)$ は微分可能(したがって連続)である．このことから，いくつかの有用な事実が得られる．

　調和関数　　正則関数 $f(z) = u(x,y) + iv(x,y)$ の u,v は2階偏微分可能で，しかも2次の偏導関数は連続だから，偏微分の順序を変えてもよい．これより，(2.20)を偏微分すると

$$\frac{\partial^2 u}{\partial x^2} = \frac{\partial^2 v}{\partial x \partial y} = \frac{\partial^2 v}{\partial y \partial x} = -\frac{\partial^2 u}{\partial y^2}, \quad \frac{\partial^2 v}{\partial x^2} = -\frac{\partial^2 u}{\partial x \partial y} = -\frac{\partial^2 u}{\partial y \partial x} = -\frac{\partial^2 v}{\partial y^2}$$

となる．したがって，ラプラスの演算子 Δ を使って，ラプラスの微分方程式

$$\Delta u = 0, \quad \Delta v = 0 \quad \left(\Delta \equiv \frac{\partial^2}{\partial x^2} + \frac{\partial^2}{\partial y^2}\right) \qquad (2.29)$$

が得られる．微分方程式(2.29)を満たす関数を**調和関数**(harmonic function)という．なお，u に対して(2.20)の関係を満たす v を**共役調和関数**という．

　逆関数の存在と正則性　　$z = x + iy$ 平面の領域 D から $w = u + iv$ 平面の領域 E への写像を与える正則関数 $f(z) = u(x,y) + iv(x,y)$, $z = x + iy$ を考える．

関数 $u(x, y)$, $v(x, y)$ の関数行列式を $J(x, y)$ で表わすと，コーシー-リーマンの関係式(2.20)を使って

$$J(x, y) \equiv \frac{\partial(u, v)}{\partial(x, y)} = \begin{vmatrix} u_x & u_y \\ v_x & v_y \end{vmatrix} = u_x^2 + v_x^2 = |u_x + iv_x|^2 = |f'(z)|^2 \quad (2.30)$$

となる．

微分学のよく知られた定理*によれば，領域 D の点 $z_0 = x_0 + iy_0$ において $J(x_0, y_0) \neq 0$ のとき，その写像点である領域 E の点 $w_0 = u_0 + iv_0 = u(x_0, y_0) + iv(u_0, v_0)$ の近傍において，領域 E から領域 D への連続微分可能な1対1の逆写像 $z = f^{-1}(w) = x(u, v) + iy(u, v)$ が存在する．したがって，恒等的に

$$x(u(x, y), v(x, y)) = x, \quad y(u(x, y), v(x, y)) = y \quad (2.31)$$

が成り立つ．各式の両辺を x, y で偏微分して

$$x_u u_x + x_v v_x = 1 \cdots (a), \quad x_u u_y + x_v v_y = 0 \cdots (b)$$
$$y_u u_x + y_v v_x = 0 \cdots (c), \quad y_u u_y + y_v v_y = 1 \cdots (d) \quad (2.32)$$

ここで，$(a) \times v_y - (b) \times v_x + (c) \times u_y - (d) \times u_x$ および $(a) \times u_y - (b) \times u_x - (c) \times v_y + (d) \times v_x$ を計算すると，(2.20)により

$$(x_u - y_v)J(x, y) = -u_x + v_y \equiv 0, \quad -(x_v + y_u)J(x, y) = u_y + v_x \equiv 0 \quad (2.33)$$

したがって，$J(x_0, y_0) \neq 0$，すなわち $f'(z_0) \neq 0$ のとき，逆写像 $z = f^{-1}(w) = x(u, v) + iy(u, v)$ に対するコーシー-リーマンの関係式 $x_u(u_0, v_0) = y_v(u_0, v_0)$, $x_v(u_0, v_0) = -y_u(u_0, v_0)$ が成り立つ．

以上の考察から，定理2-1に基づいて，次の定理が成り立つ：

定理2-2 正則関数 $w = f(z)$ の逆関数 $z = f^{-1}(w)$ は，$f'(z_0) \neq 0$ のとき，点 $w_0 = f(z_0)$ で正則である．

したがって，逆関数 $z = f^{-1}(w)$ は，$w = f(z)$ なる点で，$f'(z) \neq 0$ のとき，微分可能で，

$$\frac{dz}{dw} = \frac{df^{-1}(w)}{dw} = \frac{1}{\frac{dw}{dz}} = \frac{1}{f'(z)} \quad (2.34)$$

---

* 例えば，小平邦彦著：解析入門(岩波書店，1991)p.362を参照のこと．

が成り立つ. この証明は, 逆関数の定義式 $z=f^{-1}(f(z))$ の両辺を, 合成関数の微分法を使って z について微分することによって, 容易に実行される:$1=(df^{-1}(w)/dw)(dw/dz)|_{w=f(z)}$.

さて, 写像が1対1であるとき, それは**単葉**(univalent)であるという. また, ある領域を単葉に写像する関数は, その領域で単葉であるという.

2-3 等角写像

実変数 t の閉区間 $I=[t_1, t_2]$ で定義された複素平面上の曲線 $C: z(t)=x(t)+iy(t)$ が, t について連続かつ微分可能で, かつ I の各点で $z'(t) \neq 0$ であるとき, C を**滑らかな曲線**(smooth curve)という.

　[**例**] 曲線:$z_1(t)=x_1(t)+iy_1(t)=t+it^2$ は, $z_1'(t)=1+2it \neq 0$ であるから, 各点で滑らかであるが, 曲線:$z_2(t)=x_2(t)+iy_2(t)=t^2+it^3$ は, $z_2'(t)=2t+3it^2=0$ となる1点 $z=z_2(0)=0$ を除いて, 滑らかである(図2-1参照).

　さて, $z=x+iy$ 平面上の領域 D から $w=u+iv$ 平面上の領域 E への1対1の写像を与える変換 $w=f(z)=u(x, y)+iv(x, y)$ があって, $u(x, y), v(x, y)$ は領域 D で全微分可能とする. このとき, 各点 $z_0 \in D$ から引かれた任意の滑らかな2曲線 C_1, C_2 のなす角が, z_0 の像点 $w_0=f(z_0)$ から引かれる, C_1, C_2

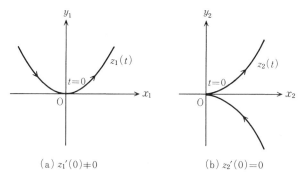

(a) $z_1'(0) \neq 0$　　　　　(b) $z_2'(0)=0$

図2-1　(a) $z_1(t)=x_1(t)+iy_1(t)=t+it^2$;　$y_1=x_1{}^2$
　　　　(b) $z_2(t)=x_2(t)+iy_2(t)=t^2+it^3$;　$y_2=\pm x_2{}^{3/2}$ $(t \gtrless 0)$

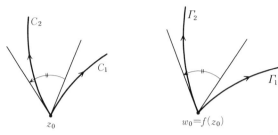

図 2-2　等角写像：$f'(z_0) \neq 0$

に対応する 2 つの写像曲線 Γ_1, Γ_2（これらは滑らかとなる：問 2-5 参照のこと）のなす角と，その向きも含めて常に相等しいならば（図 2-2），この写像は**等角**（conformal）であるという．ただし，$z_0 = \infty$ または $w_0 = \infty$ のときは，それぞれ $\zeta = 1/z$ または $\eta = 1/w$ の変換を行い，対応する原点の近傍で考察をするものとする．以下では，簡単のため，有限点の場合を扱う．

　問 2-5　写像曲線 Γ_1, Γ_2 が滑らかであることを示せ．

　滑らかな曲線 C 上の点 $z_0 = z(t_0)$ における接線が x 軸となす角 θ は，

$$\theta = \arg z'(t_0) = \arctan\left(\frac{y'}{x'}\bigg|_{t=t_0}\right) \tag{2.35}$$

で与えられる．いま，$z_0 = z(t_0)$ としよう．$f(z)$ が $z = z_0$ で正則で $f'(z_0) \neq 0$ であるとき，曲線 $\Gamma : w(t) = f(z(t))$ は点 $w_0 = w(t_0) = f(z(t_0)) = f(z_0)$ で滑らか（すなわち，$w'(t_0) = f'(z_0)z'(t_0) \neq 0$）で，その接線が実軸に対してなす角 φ は，

$$\varphi = \arg w'(t_0) = \arg z'(t_0) + \arg f'(z_0) = \theta + \alpha \tag{2.36}$$

に等しい．α は z_0 を通る各曲線によらない値をもつ．したがって，曲線 C_1, C_2 およびその写像曲線 Γ_1, Γ_2 が実軸に対してなす角 $\theta_1, \theta_2, \varphi_1, \varphi_2$ の間に，関係式 $\theta_1 - \theta_2 = \varphi_1 - \varphi_2$ が成り立つ．すなわち，写像 $f(z)$ は z_0 で等角である．ゆえに，次の定理が成り立つ：

　定理 2-3　$f(z)$ が z_0 において正則であって $f'(z_0) \neq 0$ ならば，$w = f(z)$ による写像は z_0 において等角である．

　逆に，次の定理も成り立つ：

定理 2-4 全微分可能な関数 $u(x,y), v(x,y)$ で定義された変換 $w=f(z)=u(x,y)+iv(x,y)$, $z=x+iy$ が, $z_0=x_0+iy_0$ の近傍において等角写像を与えるならば, $f(z)$ は z_0 で正則で, $f'(z_0)\neq 0$ である.

[証明] 滑らかな曲線 $C:z=z(t)=x(t)+iy(t)$ が点 $z_0=z(t_0)$ において x 軸方向となす角を θ, 問 2-5 により同じく滑らかな写像曲線 $\Gamma:w=w(t)=u(x(t),y(t))+iv(x(t),y(t))$ が $w_0=f(z_0)$ において u 軸方向となす角を φ とする. 仮定によって $w=f(z)$ は等角写像であるから, 個々の曲線によらない一定の角 α によって, 常に $\varphi=\theta+\alpha$ と表わせる. したがって, 任意の曲線 C に対して, すなわち, θ について恒等的に, 次の関係式が成り立つ:

$$\tan(\theta+\alpha)=\frac{\tan\alpha+\tan\theta}{1-\tan\alpha\tan\theta}$$
$$=\tan\varphi=\frac{dv/dt}{du/dt}\bigg|_{t=t_0}=\frac{v_x+v_y(y'/x')}{u_x+u_y(y'/x')}\bigg|_{t=t_0}=\frac{v_x+v_y\tan\theta}{u_x+u_y\tan\theta}$$

したがって, $z_0=z(t_0)$ で
$$u_x:u_y:v_x:v_y=1:-\tan\alpha:\tan\alpha:1$$
が成り立つ. これよりコーシー-リーマンの関係式 $u_x=v_y$, $u_y=-v_x$ が得られるから, $f(z)$ は $z=z_0$ で正則である. ゆえに $w(t)=f(z(t))$ で, かつ $w'(t_0)=f'(z_0)z'(t_0)$. 曲線 $C:z=z(t)$, $\Gamma:w=w(t)$ は, ともに $t=t_0$ において滑らかであるから, $z'(t_0)\neq 0$, $w'(t_0)\neq 0$. したがって, $f'(z_0)\neq 0$. あるいは, 上の比例関係式を使うと, $z=z_0$ で $u_x\neq 0$, したがって
$$|f'(z_0)|^2=|u_x+iv_x|^2=(1+\tan^2\alpha)|u_x|^2\neq 0 \quad \blacksquare$$

ここで, 等角写像の具体例を考察しよう.

[例1] 無限遠点での考察によく使われる変換
$$w=f(z)=\frac{1}{z} \tag{2.37}$$

は, 図 2-3 に示されているように, z 平面上の単位円の内部(外部)を w 平面上の単位円の外部(内部)に写像する. 0 を除く z の有限領域で $f'(z)\neq 0$ であるから, $f(z)$ は $z=0,\infty$ 以外の点で等角写像であることは明らかである. (図示された曲線が, 各交点で, 直交していることに注意せよ.) $z=\infty$ での性質を調

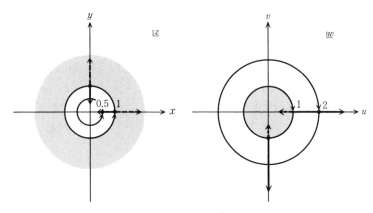

図2-3 $w = \dfrac{1}{z}$

べるには，$z = 1/\zeta$ とおく．写像 $w = f(1/\zeta)$ は恒等変換 $w = \zeta$ となるから，$\zeta = 0$ で等角写像である．したがって，$f(z)$ は $z = \infty$ で等角写像である．また，$z = 0$ で $w = \infty$ であるから，$w = 1/\tau$ とおくと，写像 $\tau = 1/f(z)$ は再び恒等変換 $\tau = z$ となるから，$z = 0$ で等角写像である．したがって，$w = f(z)$ は $z = 0$ で等角写像である．以上をまとめると，拡張された z 平面から拡張された w 平面への変換 (2.37) は，全領域で等角写像である．

　[例2]　定理1-9により，3点 $z_2 = 1$, $z_3 = i$, $z_4 = -1$ を3点 $w_2 = 0$, $w_3 = 1$, $w_4 = \infty$ に円円対応で写像する1次変換，およびその逆変換

$$w = f(z) = i\frac{1-z}{1+z}, \qquad z = f^{-1}(w) = \frac{i-w}{i+w} \tag{2.38}$$

を考えよう．$w = f(z)$ は，$z = -1$ を除く z の有限領域で等角写像である．点 $z = \infty$ $(w = -i)$，$z = -1$ $(w = \infty)$ における等角写像の確認は，例1と同様に，それぞれ $z = 1/\zeta$, $w = 1/\tau$ なる変換によってなされる．とくに，変換 (2.38) は，z 平面上の単位円を w 平面上の上半平面(半径が無限大の円)に等角写像する (図2-4 参照)．

　[例3]　べき乗の写像

$$w = f_n(z) = z^n \quad (n = \text{正の整数}) \tag{2.39}$$

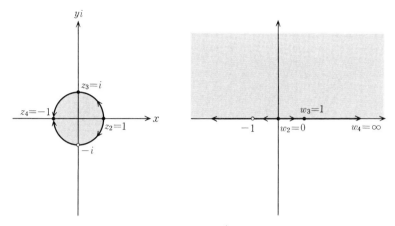

図 2-4 $w = i\dfrac{1-z}{1+z}$

の最も簡単な例として，$n=2$ の場合，すなわち

$$w = f_2(z) = z^2 \tag{2.40}$$

を考える．$w=u+iv$, $z=x+iy$ を代入して直交座標の関係を求めると，

$$u = x^2 - y^2, \qquad v = 2xy \tag{2.41}$$

となる．w 平面上の $u=$ 一定，$v=$ 一定 なる直線へ写像される z 平面上の点は，それぞれ $y=\pm x$ または $y=0$, $x=0$ を漸近線とする直角双曲線上にある．双曲線は交点で互いに直交し（図 2-5），この写像はその交点で等角写像であることがわかる．一方，z 平面上の $x=a$, $y=b$ なる各直線は，(2.41)においてそれぞれ y, x を消去すると，w 平面上の放物線 $v^2=4a^2(a^2-u)$, $v^2=4b^2(b^2+u)$ へ写像される．交点で放物線は直交し，等角写像であることが確かめられる（図 2-6）．ただし，$z=0$ で $dw/dz=0$ であるから，定理 2-4 により原点 $z=0$ では等角写像ではない．事実，例えば $z=0$ で互いに直交する漸近半直線 $y=0$, $x\geqq0$ および $x=0$, $y\geqq0$ は，$w=0$ でつながる一直線 $v=0$ に写像されている．もっと一般に，写像 $w=f_2(z)=z^2$ は，原点 $z=0$ から引かれた滑らかな 2 曲線に対して，**2 倍角写像**となっている．

さて，(2.41)より明らかなように，$z\neq0$ ならば，z 平面上の 2 点 $x+iy$, $-x-iy$ は w 平面上の 1 点 $u+iv$ に写像される．すなわち，変換(2.40)は，z 平

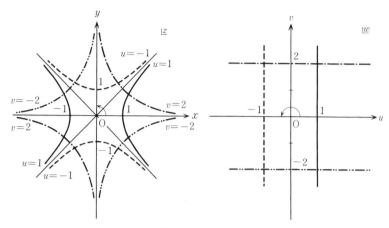

図 2-5　$w = z^2$

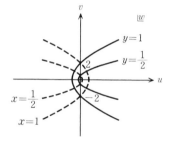

図 2-6　$w=z^2$: $x=$一定（破線）と
$y=$一定（実線）の像

面から w 平面への 2 対 1 の写像である．逆に，w に対して $z^2=w$ となる z（すなわち，(2.40)の逆関数 $f_2^{-1}(w)$）を

$$z = f_2^{-1}(w) = w^{1/2} = \sqrt{w} \tag{2.42}$$

と表記すると，$\sqrt{w}$ は，1 つの w に対して 2 つの値を与える関数，すなわち **2 価関数**である．実際，図 2-5，図 2-6 において，有限な w 平面上の原点以外の 1 点を与えると，有限な z 平面に原点に関して対称な 2 点が決まる．すなわち，変換(2.42)は w 平面から z 平面への 1 対 2 の写像を与える．

同様に，(2.39)の逆関数

$$z = f_n^{-1}(w) = w^{1/n} = \sqrt[n]{w} \tag{2.43}$$

は，1つの w に対して n 個の値を与える関数，すなわち **n 価関数**（n-valued function）である．実際，$w=\rho e^{i\varphi}$ を与えて $z=re^{i\theta}$ の値を求めてみよう．等式 $z^n=w$ に代入して

$$r^n e^{in\theta} = \rho e^{i\varphi}$$

両辺の絶対値と偏角を比較して解くと，

$$r^n = \rho, \qquad n\theta = \varphi+2\pi N \quad (N=0, \pm1, \pm2, \cdots)$$

ここで，偏角には 2π の整数倍の不定性があることに注意しよう．これより，ただちに

$$r = \rho^{1/n}, \qquad \theta = \frac{\varphi}{n}+2\pi\frac{N}{n} \quad (N=0, \pm1, \pm2, \cdots)$$

さて，$\omega \equiv e^{2\pi i/n}$ とすると，ω^N $(N=0, \pm1, \pm2, \cdots)$ は結局 $1, \omega^1, \omega^2, \cdots, \omega^{n-1}$ のどれかに一致するから，z のとり得る独立な値は

$$z_N = \rho^{1/n} e^{i\varphi/n} \omega^N \quad (\omega=e^{2\pi i/n}; \ N=0, 1, \cdots, n-1) \qquad (2.44)$$

の n 個である．$z_0, z_1, \cdots, z_{n-1}$ のおのおのを $\sqrt[n]{w}$ の**分枝**（branch）といい，$\sqrt[n]{w}$ はそれらの分枝の総称である．

　また，写像(2.39)は，原点以外では等角写像であるが，原点 $z=0$ では，一般に **n 倍角写像**である．

［例4］　**指数関数**

$$w = e^z \qquad (2.45)$$

による写像を考えよう．$z=x+iy$ 平面上の縦幅 2π の無限個の横帯状領域の各点 $z_n=x+iy+2in\pi$ $(n=0, \pm1, \pm2, \cdots)$ は，$w=u+iv$ 平面上の1点 $w=e^{x+iy}$ に等角写像される（図2-7）．ただし，$\dfrac{dw}{dz}=e^z=w$ であるから，$w=0$ で $\dfrac{dw}{dz}=0$．したがって，変換(2.45)は，点 $w=0$ で等角写像とはならない．

　(2.45)の逆関数を

$$z = \log w \qquad (2.46)$$

と書き，これを**対数関数***と呼ぶ．対数関数 $z=\log w$ は，逆関数の定義により，w の1つの値 $\rho e^{i\varphi}$ を与えたとき，$e^z=w$ となる $z=x+iy$ の値を表記する．し

---

*　厳密には，e を底とする対数関数と呼び，$\log_e w$ と表記する．したがって，$w=a^z$ の逆関数は，a を底とする対数関数 $z=\log_a w$ である．また，とくに e を底とする対数関数を，

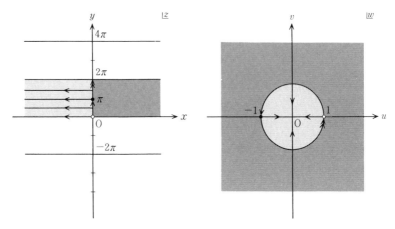

図 2-7 $w = e^z$

たがって，等式 $e^{x+iy} = \rho e^{i\varphi}$ において偏角は 2π の整数倍の不定性をもつことを考慮すると，z のとり得る値は無限個数となり，

$$z_N = x + iy_N = \log \rho + i(\varphi + 2N\pi) \quad (N = 0, \pm 1, \pm 2, \cdots) \qquad (2.47)$$

で与えられる．ゆえに，対数関数は，無限個の分枝 z_N $(N = 0, \pm 1, \pm 2, \cdots)$ をもつ**無限多価関数**である．実際，図 2-7 において，w 平面上の 1 点は，確かに z 平面上の無限個の横帯状領域の各点に写像されている．

2-4 関数項級数と一様収束

各項が z の関数 $g_n(z)$ $(n = 1, 2, \cdots, \infty)$ からなる無限級数，すなわち**関数項級数**

$$\sum_{n=1}^{\infty} g_n(z) = g_1(z) + g_2(z) + \cdots + g_n(z) + \cdots \qquad (2.48)$$

の一般的性質について述べる．このような級数は，z を固定すればすでに 1-4 節で述べた複素数の級数となるが，z を固定したとき $\sum_{n=1}^{\infty} g_n(z)$ が収束すると

記号 $\ln w \equiv \log_e w$ で表わすこともある．本書では底として e のみを扱い，混乱は生じないと思われるので，$\log_e$ を略して $\log$ と書く．

いうだけでは，実用上よく現れる級数を取り扱うのに不十分なことが多い.

すでに1-4節で述べたように，級数は数列の形にして扱うことができる. すなわち，関数項級数の収束はその部分和

$$h_n(z) = g_1(z) + g_2(z) + \cdots + g_n(z) \tag{2.49}$$

からなる関数列 $\{h_n(z)\}$ の収束に帰着されるから，まず一般的に**関数列**

$$\{f_n(z)\} : f_1(z),\, f_2(z),\, \cdots,\, f_n(z),\, \cdots \tag{2.50}$$

の収束を問題とする.

関数列と一様収束　　z 平面上の１つの集合 A で定義された関数からなる関数列 $\{f_n(z)\}$ が A の各点で収束するならば，極限関数が

$$f(z) = \lim_{n \to \infty} f_n(z) \tag{2.51}$$

によって A で定義される.

さて，関数 $f_n(z)$ が集合 A で定義されていて，連続であるとする. 数列 $\{f_n(z)\}$ が収束するとき，その極限関数 $f(z)$ は A で定義された関数であるが，必ずしも連続でない. このことは重要であるから，詳しく説明しよう：任意に与えられた $\varepsilon > 0$ に対して，自然数 $n_0 = n_0(\varepsilon, z)$ を適当に選ぶと，$n \geqq n_0$ のとき $|f_n(z) - f(z)| < \varepsilon/3$ となる. 一方，$f_n(z)$ は連続だから，δ_n を十分小さくとれば，$|\zeta - z| < \delta_n$ なるすべての ζ に対して $|f_n(\zeta) - f_n(z)| < \varepsilon/3$ となる. しかしこれから，$|\zeta - z| < \delta_n$ に対して $|f(\zeta) - f(z)| = |(f(\zeta) - f_n(\zeta)) + (f_n(\zeta) - f_n(z)) + (f_n(z) - f(z))| \leqq |f(\zeta) - f_n(\zeta)| + |f_n(\zeta) - f_n(z)| + |f_n(z) - f(z)| \leqq \varepsilon/3 + \varepsilon/3 + \varepsilon/3 = \varepsilon$ である，とは結論できない. なぜなら，$n \geqq n_0 = n_0(\varepsilon, z)$ に対して $|f(\zeta) - f_n(\zeta)| < \varepsilon/3$ が成り立つとは限らないからである. 関係式 $|f_n(z) - f(z)| < \varepsilon/3$ を満たし，かつ与えられた ζ に対しても $|f_n(\zeta) - f(\zeta)| < \varepsilon/3$ を満たすために，n をとりなおして n より大きな $n' \geqq n_0(\varepsilon, \zeta), n_0(\varepsilon, z)$ を満足する自然数 n' をとると，今度は与えられた ζ を固定する条件 $|\zeta - z| < \delta_n$ のもとでは，$|f_{n'}(\zeta) - f_{n'}(z)| < \varepsilon/3$ が必ずしも成立しなくなる. 逆に，この関係式を保証する条件 $|\zeta - z| < \delta_{n'}$ は，与えられた ζ によって必ずしも満たされない. したがって，極限関数 $f(z)$ の連続性は証明されない.（連続関数列の極限関数が不連続である場合の例については，問 2-7 参照.）

関数列 $\{f_n(z)\}$ が収束する条件を強くして，z によらず ε だけで定まる $n_0=n_0(\varepsilon)$ に対して関数列の極限が定義できると，ζ でも $|f(\zeta)-f_n(\zeta)|<\varepsilon/3$ が成り立つから，上記の論法の困難はなくなり，$f(z)$ の連続性が証明される．

そこで，関数列の**一様収束性**(uniform convergence)を次のように定義する：z 平面上の 1 つの集合 A で定義された関数から成る関数列 $\{f_n(z)\}$ が，A の各点で極限関数 $f(z)$ に収束するとき，任意の $\varepsilon>0$ に対して z によらない適当な自然数 $n_0=n_0(\varepsilon)$ を定めると，関係式

$$|f_n(z)-f(z)| < \varepsilon \quad (n \geqq n_0) \tag{2.52}$$

が z に対して一様に成り立つとき，$\{f_n(z)\}$ は A において $f(z)$ に**一様収束する**(uniformly convergent)という．

また，領域 D で定義された関数列 $\{f_n(z)\}$ が，D の任意の部分閉領域で一様収束するならば，$\{f_n(z)\}$ は D で**広義一様収束する**(uniformly convergent in the wide sense)という．

したがって，次の定理が成り立つ：

定理 2-5 集合 A で定義された連続関数列 $\{f_n(z)\}$ が，A で一様収束するならば，極限関数 $f(z)$ は A で連続である．特に，領域 D で広義一様収束する連続関数列の極限関数は D で連続である．

この定理の前半の証明の要点は，すでに上で述べた通りであるから省略する．定理の後半は，集合 A が領域 D の場合で，連続関数列が領域 D で広義一様収束することから，極限関数が連結開集合 D の任意の閉領域で連続となるから，D 自身で連続となる．さらに，

定理 2-6 集合 A で定義された関数列 $\{f_n(z)\}$ が一様収束するための必要十分な条件は，任意の $\varepsilon>0$ に対して，z によらない適当な自然数 $n_0=n_0(\varepsilon)$ をとると，

$$|f_m(z)-f_n(z)| < \varepsilon \quad (m>n \geqq n_0) \tag{2.53}$$

が z によらずに成り立つことである．

問 2-6 定理 2-6 を証明せよ．

関数列 $\{f_n(z)\}$ について述べたことから，$f_n(z) \to h_n(z) = \sum_{k=1}^{n} g_k(z)$, $f(z) \to$

$g(z)=\lim_{n\to\infty}h_n(z)=\sum_{n=1}^{\infty}g_n(z)$ の読み代えによって，無限級数 $g_1(z)+g_2(z)+\cdots$
$+g_n(z)+\cdots$ に対する種々の定理が得られる．ここでは，繰り返しを省略する．

問 2-7　z 平面で定義された関数項級数 $\sum_{n=0}^{\infty}|z|/(1+|z|)^n$ は収束するが，一様収束
ではないこと，および極限関数は $z=0$ で連続にならないことを示せ．

定理 2-7（ワイエルシュトラス（Weierstrass）の判定法）　集合 A において定
義された関数項級数 $\sum_{n=1}^{\infty}g_n(z)$ が収束する**優級数**，すなわち A 全体で
$$|g_n(z)|\leqq a_n \quad (a_n\geqq 0 \text{ は定数}: n=1,2,\cdots)$$
を満たしかつ収束する**正項級数**（各項が正の実数または 0 である級数）
$\sum_{n=1}^{\infty}a_n$, をもてば，$\sum_{n=1}^{\infty}g_n(z)$ は A において一様収束する．

［証明］　与えられた正項級数は収束するから，任意の ε に対して適当な自然
数 $n_0=n_0(\varepsilon)$ をとると，$m>n\geqq n_0$ となるすべての m,n に対して $\sum_{k=n+1}^{m}a_k<\varepsilon$
である．仮定より A のすべての z に対して $|g_n(z)|\leqq a_n$ だから，z によらずに
$|\sum_{k=n+1}^{m}g_k(z)|\leqq\sum_{k=n+1}^{m}|g_k(z)|<\varepsilon$ となり，これは $\sum_{n=1}^{\infty}g_n(z)$ が絶対一様収束し，
したがって一様収束することを意味する．∎

整級数（べき級数）　関数項の級数で，とくに次の形の級数：
$$\sum_{n=0}^{\infty}c_n(z-a)^n=c_0+c_1(z-a)+c_2(z-a)^2+\cdots \tag{2.54}$$
を**整級数**または**べき級数**という*．また，$\{c_n\}$ をその**係数列**，a をその**中心**と
いう．なお，$z-a$ をあらためて z とおけばよいから，一般性を失うことなく，
$a=0$ の場合を考えればよい．

整級数 $\sum_{n=0}^{\infty}c_nz^n$ は，$z=0$ において $c_0+0+0+\cdots=c_0$ であるから，つねに収束
する．

定理 2-8　もし整級数 $\sum_{n=0}^{\infty}c_nz^n$ が 1 点 z_0 $(z_0\neq 0)$ で収束するならば，$|z|<$
$|z_0|$ なるすべての z で絶対収束する．また，定数 r $(0<r<|z_0|)$ をとる
と，整級数は $|z|\leqq r$ で一様収束する．したがって，その和は $|z|<|z_0|$
で連続関数となる．

---
*　整級数については，つねに（とくに，$z=a$ であっても）$(z-a)^0=1$ と約束する．

［証明］　$\sum_{n=0}^{\infty} c_n z_0^n$ は収束するから，その項 $c_n z_0^n$ は $n \to \infty$ で 0 に収束し，したがって各項は有界である．すなわち，適当な定数 K をとると，すべての n に対して $|c_n z_0^n| < K$，よって $|c_n| < K/|z_0|^n$ である．したがって，$|z| < |z_0|$ のとき，任意の $\varepsilon > 0$ に対して十分大きな自然数 $n_0 = n_0(\varepsilon, z)$ をとると $m > n \geqq n_0$ なるすべての m, n について $\sum_{k=n+1}^{m} |c_k z^k| < K \sum_{k=n+1}^{m} (|z|/|z_0|)^k = K(|z|/|z_0|)^{n+1}(1 - (|z|/|z_0|)^{m-n})/(1 - |z|/|z_0|) \leqq K(|z|/|z_0|)^{n+1}/(1 - |z|/|z_0|) < \varepsilon$ である．よってコーシーの判定法より，$|z| < |z_0|$ のとき，$\sum_{n=0}^{\infty} c_n z^n$ は絶対収束する．また，$|z| \leqq r < |z_0|$ ならば，収束する正項級数 $\sum_{n=0}^{\infty} K(r/|z_0|)^n$ が優級数となるから，定理 2-7 により整級数は $|z| \leqq r$ で一様収束する．よって整級数は $|z| < |z_0|$ で広義一様収束であるから，定理 2-5 により，その和は $|z| < |z_0|$ で連続関数となる．∎

　整級数 $\sum_{n=0}^{\infty} c_n z^n$ が $z = z_0$ において収束するような $|z_0|$ 全体の集合の上限を R で表わすと，整級数は $|z| < R$ において収束し，$|z| \leqq r < R$ で一様収束する．また，$|z| > R$ で発散する．（なぜなら，上限の性質から $|z| < R$ に対して必らず $|z| < |z_0| \leqq R$ なる集合の点 z_0 があり，よって整級数は $|z| < |z_0| \leqq R$ で収束する．ここで定理 2-8 を使う．また，$|z| > R$ で収束する点があれば，R が上記集合の上限であることに反する．）$R = \infty$ の場合には，すべての有限点で収束する．あらためて原点だけで収束する場合に $R = 0$ とおくことにすると，各整級数に対して $0 \leqq R \leqq \infty$ なる R が一意的に決まる．この R を整級数の**収束半径**（radius of convergence），$|z| < R$ をその**収束円**（circle of convergence）という．$R = 0$ のとき，収束円は空である．

　以上から，明らかに，もし $\sum_{n=0}^{\infty} c_n z^n$ が 1 点 z_1 で発散するならば，$|z| > |z_1|$ なるすべての z で発散する．なぜなら，$\sum_{n=0}^{\infty} c_n z^n$ が収束するような $|z_0| > |z_1|$ なる点 $z = z_0$ があれば，定理 2-8 より $|z| < |z_0|$ なるすべての z で収束する．これは，この整級数が $z = z_1$ で発散することに矛盾する．

　収束半径を係数列から定めるための有名な公式を述べよう．

定理 2-9（コーシー‐アダマール（Cauchy‐Hadamard）の公式）　整級数 $\sum_{n=0}^{\infty} c_n z^n$ の収束半径 R は

$$R = \frac{1}{\varlimsup\limits_{n\to\infty} \sqrt[n]{|c_n|}} \tag{2.55}$$

で与えられる*. ただし, $1/\infty=0$, $1/0=\infty$ とする.

［証明］ まず $\varlimsup\limits_{n\to\infty}\sqrt[n]{|c_n|}=1/R=\infty$ のとき, 任意の $z_1\neq 0$ に対して $\varlimsup\limits_{n\to\infty}$ $\sqrt[n]{|c_n z_1^n|}=|z_1|\varlimsup\limits_{n\to\infty}\sqrt[n]{|c_n|}=\infty$, したがって無限に多くの n に対して $|c_n z_1^n|>1$ となり, 整級数は $z=z_1$ で発散する. ゆえに $R=0$. 次に, $\varlimsup\limits_{n\to\infty}\sqrt[n]{|c_n|}=1/R=0$ のとき, 任意の半径 r の円 $|z|\leqq r$ において $\varlimsup\limits_{n\to\infty}\sqrt[n]{|c_n z^n|}=|z|\varlimsup\limits_{n\to\infty}\sqrt[n]{|c_n|}=0$, ゆえに任意の ε に対して適当な n_0 をとれば, $n\geqq n_0$ に対して $|c_n z^n|\leqq|c_n|r^n$ $<1/2^n<\varepsilon$ となり, すべての $|z|\leqq r$ について $|\sum\limits_{k=n+1}^{m}c_k z^k|\leqq\sum\limits_{k=n+1}^{m}|c_k|r^k<$ $(1/2)^{n+1}\{1-(1/2)^{m-n}\}/(1-1/2)<(1/2)^n<\varepsilon$ が得られる. よって, 整級数は $|z|\leqq r$ において一様に絶対収束し, r は任意に大きくとれるから, 整級数は $|z|<\infty$ において広義一様に絶対収束する. ゆえに $R=\infty$. 最後に, $0<R=1/$ $\varlimsup\limits_{n\to\infty}\sqrt[n]{|c_n|}<\infty$ ならば, 任意の $0<r<R$ なる r をとると, $|z|\leqq r$ で $\varlimsup\limits_{n\to\infty}$ $\sqrt[n]{|c_n z^n|}\leqq r/R$ である. したがって適当な n_0 をとると, $n\geqq n_0$ に対して $|c_n z^n|$ $\leqq(r'/R)^n$ $(r<r'<R)$ が z について一様に成り立つ. これより整級数 $\sum\limits_{n=1}^{\infty}c_n z^n$ は, $|z|\leqq r$ のとき優級数をもつことが明らかである. したがって整級数は, 任意の閉領域 $|z|\leqq r<R$ で一様に絶対収束し, よって $|z|<R$ で広義一様に絶対収束する. 一方, $|z_1|>R$ なる z_1 に対しては, $\varlimsup\limits_{n\to\infty}\sqrt[n]{|c_n z_1^n|}=|z_1|/R>1$ である. ゆえに, 無限に多くの n に対して $|c_n z_1^n|>1$ となり, 整級数は発散する. よって, 整級数は $|z|>R$ で発散する. ∎

例題 2-1（ダランベール（D'Alembert）の判定法） 正項級数 $\sum\limits_{n=1}^{\infty}a_n$ $(a_n>0)$ は, (i) $\varlimsup\limits_{n\to\infty}(a_{n+1}/a_n)<1$ ならば収束し, (ii) $\varliminf\limits_{n\to\infty}(a_{n+1}/a_n)>1$ ならば発散することを示せ.

［解］ (i) $\varlimsup\limits_{n\to\infty}(a_{n+1}/a_n)<r<1$ なる r を1つ定めると, 適当な自然数 N

---

* 実数列 $\{|c_n|\}$ の収束する**部分列** $\{|c_{n_k}|\}$ $(n_1<n_2<\cdots<n_k<\cdots)$ の極限値をその数列の**集積値**という. この集積値の集合の最大値を**上極限**, 最小値を**下極限**と定義し, それぞれ記号 $\varlimsup\limits_{n\to\infty}|c_n|$, $\varliminf\limits_{n\to\infty}|c_n|$ で表わす. 実数列 $\{|c_n|\}$ が収束するための必要十分条件は, $\varlimsup\limits_{n\to\infty}|c_n|$, $\varliminf\limits_{n\to\infty}|c_n|$ が共に有限で, かつ両者が一致することである.

をとって，すべての $n \geqq N$ に対して $a_{n+1}/a_n < r$，すなわち $a_{n+1} < a_n r < \cdots < a_N r^{n+1-N}$ である．したがって，$\sum_{n=1}^{\infty} a_n < \sum_{n=1}^{N-1} a_n + \sum_{k=0}^{\infty} a_N r^k = \sum_{n=1}^{N-1} a_n + a_N/(1-r)$．よって，級数 $\sum_{n=1}^{\infty} a_n$ は収束する正項級数をもつから，定理 2-7 により収束する．

(ii)　適当な自然数 N をとると，$n \geqq N$ である限り $a_{n+1}/a_n > 1$ であるから，$a_N < a_{N+1} < \cdots < a_{N+k} < \cdots$．したがって，正項級数 $\sum_{n=1}^{\infty} a_n$ は発散する．∎

例題 2-2（コーシー（Cauchy）の判定法）　正項級数 $\sum_{n=1}^{\infty} a_n (a_n \geqq 0)$ は，（i）$\varlimsup_{n \to \infty} \sqrt[n]{a_n} < 1$ ならば収束し，（ii）$\varlimsup_{n \to \infty} \sqrt[n]{a_n} > 1$ ならば発散することを示せ．

[解]　（i）$\varlimsup_{n \to \infty} \sqrt[n]{a_n} < r < 1$ なる r を 1 つ定める．ここで適当な自然数 N をとると，$n \geqq N$ である限り $\sqrt[n]{a_n} < r$，すなわち $a_n < r^n$ である．よって，正項級数 $\sum_{n=1}^{\infty} a_n (a_n \geqq 0)$ に対して，$\sum_{n=1}^{N-1} a_n + \sum_{n=N}^{\infty} r^n$ は収束する優級数となるから，この級数は収束する．

(ii)　$\varlimsup_{n \to \infty} \sqrt[n]{a_n} > 1$ のとき，1 より大きな集積値をもつ部分列 $\{a_{n_k}\}$（$n_1 < n_2 < \cdots < n_k < \cdots$）が必ず存在し，適当な k_0 をとると，すべての $k \geqq k_0$ に対して $a_{n_k} > 1$ である．よって，正項級数 $\sum_{n=1}^{\infty} a_n (a_n \geqq 0)$ は $a_n > 1$ なる項を無限個含むから，発散する．∎

問 2-8　任意の複素数列 $\{z_n\}$ $(z_n \neq 0)$ に対して

$$\varlimsup_{n \to \infty} \left| \frac{z_{n+1}}{z_n} \right| \geqq \varlimsup_{n \to \infty} \sqrt[n]{|z_n|} \geqq \varliminf_{n \to \infty} \sqrt[n]{|z_n|} \geqq \varliminf_{n \to \infty} \left| \frac{z_{n+1}}{z_n} \right| \tag{2.56}$$

が成り立つことを証明せよ．

問 2-9　整級数 $\sum_{n=0}^{\infty} a_n z^n$ の収束半径 R は，次の極限が存在する限りその極限値によって与えられること，すなわち $R = \lim_{n \to \infty} \left| \dfrac{a_n}{a_{n+1}} \right|$ であることをダランベールの判定法を用いて証明せよ．

定理 2-9，問 2-8，問 2-9 の結果により，コーシーの判定法はダランベールの判定法より有力であることがわかる．また，正の実数列 $\{a_n\}$ に対して $\lim_{n \to \infty} |a_n/a_{n+1}| = \alpha$ が存在すれば，$\lim_{n \to \infty} \sqrt[n]{a_n}$ も存在してその値は $1/\alpha$ となる．したがって，$\lim_{n \to \infty} |c_n|/|c_{n+1}| = R$ が存在すれば，整級数 $\sum_{n=1}^{\infty} c_n z^n$ の収束半径は R である．

さて，収束する整級数の極限関数は，連続であるばかりでなく，収束円内で

正則であることを証明しよう:

定理 2-10 収束半径 R をもつ整級数 $f(z) = \sum_{n=0}^{\infty} c_n z^n$ は，収束円の内部 $|z| < R$ において正則で，かつその導関数は項別微分によって

$$f'(z) = \sum_{n=1}^{\infty} n c_n z^{n-1} = \sum_{n'=0}^{\infty} (n'+1) c_{n'+1} z^{n'} \tag{2.57}$$

で与えられる．右辺の級数の収束半径は R である．

[証明] まず，$\varlimsup_{n\to\infty} \sqrt[n]{|nc_n|} = \lim_{n\to\infty} \sqrt[n]{n} \, \varlimsup_{n\to\infty} \sqrt[n]{|c_n|} = \varlimsup_{n\to\infty} \sqrt[n]{|c_n|} = 1/R$ であるから，コーシー–アダマールの公式より，$\sum_{n=1}^{\infty} n c_n z^{n-1}$ の収束半径は R である．そこで，ひとまず $g(z) = \sum_{n=1}^{\infty} n c_n z^{n-1}$ とおく．$|z| < R$ のとき，$|z| < r < R$ なる定数 r をとると，$\sum_{n=0}^{\infty} c_n r^n$ は収束するから，数列 $\{c_n r^n\}$ は有界である：$|c_n| r^n \leqq M$ $(n=0,1,2,\cdots)$．さて，十分小さい $|\Delta z| : 0 < |\Delta z| < r - |z|$ をとると，$|z| < r$ かつ $|z| + |\Delta z| < r$ となる．よって

$$\left| \frac{f(z+\Delta z)-f(z)}{\Delta z} - g(z) \right| = \left| \sum_{n=1}^{\infty} c_n \left(\frac{(z+\Delta z)^n - z^n}{\Delta z} - n z^{n-1} \right) \right|$$

$$\leqq \sum_{n=1}^{\infty} \frac{M}{r^n} \left| \frac{(z+\Delta z)^n - z^n}{\Delta z} - n z^{n-1} \right| = \sum_{n=1}^{\infty} \frac{M}{r^n} \left| \sum_{k=0}^{n-1} z^{n-k-1} [(z+\Delta z)^k - z^k] \right|$$

$$= \sum_{n=1}^{\infty} \frac{M}{r^n} \left| \sum_{k=0}^{n-1} z^{n-k-1} \left[\Delta z \sum_{l=0}^{k-1} (z+\Delta z)^l z^{k-l-1} \right] \right|$$

$$\leqq \sum_{n=1}^{\infty} \frac{M}{r^n} \sum_{k=0}^{n-1} |z|^{n-k-1} \left[|\Delta z| \sum_{l=0}^{k-1} (|z|+|\Delta z|)^l |z|^{k-l-1} \right]$$

$$= \sum_{n=1}^{\infty} \frac{M}{r^n} \left(\frac{(|z|+|\Delta z|)^n - |z|^n}{|\Delta z|} - n|z|^{n-1} \right)$$

$$= M \left[\frac{1}{|\Delta z|} \left(\frac{|z|+|\Delta z|}{r-|z|-|\Delta z|} - \frac{|z|}{r-|z|} \right) - \frac{r}{(r-|z|)^2} \right]$$

$$= \frac{Mr|\Delta z|}{(r-|z|)^2 (r-|z|-|\Delta z|)}$$

最後の式は $|\Delta z| \to 0$ とすると 0 に収束するから，目的の式：

$$f'(z) = \lim_{\Delta z \to 0} [f(z+\Delta z) - f(z)]/\Delta z = g(z)$$

が得られる． ∎

いま証明した定理 2-10 によって，$f'(z)$ は再び項別微分可能で，したがって

その収束円内で何回でも項別微分可能である.

テイラー級数 一般に，$|z-a|<R$ において整級数で定義された関数

$$f(z) = \sum_{n=0}^{\infty} c_n(z-a)^n \qquad (2.58)$$

に対しては，定理 2-10 により，その k 階微分は

$$f^{(k)}(z) = \sum_{n=0}^{\infty} \frac{(n+k)!}{n!} c_{n+k}(z-a)^n \quad (|z-a|<R;\ k=1,2,\cdots) \quad (2.59)$$

で与えられる．ここでとくに $z=a$ とおくと，関係式

$$c_k = \frac{f^{(k)}(a)}{k!} \qquad (2.60)$$

が成り立つことがわかる．これを $f(z)$ の定義式の係数に代入すると，$f(z)$ の展開式

$$f(z) = \sum_{n=0}^{\infty} \frac{f^{(n)}(a)}{n!}(z-a)^n \quad (|z-a|<R) \qquad (2.61)$$

が得られる．これを $f(z)$ の**テイラー**(Taylor)**級数**という．すなわち，$f(z)$ が整級数で表わされる限り，それはテイラー級数に他ならない．$a=0$ のときのテイラー級数を**マクローリン**(Maclaurin)**級数**とも呼ぶ.

第2章演習問題

[1] 変換 $w=f(z)=e^{i\theta}\dfrac{z-\alpha}{1-\bar{\alpha}z}$ （$|\alpha|<1$, θ は実数）は，単位円板（$|z|<1$）を単位円板（$|w|<1$）へ写す等角写像であることを示せ.

[2] $f(z)$ が有界閉集合 Ω 上で連続ならば，$|f(z)|$ は Ω のどこかで最大値および最小値をとることを証明せよ.

[3] $f(z)$ が領域 D で正則で，D において
 (i) $f'(z)=0$
 (ii) $\mathrm{Re}\,f(z) = $ 定数
 (iii) $\mathrm{Im}\,f(z) = $ 定数
 (iv) $f(z)$ が実数値関数

（v）　$|f(z)|$ ＝ 定数

のいずれかが 1 つ成り立てば，$f(z)$ は定数であることを証明せよ.

[4]　関数列 $\{f_n(z)=z^n\}$ は，$|z|<1$ において広義一様収束するが，その収束は一様ではないことを証明せよ.

[5]　等式 $\log z^2 = 2\log z$ は常に正しいかどうか検討せよ.

[6]　関数

$$f(z) = F(z,\bar{z}) = \frac{x^3(1+i)-y^3(1-i)}{x^2+y^2} \quad (z\neq 0), \quad f(0) = F(0,0) = 0$$

は，$z=0$ でコーシー‑リーマンの関係式を満たすが，そこで微分可能ではないことを示せ.

[7]　関数 $f(z)=F(z,\bar{z})=z\bar{z}$ は，$z=0$ で微分可能であるが，そこで正則ではないことを示せ.

[8]　複素関数

$$\text{（i）} z^z, \quad \text{（ii）} \sin^{-1} z, \quad \text{（iii）} \cosh^{-1} z$$

の導関数を求めよ.

[9]　無限級数

$$\text{（i）} \sum_{n=1}^{\infty} \frac{e^{i\pi n/k}}{n}, \quad \text{（ii）} \sum_{n=1}^{\infty} \frac{1}{1+z^n}$$

の収束，発散を考察せよ.

[10]　次の写像が等角でなくなる z 平面上の点を求めよ：

$$\text{（i）} w = e^{z^2-z}, \quad \text{（ii）} w = \sin \pi z, \quad \text{（iii）} w = \cosh z$$

3 初等関数とリーマン面

初等関数(elementary functions)とは，代数関数，指数関数，対数関数，三角関数，逆三角関数と，それらを合成する操作を有限回実行して得られる関数をいう．この章では，初等関数の説明と，それらが示す複素関数としての特異性と多価性，とくに多価性を具現するリーマン面の性質について述べる．

3-1 代数関数

変数 z と有限個の定数に，加・減・乗の3つの演算を有限回ほどこして得られる関数を**有理整関数**(rational integral function)または**多項式**(polynomial)といい，その一般形は

$$w = a_0 z^n + a_1 z^{n-1} + \cdots + a_{n-1} z + a_n \tag{3.1}$$

である．ただし，$a_0, a_1, \cdots, a_n$ は定数，n は正の整数である．

また，変数 z と有限個の定数に，加・減・乗・除の4つの演算を有限回ほどこして得られる関数を**有理関数**(rational function)という．その一般形は，2つの多項式 $p_n(z), q_m(z)$ の商

$$w = \frac{q_m(z)}{p_n(z)} = \frac{b_0 z^m + b_1 z^{m-1} + \cdots + b_{m-1} z + b_m}{a_0 z^n + a_1 z^{n-1} + \cdots + a_{n-1} z + a_n} \tag{3.2}$$

である．ここで，共通因子は分子・分母で約分されているものとする．

有理関数を係数関数とする w の n 次代数方程式

$$w^n + R_1(z)w^{n-1} + R_2(z)w^{n-2} + \cdots + R_n(z) = 0 \tag{3.3}$$

の解として定まる z の関数 w を，一般に**代数関数**(algebraic function)という．有限位の分岐点(3-3節参照)をもつ多価関数は，代数関数に含まれる．

有理整関数が有限な z 平面上で正則であることは，微分手続きを行うことによって容易に確かめられる．同様にして，有理関数は，分母が 0 とならないすべての点 z で正則である．分母が 0 となる点 z では，有理関数の微分係数が有限とならないから，**特異点**(singular point または singularity，複素関数が正則とならない点)である．特異点の性質については，第 5 章で説明する．

3-2 初等超越関数

初等関数の中で，代数関数でないものを**初等超越関数**という．したがって，指数関数，三角関数，逆三角関数，対数関数，およびそれらを代数的に組み合わせた関数などは，初等超越関数である*．

指数関数　複素変数 z の**指数関数** e^z (exp z とも書く)をマクローリン級数

$$e^z = \sum_{n=0}^{\infty} \frac{z^n}{n!} = 1 + z + \frac{z^2}{2!} + \cdots + \frac{z^n}{n!} + \cdots \tag{3.4}$$

で定義する．定理 2-9 あるいは関係式(2.56)より，この級数の収束半径は ∞ である．したがって定理 2-10 により，指数関数は $|z| < \infty$ で正則である．このように，有限複素平面全体で正則な関数を**整関数**(integral function または entire function)という．

指数関数について別の導入の仕方もできる．すなわち，複素数 $z = x + iy$ に関する指数関数 $e^z = e^{x+iy}$ を

$$e^z = e^{x+iy} \equiv e^x e^{iy} = e^x(\cos y + i \sin y) \tag{3.5}$$

で定義する．ここでオイラーの公式(1.18a)を使った．

定義式(3.5)より，e^z はコーシー–リーマンの関係式を満たすことがわかる

---

*　ちなみに，代数関数でないすべての関数を**超越関数**(transcendental function)と呼び，初等超越関数のほかに楕円関数やガンマ関数などを含む．

から，有限なすべての z で正則である．したがって，（2.23）より

$$\frac{d}{dz}e^z = \frac{\partial}{\partial x}(e^x \cos y) + i\frac{\partial}{\partial x}(e^x \sin y) = e^x \cos y + ie^x \sin y = e^z \quad (3.6)$$

である．

複素数の四則演算と（1.23）を使うと

$$e^{z_1+z_2} = e^{z_1}e^{z_2}, \qquad \text{したがって} \quad e^{z+2\pi i} = e^z e^{2\pi i} = e^z \quad (3.7)$$

である．これより，指数関数 e^z は**基本周期*** $2\pi i$ をもつから，一般に $2n\pi i$（n $=\pm 1, \pm 2, \cdots$）を周期にもつ．

三角関数　　オイラーの公式（1.18a），（1.22）によれば

$$\cos \theta = \frac{e^{i\theta}+e^{-i\theta}}{2}, \qquad \sin \theta = \frac{e^{i\theta}-e^{-i\theta}}{2i} \quad (3.8)$$

が成り立つ．これにならって，実数 θ を複素数 $z=x+iy$ で置き換えて，複素変数の三角関数を

$$\cos z \equiv \frac{e^{iz}+e^{-iz}}{2}, \qquad \sin z \equiv \frac{e^{iz}-e^{-iz}}{2i} \quad (3.9)$$

によって定義する．したがって，複素数に対してオイラーの公式

$$e^{iz} = \cos z + i \sin z \quad (3.10)$$

が成り立つ．さらに，実数の場合と同様に，他の三角関数を

$$\tan z = \frac{\sin z}{\cos z}, \qquad \cot z = \frac{1}{\tan z}, \qquad \sec z = \frac{1}{\cos z}, \qquad \mathrm{cosec}\, z = \frac{1}{\sin z}$$

$$(3.11)$$

と定義する．三角関数の偶奇性は，定義より

$$\sin(-z) = -\sin z, \qquad \cos(-z) = \cos z,$$
$$\tan(-z) = -\tan z, \qquad \cot(-z) = -\cot z \quad (3.12)$$

などである．周期性は，自然数 n に対して

$$\sin(z \pm n\pi) = (-1)^n \sin z, \qquad \cos(z \pm n\pi) = (-1)^n \cos z$$
$$\tan(z \pm n\pi) = \tan z, \qquad \cot(z \pm n\pi) = \cot z \quad (3.13)$$

---

*　ω を周期とする関数に対して，すべての周期が ω の整数倍で表されるとき，ω を基本周期という．

となる．また，定義から，実数の場合と同様の加法定理：

$$\sin(z_1 \pm z_2) = \sin z_1 \cos z_2 \pm \cos z_1 \sin z_2$$
$$\cos(z_1 \pm z_2) = \cos z_1 \cos z_2 \mp \sin z_1 \sin z_2$$

(3.14)

が得られる．とくに，この第2式で $z_1 = z_2 = z$ とおいて，

$$\sin^2 z + \cos^2 z = 1$$

(3.15)

が成り立つことがわかる．

e^z の微分公式(3.6)と定義式(3.9)より

$$\frac{d}{dz} \sin z = \cos z, \quad \frac{d}{dz} \cos z = -\sin z$$

(3.16)

したがって，合成関数の微分法を使って

$$\frac{d}{dz} \tan z = \sec^2 z, \quad \frac{d}{dz} \cot z = -\operatorname{cosec}^2 z$$

(3.17)

となる．$\sin z, \cos z$ は有限なすべての点で正則，$\tan z, \cot z$ はそれぞれ $\cos z, \sin z$ が 0 にならない点で正則である．

定義式(3.9)において，$x=0$ とおくと

$$\cos(iy) = \frac{e^{-y} + e^y}{2} = \cosh y, \quad \sin(iy) = \frac{e^{-y} - e^y}{2i} = i \sinh y$$

(3.18)

これと(3.14)より，次の式が成り立つ：

$$\sin(x+iy) = \sin x \cosh y + i \cos x \sinh y$$
$$\cos(x+iy) = \cos x \cosh y - i \sin x \sinh y$$

(3.19)

双曲線関数　複素変数 z の**双曲線関数**の余弦と正弦を

$$\cosh z = \cos(iz) = \frac{e^z + e^{-z}}{2}, \quad \sinh z = -i \sin(iz) = \frac{e^z - e^{-z}}{2}$$

(3.20)

で定義する．実数の場合と同様に，他の双曲線関数を

$$\tanh z = \frac{\sinh z}{\cosh z}, \quad \coth z = \frac{\cosh z}{\sinh z}, \quad \operatorname{sech} z = \frac{1}{\cosh z},$$
$$\operatorname{cosech} z = \frac{1}{\sinh z}$$

(3.21)

と定義する．とくに，次の等式および微分公式が成り立つ：

$$\cosh^2 z - \sinh^2 z = 1; \quad \frac{d}{dz}\sinh z = \cosh z, \quad \frac{d}{dz}\cosh z = \sinh z \quad (3.22)$$

対数関数　　2-3節の例4で説明したように，**対数関数**は指数関数 $e^w = z$ の逆関数として定義され，

$$w = \log z = \log|z| + i \arg z \quad (3.23)$$

で表わされる．z の偏角 $\arg z$ は 2π の整数倍だけ不定であるので，対数関数は無限多価である．$\arg z$ の主値を $\mathrm{Arg}\, z$ と書き，$\mathrm{Arg}\, z$ を採用したときの $\log z$ の値をその**主値**といい，記号 $\mathrm{Log}\, z$ で表わす：

$$\mathrm{Log}\, z = \log|z| + i\,\mathrm{Arg}\, z \quad (-\pi < \mathrm{Arg}\, z \leqq \pi) \quad (3.24)$$

また，$\arg z = -\arg(1/z)$ であるから，

$$\log \frac{1}{z} = \log \frac{1}{|z|} - i \arg z = -\log z \quad (3.25)$$

が得られる．

$w = \log z$ の定義式 $e^w = z$ の両辺を z で微分すると，$\dfrac{d}{dz}e^w = \dfrac{d}{dw}e^w \cdot \dfrac{dw}{dz} = e^w \dfrac{dw}{dz} = z\dfrac{dw}{dz} = 1$ であるから，

$$\frac{d}{dz}\log z = \frac{1}{z} \quad (3.26)$$

である．$(3.25), (3.26)$ より，$\log z$ は $z \neq 0, \infty$ において微分可能であることがわかる．

一般のべき乗　　$a(\neq 0), b$ を任意の複素数とするとき，a の b 乗を

$$a^b = e^{b \log a} \quad (3.27)$$

で定義する．ここで，$\arg a$ の1つの値を θ_a とすると，$\log a = \log|a| + i(\theta_a + 2n\pi)$ $(n = 0, \pm 1, \pm 2, \cdots)$ である．したがって，

$$a^z = e^{z \log a} \quad (3.28)$$

は，$\log a$ の無限多価性に対応して，無限に多くの1価な関数 $e^{z\log|a|}e^{iz(\theta_a + 2n\pi)}$ $(n = 0, \pm 1, \pm 2, \cdots)$ を表わす．すなわち，$\log a$ のひとつの値を決める（n を決める）と，対応する z の1価関数が与えられることになる．それに対して，

$$z^b = e^{b \log z} \quad (3.29)$$

は，ただ1つの関数を表わす．ただし，以下に説明するように，この関数は一

般には無限多価である．すなわち，$\log z$ の加法的不定性：$2n\pi i$（$n=0, \pm1, \pm2, \cdots$）に応じて，z^b には乗法的不定性因子 $e^{2bn\pi i}$（$n=0, \pm1, \pm2, \cdots$）が現れる．b が整数のときは，この不定性因子 $e^{2bn\pi i}$ は常に 1 に等しく，z^b は 1 価である．b が有理数であって，既約分数表示 $b=p/q$（$q>1$）で与えられるとき，不定性因子 $e^{2p(n/q)\pi i}$（$n=0, \pm1, \pm2, \cdots$）の中で相異なるものは，$n=0,1,2,\cdots,q-1$ に対応する q 個だけである．ゆえに，このとき $z^{p/q}$ は q 価関数である．もし，b が有理数でなければ（すなわち，無理数または虚数ならば），不定性因子 $e^{2bn\pi i}$（$n=0, \pm1, \pm2, \cdots$）はすべて相異なり，このとき z^b は無限多価となる．

問3-1　(3.28)の意味で e を z 乗するとき（すなわち，e を複素数とみなした場合），e^z の値のうち少なくとも 1 つが 1 となるような z の値をすべて求めよ．

問3-2　a, b, c が複素数のとき，$a^b a^c = a^{b+c}$ はどのような条件で成り立つか，を考察せよ．

ここでとくに，次のことに注意しよう．すなわち，問3-1 の考察によれば，(3.4)または(3.5)で与えられる指数関数は，(3.28)で $a=e$ とおいて得られる複素数 e^z の無限に多くの値のうちで，$\log e$ の主値 $\mathrm{Log}\,e=1$ を選んで定義としたものである．

(3.28),(3.29)の定義より，直ちに

$$\frac{d}{dz}a^z = a^z \log a, \qquad \frac{d}{dz}z^b = e^{b\log z}b\frac{d}{dz}\log z = z^b\frac{b}{z} = bz^{b-1} \qquad (3.30)$$

逆三角関数　　逆三角関数は，いうまでもなく，三角関数の逆関数である．指数関数が周期関数で，その逆関数の対数関数が無限多価であったように，三角関数は周期関数であるから，逆三角関数は無限多価である．しかし，三角関数は指数関数を使って表わされるから，逆三角関数も，実は，対数関数で表わすことができる．

まず，逆正接関数 $w=\arctan z$ を求めてみよう．定義式(3.9),(3.11)により

$$z = \tan w = \frac{\sin w}{\cos w} = \frac{1}{i}\frac{e^{iw}-e^{-iw}}{e^{iw}+e^{-iw}} = \frac{1}{i}\frac{e^{2iw}-1}{e^{2iw}+1} \qquad (3.31)$$

w について解くと

$$e^{2iw} = \frac{1+iz}{1-iz} = \frac{i-z}{i+z} \tag{3.32}$$

したがって

$$w = \arctan z = \frac{1}{2i} \log \frac{i-z}{i+z} \quad (z \neq \pm i) \tag{3.33}$$

と表わされる. ここで, $z = \pm i$ が除かれる, すなわち $\arctan z$ が $z = \pm i$ で定義されないのは, $e^{\pm iw} = \cos w \pm i \sin w \neq 0$ だから, (3.31)において $\tan w = \pm i$ となる w が存在しないからである.

正弦関数 $z = \sin w$ の逆関数 $w = \arcsin z$ は, 次のようにして求められる. 定義式(3.9)より

$$z = \sin w \equiv \frac{e^{iw} - e^{-iw}}{2i}$$

これは, e^{iw} についての2次式であるから, e^{iw} について解いて

$$(e^{iw})^2 - 2ize^{iw} - 1 = 0, \quad e^{iw} = iz \pm \sqrt{1-z^2}$$

第2式において, 両辺の対数をとると,

$$w = \arcsin z = \frac{1}{i} \log(iz + \sqrt{1-z^2}) = i \log(-iz + \sqrt{1-z^2}) \tag{3.34a}$$

が得られる. ここで, 複素関数 $\sqrt{1-z^2}$ の2価性を考慮して, $\pm\sqrt{1-z^2} \rightarrow +\sqrt{1-z^2}$ と置き換えた. したがって, $\log$ のかかった括弧内の関数は2価関数である.

同様に, 余弦関数 $z = \cos w$ の逆関数 $w = \arccos z$ も, 定義式(3.9)を使って求められる. 結果は以下の通りである:

$$w = \arccos z = \frac{1}{i} \log(z + \sqrt{z^2-1}) = i \log(z - \sqrt{z^2-1}) \tag{3.34b}$$

ただし, ここでの根号 $\sqrt{}$ は2つの分枝を表わし, $\log$ のかかった括弧内の関数は2価関数である.

3-3 多価関数とリーマン面

2-3節の例3で紹介した，1対 n の対応をする n 価関数は少々やっかいである．n 価関数を1価関数になおす工夫はないだろうか．それには，n 価関数 $z = f_n^{-1}(w)$ の変域である w 平面を拡大することである．

まず，$n=2$ の場合：

$$z = w^{1/2} = \sqrt{w} \tag{3.35}$$

について考えてみよう．w の1つの値 $\rho e^{i\varphi}$ $(-\pi < \varphi \leq \pi)$ に対応して，z には

$$z_0 = \sqrt{\rho}\, e^{i\varphi/2}, \qquad z_1 = \sqrt{\rho}\, e^{i\varphi/2} e^{i\pi} = z_0 e^{i\pi} = -z_0$$

なる2つの値があり，$\sqrt{w}$ は2価関数である．図3-1に示したように，w 平面上の点がPから出発して原点のまわりを1回まわってもとの位置Pに戻る移動に対して，**分枝** z_0 (z_1) に対応する z 平面上の点は Q_0 (Q_1) から出発して原点を半周して Q_1 (Q_0) の位置に移る．

そこで，つぎのような工夫をする．いままでの w 平面（主値：$-\pi < \varphi \leq \pi$ を偏角とする）を Π_0 とする．別にもう1枚の同じく主値を偏角とする w 平面 Π_1 をとる．2つの w 平面 Π_0, Π_1 を重ね，各平面を原点から実軸の負の部分に沿って**切断**する．つぎに，切断した各部分について以下のような張り合わせをする：平面 Π_0 の切断した上部を平面 Π_1 の切断した下部に接合させ，同じく，

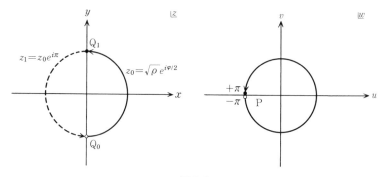

図3-1

Π_0 の切断下部を Π_1 の切断上部に接合させる．このような構造をもった面 Ω を(2葉の)**リーマン面**という．いま，w が Π_0 上の点 w_0 から出発して原点を反時計回りに1周すると，点 w_0 には戻らず，点 w_0 の真下にある Π_1 上の点 w_1 に到達する．さらに原点を1周すると，Π_0 の出発点 w_0 に戻る．(図3-2参照)

さて，Π_0 で分枝 z_0 を考えよう．例えば，w が切断上部の縁に上から近づくと，z_0 の値は z の上半平面の虚軸に右から近づく．一方このとき，Π_1 で分枝 z_1 を考えると，w が切断下部の縁に下から近づけば，z_1 の値は，やはり z の上半平面の虚軸に，こんどは左から近づく．そこで，Ω 上の点 w の関数 $\phi(w)$ の値を，w が Π_0 にあるときには z_0，w が Π_1 にあるときには $z_1 = z_0 e^{i\pi}$ とおくと，$\phi(w)$ は2つの切断接合部を含めて Ω で連続である．この定義により，Π_0 上の点 w_0 に対しては $\phi(w_0) = z_0 = \sqrt{\rho}\, e^{i\varphi_0/2}$ $(-\pi < \varphi_0 \le \pi)$，$w_0$ と重なった Π_1 上の点 w_1 に対しては $\phi(w_1) = z_1 = \sqrt{\rho}\, e^{i(\varphi_0 + 2\pi)/2}$ $(-\pi < \varphi_0 \le \pi)$ である．そこ

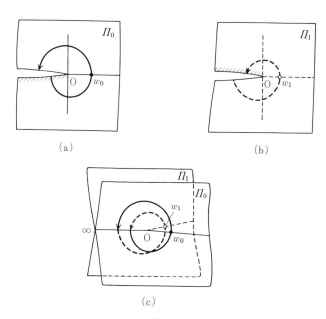

(a)

(b)

(c)

図3-2

で，一般に Ω 上の点 w に対して，それが Π_0 の上の点 w_0 であるときは偏角 φ $=\varphi_0$ を付与し，それが w_0 と重なった Π_1 上の点 w_1 になるときは偏角 $\varphi=\varphi_1=$ $\varphi_0+2\pi$ を付与するものとすると，リーマン面 Ω 上の点 w の偏角 φ は mod 4π で連続となる．（w_0, w_1 の偏角は，Π_0, Π_1 の接合部分で 0 または 4π のとびがあることに注意しよう．）このように拡大されたリーマン面 Ω を変域とする「一般化された関数」(これは後述する**解析接続関数**である) $\phi(w)$ の値は，その拡大された変域の w の値 $\rho e^{i\varphi}$ ($-\pi<\varphi\leqq 3\pi$) に対して，

$$\phi(w) = z_0(w) = \sqrt{\rho}\, e^{i\varphi/2} \quad (-\pi<\varphi\leqq 3\pi; \ \text{mod} \ 4\pi) \qquad (3.36)$$

で与えられることになる．これを改めて，$\phi(w)=\sqrt{w}$ と書くことが，しばしばある．$\phi(w)$ は $w=0$ 以外で正則である．また，$\phi(w)$ の値は，w の偏角に対して mod 4π で同値であることに注意しよう．

　このように工夫すると，Ω は $z=\phi(w)$，すなわち $w=z^2$ によって，z 平面全体とちょうど 1 対 1 に対応がつけられ，関数 $\phi(w)$ は，w の拡大変域であるリーマン面 Ω で 1 価関数である．Ω の原点以外の点 $w\neq 0$ の近傍をひとまわりすると，途中で他の面に入っても最後にはまたもとに戻るが，$w=0$ だけは，そのまわりをひとまわりすると他の面に入ってしまい，もうひとまわりしてはじめてもとに戻る．すなわち，2 回まわってはじめてもとの点に戻る．このような $w=0$ を，リーマン面 Ω の**2 位の分岐点**(branch point)という．また，Π_0, Π_1 での $\phi(w)$ の値は 2 価関数 $\sqrt{w}$ の分枝となる．

　ここで，応用上重要な注意をしておこう．すなわち，リーマン面 Ω の作り方は 1 通りではないことである．上記の説明では，w 平面 Π_0, Π_1 の偏角に主値 $-\pi<\varphi\leqq\pi$; mod 2π をもたせたことに対応して，w 平面の実軸の負の部分に沿って切断を入れた．もし，w 平面の偏角を $0\leqq\varphi<2\pi$; mod 2π ととったときは，w 平面の実軸の正の部分に沿って切断を入れればよい．その他の手続きは，まったく同じである．このとき，(3.36)において，拡大された変域であるリーマン面 Ω 上の $w=\rho e^{i\varphi}$ は，偏角として値 $0\leqq\varphi<4\pi$; mod 4π が付与されることになる．もっと一般に，この例(すなわち，(3.36))では，分岐点である原点から無限遠点に引いた任意の偏角 α をもつ直線に沿って，切断を入れることができる．このとき，w のリーマン面は，偏角の値 $\alpha\leqq\varphi<\alpha+4\pi$; mod

4π が付与される.

(3.35)では, $z=1/\zeta$, $w=1/\eta$ とおいて $\eta=0$ の性質を調べればわかるように, 無限遠点 $w=\infty$ も2位の分岐点である. したがって, 上記のリーマン面 Ω では, 2つの分岐点 $w=0$ と $w=\infty$ の間に切断を入れたということができる. (問 3-3 を参照せよ.)

さて同様に, $z^n=w$ の逆関数

$$z = \sqrt[n]{w} \tag{3.37a}$$

のリーマン面 Ω は, 次のようにしてつくられる. 負の実軸に沿って切断を入れた n 枚の w 平面 $\Pi_0, \Pi_1, \cdots, \Pi_{n-1}$ を用意し, Π_0 の切断上部を Π_1 の切断下部へ, Π_1 の切断上部を Π_2 の切断下部へ, と順次接合し, 最後に Π_{n-1} の切断上部を Π_0 の切断下部へつなぐ(図 3-3 参照). この面 Ω 上で $\sqrt[n]{w}$ は1価連続となり, $w \neq 0$ で正則で, 面 Ω を1対1に z 平面に移す. $w=0$ のまわりは, n 回まわってはじめてもとに戻るので, $w=0$ を **n 位の分岐点**という*. このときも, Π_k のおのおのの上で1つずつ定まる $\sqrt[n]{w}$ の値を, n 価関数 $\sqrt[n]{w}$ の分枝という. このようにしてつくられたリーマン面 Ω 上の点 $w=\rho e^{i\varphi}$ の偏角 φ の変域は

$$-\pi < \varphi \leqq (2n-1)\pi \; ; \, \mathrm{mod}\, 2n\pi \tag{3.37b}$$

で与えられる.

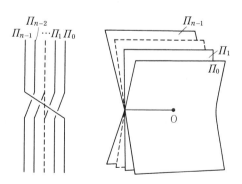

図 3-3

---

* 分岐点の位数は, 1つずらして, $\sqrt[n]{w}$ に対するものを $(n-1)$ 位とすることもあるから, 注意を要する.

上記の$(3.37a)$のリーマン面のつくり方においても，分岐点である原点から引いた切断の入れ方には$n=2$の場合と同様の任意性があることは，その構成からして自明であろう．

さて，以下の例では，通例に倣って，zとwを入れ換えた関数形を与えて，その変域が拡大された複素変数zのリーマン面を考察しよう．

[例1] 関数

$$w = h(z) = \sqrt{(z-a)(z-b)} \tag{3.38}$$

のリーマン面を求める．$z-a=\alpha e^{i\theta_a}$, $z-b=\beta e^{i\theta_b}$とおくと，2価関数$h(z)$の2つの値は

$$h_0 = \sqrt{\alpha\beta}\,e^{i(\theta_a+\theta_b)/2}, \qquad h_1 = \sqrt{\alpha\beta}\,e^{i(\theta_a+\theta_b+2\pi)/2} \tag{3.39}$$

である．zのリーマン面は，図3-4に示したように，点a,bを2位の分岐点とし，その2点間に切断をもつ2葉構造をしている．zが，上部のリーマン面に対応する分枝h_0の点P_0から，経路(1)または経路(2)に沿ってaまたはbのまわりを1まわりすると，偏角θ_aまたはθ_bが2πだけ増加し，切断を越えて下部のリーマン面の分枝h_1の点P_1に到る．さらに，続けてもう1まわりすると，点P_0に戻る．一方，zが経路(3)に沿ってabのまわりを同時に1まわりすると，偏角θ_a,θ_bは共に2πだけ増加し，したがって，上部の同一リーマン面の点P_0に戻る．

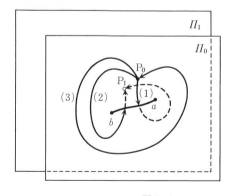

図3-4

問3-3　2価関数 $w=h(z)=\sqrt{(z-a_1)(z-a_2)(z-a_3)}$ のリーマン面を考察し，リーマン面を1つ与えよ．

［例2］　3価関数

$$w=g(z)=\left(\frac{z-a}{z-b}\right)^{1/3} \tag{3.40}$$

を考察する．$z-a=\alpha e^{i\theta_a}$, $z-b=\beta e^{i\theta_b}$ とおき，$\omega=e^{i2\pi/3}$ とすると，1つの z に対して，w は3つの値

$$g_0=\sqrt{\frac{\alpha}{\beta}}e^{i(\theta_a-\theta_b)/3}, \qquad g_1=\omega\sqrt{\frac{\alpha}{\beta}}e^{i(\theta_a-\theta_b)/3}, \qquad g_2=\omega^2\sqrt{\frac{\alpha}{\beta}}e^{i(\theta_a-\theta_b)/3} \tag{3.41}$$

をとる．このリーマン面 Ω は，図3-5に示したように，切断の入った3平面

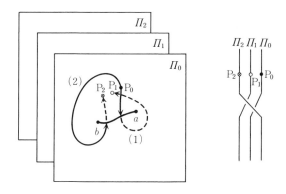

図3-5

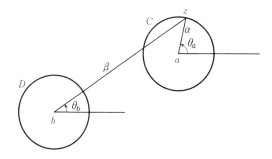

図3-6

Π_0, Π_1, Π_2 から成る3葉構造で与えられる．図3-6に示したように，点 z が，a のまわりを円 C に沿って反時計回りに1周すると，w の値は g_0 から g_1 に変化する．周を重ねるごとに位相因子 ω がかかって，3周してもとの値 g_0 に戻る．同様に，z が b を中心とする円 D に沿って反時計回りに1周すると，w の値は g_0 から g_2 へ変化し（$\omega^{-1}=\omega^2$ に注意），さらに1周すると値 g_1 となり（$\omega^{-2}=\omega$ による），3周後にもとの値 g_0 に戻る．ゆえに，点 a, b は共に**3位の分岐点**で，a, b 間に，図3-5に図示されたような切断が入る．例えば，Π_0 上の点 P_0 から経路(1)（経路(2)）に沿って $a(b)$ の周りを一回りすると，$\Pi_1(\Pi_2)$ 上の点 $P_1(P_2)$ に到達する．

問3-4 3価関数 $w = h(z) = \sqrt[3]{(z-a)(z-b)}$ のリーマン面を考察し，リーマン面を1つ与えよ．

対数関数を含む無限多価関数のリーマン面については，次章で述べる．

[**例3**] 応用上も重要な2次の有理関数

$$w = f(z) = \frac{1}{2}\left(z + \frac{1}{z}\right) \tag{3.42}$$

の写像とそのリーマン面の構造を調べてみよう．

まず，逆関数 $z = f^{-1}(w)$ を求める．(3.42)を変形して，$(z-w)^2 = w^2 - 1$，ゆえに $z - w = \sqrt{w^2 - 1}$．この右辺は，1つの w の値に対して2つの値を与える2価関数であるから，この式より求まる逆関数

$$z = f^{-1}(w) = w + \sqrt{w^2 - 1} \tag{3.43}$$

は2価関数となる*．例1を参考にして，w のリーマン面は ± 1 を2位の分岐点とする2葉構造であることがわかる．$[-1, +1]$ には切断が入っている．また，$w = f(z) = f(1/z)$ であるから，1つの w に対する2つの z の値は，z と

---

* 1-1節で述べたように，実数係数の2次方程式 $az^2 + bz + c = 0$ では，その2根は，$z = (-b \pm \sqrt{b^2 - 4ac})/2a$ で与えられる．しかし，その係数 a, b, c が一般に複素数であるとして扱うときは，$\sqrt{b^2 - 4ac}$ は2価となる（すなわち，一般に2つの値を与える）．したがって，複素係数の2次方程式の2根の値は $z = (-b + \sqrt{b^2 - 4ac})/2a$ となり，実数の場合のように，$\pm\sqrt{b^2 - 4ac}$ と書く必要はない．すなわち，記号 $\sqrt{}$ の意味が複素数と実数の場合では異なる．

$1/z$ である．したがって，z 平面から w 平面への写像は，z 平面上の単位円の外部 $|z|\geqq1$ について調べれば十分である．

そこで，$z=re^{i\theta}$，$w=u+iv$ とおいて(3.42)に代入し，

$$u = \frac{1}{2}\Big(r+\frac{1}{r}\Big)\cos\theta, \qquad v = \frac{1}{2}\Big(r-\frac{1}{r}\Big)\sin\theta \tag{3.44}$$

となるから，$r=r_0$ なる z 平面上の円は w 平面上の楕円

$$\frac{u^2}{(r_0+1/r_0)^2}+\frac{v^2}{(r_0-1/r_0)^2} = \frac{1}{4} \tag{3.45}$$

に写像され，また $\theta=\theta_0$ なる直線は双曲線

$$\frac{u^2}{\cos^2\theta_0}-\frac{v^2}{\sin^2\theta_0} = 1 \tag{3.46}$$

に写像される(図3-7)．特に，単位円 $|z|=1$ $(r_0=1)$ は，w 平面上の楕円が偏平になった極限である，実数軸上の点 $(u,v)=(\cos\theta,0)$ からなる部分 $|u|\leqq1$ に写像される．また，$\theta=0$ および $\theta=\pi$ なる直線は，同じく双曲線が偏平になった極限である，実数軸上の点 $(u,v)=\Big(\pm\frac{1}{2}\Big(r+\frac{1}{r}\Big),0\Big)$ からなる部分 $|u|\geqq1$ に写像される．

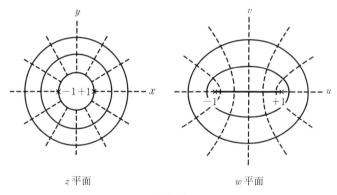

z 平面　　　　　　　　　　w 平面

図 3-7

第3章演習問題

[1] 次の値の主値を求めよ：

$$(\text{i})\ (2i)^{1/2}, \quad (\text{ii})\ (1+i)^{i}, \quad (\text{iii})\ (1-i)^{1+i}$$

[2] 次の値を求めよ：

$$(\text{i})\ \log(1-i), \quad (\text{ii})\ \log i, \quad (\text{iii})\ \log(\sqrt{3}-i), \quad (\text{iv})\ \left(\frac{-1+i}{\sqrt{2}}\right)^{-i}$$

[3] 関数 $w=f(z)=z+\sqrt{z^2-1}$ のリーマン面の構造を調べ，リーマン面の写像領域を特定せよ．

[4] 関数 $w=f(z)=\log(z+\sqrt{z^2-1})$ の変換で，z 平面の上半面 $\operatorname{Im} z>0$ が写像される w の領域を特定せよ．

[5] 関数 $w=f(z)=z/(z-1)^2$ による変換で，単位円の内部領域 $|z|<1$ は，w 平面から実軸上の半直線 $-\infty<w\leqq-1/4$ を除いた残りの領域に，1対1に写像されることを証明せよ．

[6] 以下の逆三角関数の関係式を導け：

$$(\text{i})\ \operatorname{arccot} z = \frac{1}{2i}\log\frac{z+i}{z-i}, \quad (\text{ii})\ \operatorname{arcsec} z = \frac{1}{i}\log\frac{1+\sqrt{1-z^2}}{z},$$

$$(\text{iii})\ \operatorname{arccosec} z = \frac{1}{i}\log\frac{i+\sqrt{z^2-1}}{z}$$

[7] 以下の逆双曲線関数の関係式を導け：

$$(\text{i})\ \operatorname{arcsinh} z = \log(z+\sqrt{z^2+1}), \quad (\text{ii})\ \operatorname{arccosh} z = \log(z+\sqrt{z^2-1}),$$

$$(\text{iii})\ \operatorname{arctanh} z = \frac{1}{2}\log\frac{1+z}{1-z}, \quad (\text{iv})\ \operatorname{arccoth} z = \frac{1}{2}\log\frac{z+1}{z-1},$$

$$(\text{v})\ \operatorname{arcsech} z = \log\frac{1+\sqrt{1-z^2}}{z}, \quad (\text{vi})\ \operatorname{arccosech} z = \log\frac{1+\sqrt{z^2+1}}{z}$$

4 複素関数の積分

この章では，いわゆる複素積分を学ぶ．正則関数の詳しい性質を導くには，複素積分の知識が必要である．4-3節で述べるコーシーの積分定理は，関数論の基本定理とされるもので，その応用は広く有用である．

4-1 複素関数の線積分

実変数 t の閉区間 $I=[a,b]$ で定義された連続関数を $x(t),y(t)$ とすると，t を変数とする複素数

$$z(t) = x(t)+iy(t) \quad (a\leq t\leq b) \tag{4.1}$$

は z 平面上にひとつの連続曲線 C を描く．すなわち，(4.1)は連続曲線 C の媒介変数表示である．

分割 $\varDelta$ によって区間 $[a,b]$ を細かく分割し，その分点を大きさの順に並べて

$$a = t_0 < t_1 < t_2 < \cdots < t_{n-1} < t_n = b$$

とする(図4-1)．曲線 C 上の対応する複素数分点を $z_j=z(t_j)$ $(j=0,1,2,\cdots,n)$ とおき，

$$\int_C |dz| = \lim_{\delta\to 0}\sum_{j=1}^{n} |z_j-z_{j-1}| \quad \text{ただし} \quad \delta = \max_{j=1,2,\cdots,n}|t_j-t_{j-1}| \tag{4.2}$$

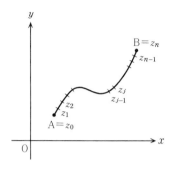

図 4-1　曲線 C の分割

の右辺が有限確定値 L をもつとき，この値 L を曲線 C の**長さ**といい，左辺の積分記号 $\displaystyle\int_C |dz|$ で表記する．複素平面上の 2 点 z_{j-1}, z_j を結ぶ直線の長さが $|z_j - z_{j-1}|$ であるから，この長さ L は，C のあらゆる分割 $\varDelta$ に対する折れ線の長さの上限である．

　注意　どのような曲線でも長さがあるとは限らない．例えば，次の曲線(図 4-2)は連続であるが長さが無限大となり，したがって長さが存在しない：

$$z = z(t) = \begin{cases} t + it\sin\dfrac{1}{t} & (0 < t \leqq 1) \\ 0 & (t = 0) \end{cases}$$

以下では，曲線といえばその長さがあるもの，すなわち有限の長さをもつものだけを考

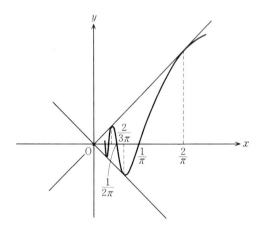

図 4-2

えることにする.

複素積分の定義　$f(z)$ を連続曲線 C 上で定義された複素関数とする．分割 Δ の小区間 $[t_{j-1}, t_j]$ の任意の点を t_j' $(t_{j-1} \leqq t_j' \leqq t_j)$ とし，対応する C 上の点を $z_j' = z(t_j')$ とすると，

$$\int_C f(z)dz = \lim_{\delta \to 0} \sum_{j=1}^{n} f(z_j')(z_j - z_{j-1}) \tag{4.3}$$

の右辺が極限値(有限な確定値)をもつとき，複素関数 $f(z)$ は連続曲線 C 上で**複素積分可能**であるといい，その値を左辺の表記 $\int_C f(z)dz$ で表わす.

通常の実変数の積分では，積分の値は積分範囲の始点 A と終点 B だけに依存するが，複素積分では一般に，A と B を結ぶ**積分路**(複素積分の経路)の曲線 C にも依存する.

(4.3)の右辺の和

$$S_\Delta = \sum_{j=1}^{n} f(z_j')(z_j - z_{j-1}) \tag{4.4}$$

を分割 Δ に対する積分 $\int_C f(z)$ の**近似和**といい，S_Δ と略記する．$f(z) = u(x, y) + iv(x, y)$ とおくと，近似和 S_Δ は $z_j = x_j + iy_j$, $z_j' = x_j' + iy_j'$ を使って

$$S_\Delta = \left[\sum_{j=1}^{n} u(x_j', y_j')(x_j - x_{j-1}) - \sum_{j=1}^{n} v(x_j', y_j')(y_j - y_{j-1}) \right]$$
$$+ i \left[\sum_{j=1}^{n} v(x_j', y_j')(x_j - x_{j-1}) + \sum_{j=1}^{n} u(x_j', y_j')(y_j - y_{j-1}) \right] \tag{4.5}$$

と書ける．極限をとると，関係式

$$\int_C f(z)dz = \int_C [u(x, y(x))dx - v(x(y), y)dy]$$
$$+ i \int_C [v(x, y(x))dx + u(x(y), y)dy] \tag{4.6}$$

が成り立つ．ここで実関数 $y(x), x(y)$ は，曲線 C 上の点 (x, y) を x または y を変数として C に沿って動かしたときのその点のとる座標値 $(x, y(x))$ または $(x(y), y)$ を表わす．(4.6)の右辺の x 積分または y 積分は，曲線 C に沿って各積分が実行されるので，**線積分**または**曲線積分**と呼ばれる．各線積分は実変

数積分であるが，変数関数 $y(x)$ または $x(y)$ の経路依存性を通じて，被積分
関数自体が積分路依存性を示しているのである．

曲線 C が滑らか（2.3節参照）ならば，式（4.6）で $dx=x'(t)dt$, $dy=y'(t)dt$
とおくことができて

$$\int_C f(z)dz = \int_C [u(x(t),y(t))+iv(x(t),y(t))][x'(t)+iy'(t)]dt$$
$$= \int_a^b f(z(t))z'(t)dt \tag{4.7}$$

が得られる．これは滑らかな曲線 C に沿った複素線積分の**パラメータ表示**で
ある．

定理 4-1 連続関数の積分可能性：$f(z)$ が曲線 C 上で連続ならば，積分可
能である．

［証明］ $f(z(t))$ は閉区間 $[a,b]$ で連続であるから一様連続である．すなわ
ち，任意の $\varepsilon>0$ に対して十分小さい $\delta>0$ をとると，$|s-t|<\delta$ ならば
$|f(z(s))-f(z(t))|<\varepsilon$ となる．また，

$$\int_C f(z)dz = \int_C f(z(t))z'(t)dt = \sum_{j=1}^n \int_{t_{j-1}}^{t_j} f(z(t))z'(t)dt$$
$$z_j-z_{j-1} = z(t_j)-z(t_{j-1}) = \int_{t_{j-1}}^{t_j} z'(t)dt$$

であるから

$$\int_C f(z)dz - \sum_{j=1}^n f(z_j')(z_j-z_{j-1}) = \sum_{j=1}^n \int_{t_{j-1}}^{t_j} (f(z(t))-f(z_j'))z'(t)dt$$

分割 $\varDelta$ を十分細かくとると，$t_{j-1}\leqq t\leqq t_j$ のとき $|t-t_j'|<\delta$，したがって
$|f(z(t))-f(z(t_j'))|<\varepsilon$ となるから，

$$\left|\int_C f(z)dz - \sum_{j=1}^n f(z_j')(z_j-z_{j-1})\right| \leqq \sum_{j=1}^n \left|\int_{t_{j-1}}^{t_j} (f(z(t))-f(z(t_j')))z'(t)dt\right|$$
$$\leqq \sum_{j=1}^n \int_{t_{j-1}}^{t_j} |f(z(t))-f(z(t_j'))||z'(t)|dt$$

$$\leq \sum_{j=1}^{n} \int_{t_{j-1}}^{t_j} \varepsilon |z'(t)| dt = \varepsilon \int_a^b |z'(t)| dt$$

が得られる．したがって，関係式(4.3)が成り立つ． ∎

上で使った関係式

$$\left| \int_C f(z)dz \right| \leq \int_C |f(z)| |z'(t)| dt \tag{4.8}$$

の証明は容易である．$g(t)=f(z(t))z'(t)$ とおいて，複素数 $\int_a^b g(t)dt$ の偏角を φ とすると，$\left| \int_a^b g(t)dt \right| = e^{-i\varphi} \int_a^b g(t)dt = \mathrm{Re}\left[e^{-i\varphi} \int_a^b g(t)dt \right] = \int_a^b \mathrm{Re}[e^{-i\varphi}g(t)]dt$ $\leq \int_C |g(t)| dt$ である．

上で定義したように，点 A から点 B に到る曲線を C とするとき，B から A に到る逆向きの曲線を C^{-1} で表わす．点 A_0 から点 A_1 への曲線を C_1，A_1 から点 A_2 への曲線を C_2 とするとき，C_1 と C_2 を連結すると A_0 から A_1 を経由して A_2 に到る曲線が得られる．これを C_1+C_2 で表わす．

定理4-2 積分の性質：連続な複素関数 $f(z),g(z)$ に対して，次の関係式が成り立つ：

(i) $\displaystyle\int_C \{f(z)+g(z)\}dz = \int_C f(z)dz + \int_C g(z)dz$ （加法性）

(ii) $\displaystyle\int_{C_1+C_2} f(z)dz = \int_{C_1} f(z)dz + \int_{C_2} f(z)dz$ （積分路についての加法性）

(iii) $\displaystyle\int_C kf(z)dz = k\int_C f(z)dz$ （k は定数）

(iv) $\displaystyle\int_{C^{-1}} f(z)dz = -\int_C f(z)dz$

(v) C 上で $|f(z)| \leq M$ とすれば $\left| \int_C f(z)dz \right| \leq ML$．ただし，$L$ は曲線 C の長さ．

［証明］ (i)〜(iv)の証明は，積分の定義から容易である．(v)の証明は，以下の考察によってできる．まず，関係式

$$\left| \sum_{j=1}^{n} f(z_j')(z_j - z_{j-1}) \right| \leqq \sum_{j=1}^{n} |f(z_j')||z_j - z_{j-1}|$$

$$\leqq M \sum_{j=1}^{n} |z_j - z_{j-1}| \leqq ML$$

が成り立っている. ここで, 曲線 $C : z = z(t)$ の分点 $z_j = z(t_j)$ に対する極限操作 $: \delta = \max_{j=1, 2, \cdots, n} |t_j - t_{j-1}| \to 0$ を実行して, 次の極限が有限確定値をもつとき, その値を

$$\int_C |f(z)||dz| = \lim_{\delta \to 0} \sum_{j=1}^{n} |f(z_j')||z_j - z_{j-1}| \tag{4.9}$$

と書く. これより, 上記関係式において極限 $\delta \to 0$ をとると, 求める式

$$\left| \int_C f(z)dz \right| \leqq \int_C |f(z)||dz| \leqq M \int_C |dz| = ML \tag{4.10}$$

が得られる. ▌

式(4.7)は, 図4-3に示したように, 閉区間 $[a, b]$ の間の有限個の点 $t = a_1,$ $a_2, \cdots, a_{n-1}$ $(a = a_0 < a_1 < a_2 < \cdots < a_{n-1} < a_n = b)$ を除いて微分可能な**区分的に滑らかな連続曲線** $C = C_1 + C_2 + \cdots + C_n$ $(C_j : z(t) = x(t) + iy(t), a_{j-1} \leqq t \leqq a_j)$ に対しても, そのまま成り立つ. なぜなら, まず定理4-2の積分の性質により, $\int_C f(z)dz = \int_{C_1} f(z)dz + \int_{C_2} f(z)dz + \cdots + \int_{C_n} f(z)dz$ である. $x'(t)$, $y'(t)$ は C を構成する各 C_j の継ぎ目では不連続かもしれないが, 各 C_j 上では $\int_{C_j} f(z)dz = \int_{a_{j-1}}^{a_j} f(z)z'(t)dt$ が成り立つ. したがって,

$$\int_C f(z)dz = \sum_{j=1}^{n} \int_{a_{j-1}}^{a_j} f(z)z'(t)dt = \int_a^b f(z)z'(t)dt \tag{4.11}$$

が成り立つからである.

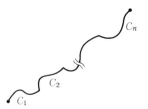

図4-3 区分的に滑らかな曲線
$C = C_1 + C_2 + \cdots + C_n$

さて，領域 D で定義された正則関数 $f(z)$ に対して，同じく D で正則かつ $F'(z)=dF(z)/dz=f(z)$ となるような関数 $F(z)$ が存在するとき，$F(z)$ を $f(z)$ の**原始関数**(primitive function)という．例えば，$f(z)=z, z^2$ のとき，c，c' を任意の定数として $F(z)=(z^2/2)+c, (z^3/3)+c'$ である．

原始関数に対して，次の定理が成り立つ：

定理 4-3 微分積分の関係：領域 D 内の 2 点 α, β をそれぞれ始点，終点にもつ D 内の滑らかな曲線 C に対して

$$\int_C f(z)dz = \int_C \frac{dF(z)}{dz}dz = F(\beta)-F(\alpha) \tag{4.12}$$

［証明］ 滑らかな曲線 C の表示を $z=z(t)\,(a\leqq t\leqq b)$ とすると，$z(a)=\alpha$，$z(b)=\beta$，したがって

$$\int_C f(z)dz = \int_a^b f(z(t))z'(t)dt = \int_a^b \frac{d}{dz}F(z)\Big|_{z=z(t)}z'(t)dt = \int_a^b \frac{d}{dt}F(z(t))dt$$

$$= F(z(b))-F(z(a)) = F(\beta)-F(\alpha) \quad\blacksquare$$

この定理は，原始関数 $F(z)$ をもつ正則関数 $f(z)$ の複素積分は，積分路 C に依存しないこと，およびその積分の値は，C の両端点における $F(z)$ の値だけで決まることを示している．またこのとき，複素積分は実積分と同様の仕方で実行できることも示している．

ここで関数列の積分について述べる：

定理 4-4 曲線 C 上での連続関数列 $\{f_n(z)\}$ が一様に収束するならば，極限関数 $f(z)$ に対して

$$\int_C f(z)dz = \lim_{n \to \infty} \int_C f_n(z)dz \tag{4.13}$$

すなわち，極限操作と積分操作を交換してもよい．

［証明］ 定理 2-5 と定理 4-1 により，極限関数 $f(z)$ は C 上で連続だから，積分可能である．C の有限の長さを L で表わすと，一様収束の仮定から，任意の $\varepsilon>0$ に対して適当な $n_0=n_0(\varepsilon/L)$ をとると，C 上のすべての z について $|f_n(z)-f(z)|<\varepsilon/L\,(n\geqq n_0)$．したがって，

$$\left|\int_C f_n(z)dz - \int_C f(z)dz\right| \leqq \int_C |f_n(z)-f(z)||dz| \leqq \frac{\varepsilon}{L}\int_C |dz| = \varepsilon$$

である．よって，定理が成り立つ． ∎

この結果を関数列の代わりに無限級数 $\lim_{n\to\infty} f_n(z) = \lim_{n\to\infty}\sum_{k=1}^{n} g_k(z) = \sum_{k=1}^{\infty} g_k(z)$ の形に書き直すと，**項別積分**の定理が得られる：

定理 4-5 曲線 C 上で連続関数を各項とする級数 $\sum_{n=1}^{\infty} g_n(z)$ が一様収束するならば，項別積分が許される：

$$\int_C \sum_{n=1}^{\infty} g_n(z)dz = \sum_{n=1}^{\infty}\int_C g_n(z)dz \tag{4.14}$$

さて，表示 $z=z(t)=x(t)+iy(t)$ $(a\leqq t\leqq b)$ で与えられる連続曲線 C は，$z(a)=z(b)$ のとき**閉曲線**となる．両端以外で重複点のない閉曲線，すなわち $a<t\neq t'<b$ のとき $z(t)\neq z(t')$ である C を**ジョルダン**（Jordan）**曲線**，**単純閉曲線**または**単一閉曲線**という．複素平面上の1つの単純閉曲線の補集合は2つの領域に分かれる．その一方は有界で，これを**単純閉曲線で囲まれた領域**または**単純閉曲線の内部**と呼ぶ．そして，有界ではない他方を単純閉曲線の**外部**と呼ぶ．

単純閉曲線には**向き**がある．ある点を左手に見て進む方向を**単純閉曲線のその点に関する正の方向**と定義する．例えば，複素平面上に単純閉曲線の円周：$|z|=R$ をとるとき，円周 R に沿った時計まわりの方向は無限遠点 $z=\infty$ に関しての正の方向である．それに対して，反時計まわりの方向は原点 $z=0$ に関して正の方向となる．言い替えると，時計まわりの方向は $z=0$ に関して**負の方向**である．

4-2 2次元グリーンの公式の複素形式

単純閉曲線に沿った1周線積分を2重面積分で表わす定理を述べる．以後特に断らない限り，単純閉曲線の積分路はその内部に関して正の向きに1周するものとする．また，閉曲線 C を1周する線積分の表示として，$\int_C$ の代わりに $\oint_C$ なる記号を用いることがあることに注意しよう．

平面上のグリーン(Green)の定理 単純閉曲線 C で囲まれた有界領域を D とする. 2つの実関数 $X(x, y), Y(x, y)$ が C 上およびその内部 D で連続な偏導関数をもつとき, 次の式が成り立つ:

$$\oint_C (Xdx + Ydy) = \iint_D \left(-\frac{\partial X}{\partial y} + \frac{\partial Y}{\partial x}\right)dxdy \tag{4.15}$$

[証明] 曲線 C が図 4-4 で与えられているとする. 曲線 $\mathrm{AP_1B}$ の方程式を $y = y_1(x)$, 曲線 $\mathrm{AP_2B}$ の方程式を $y = y_2(x)$ とすると,

$$\oint_C Xdx = \int_{\mathrm{AP_1B}} Xdx + \int_{\mathrm{BP_2A}} Xdx = \int_a^b X(x, y_1(x))dx + \int_b^a X(x, y_2(x))dx$$

$$= \int_a^b (X(x, y_1(x))dx - X(x, y_2(x)))dx = \int_a^b \left[\int_{y_2(x)}^{y_1(x)} \frac{\partial X(x, y)}{\partial y}dy\right]dx$$

$$= -\int_a^b \int_{y_1(x)}^{y_2(x)} \frac{\partial X}{\partial y}dxdy = -\iint_D \frac{\partial X}{\partial y}dxdy \tag{4.16}$$

まったく同様にして, $Y(x, y)$ の y 積分に曲線 $\mathrm{EQ_2F}, \mathrm{EQ_1F}$ の方程式 $x = x_2(y)$, $x = x_1(y)$ を使うと

$$\oint_C Ydy = \iint_D \frac{\partial Y}{\partial x}dxdy \tag{4.17}$$

が得られる. (4.16),(4.17)の両辺をそれぞれ加えると, (4.15)が求まる. ∎

単純閉曲線 C の形が入り組んでいて, y 軸に平行な直線が C と 4 点で交わるような場合は, 例えば図 4-5 に示したように領域 D を D_1, D_2, D_3 に分割すればよい. 各領域について上記の定理が成り立ち, したがってそれを足し上げると, 領域 D 内の線積分の寄与は互いに打ち消し合って, 領域 D に対する定

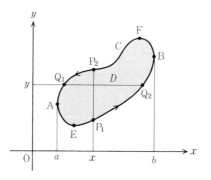

図 4-4

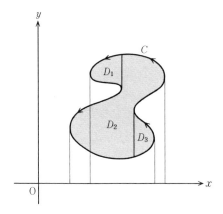

図 4-5 $D=D_1+D_2+D_3$

理の結果が得られる.

2次元グリーンの公式の複素形式　平面上のグリーンの定理の応用として,
その**複素形式**を導こう. 単純閉曲線 C 上および C で囲まれた有界領域 D にお
いて連続な偏導関数をもつ $u(x,y), v(x,y)$ からなる関数 $f(z)=F(z,\bar{z})=u(x,
y)+iv(x,y)$ (これは必ずしも正則関数とはかぎらないので, $F(z,\bar{z})$ と表記す
る)があるとき, 関係式(4.6)を使って

$$\oint_C F(z,\bar{z})dz = \oint_C (udx-vdy)+i\oint_C (vdx+udy)$$

右辺を平面上のグリーンの定理(4.15)によって書き直すと,

$$\oint_C F(z,\bar{z})dz = \iint_D (-u_y-v_x)dxdy+i\iint_D (-v_y+u_x)dxdy$$

$$= i\iint_D [(u_x+iv_x)+i(u_y+iv_y)]dxdy$$

$$= i\iint_D \left(\frac{\partial}{\partial x}F+i\frac{\partial}{\partial y}F\right)dxdy$$

ここで, 関係式

$$2\frac{\partial}{\partial z} = \frac{\partial}{\partial x}-i\frac{\partial}{\partial y}, \qquad 2\frac{\partial}{\partial \bar{z}} = \frac{\partial}{\partial x}+i\frac{\partial}{\partial y} \tag{4.18}$$

を使うと

$$\oint_C F(z,\bar{z})dz = 2i \iint_D \frac{\partial}{\partial \bar{z}} F(z,\bar{z})dxdy \tag{4.19}$$

が得られる．これが，2次元グリーンの公式の複素形式である．

この複素形式の2次元グリーンの公式(4.19)において，$f(z)=F(z,\bar{z})$が正則関数であるとき，すなわち$\partial F/\partial \bar{z}=0$であるとき導かれる重要な結果については，次節で説明する．

平面図形の面積　　領域 D の面積 S は，(4.19)で$F(z,\bar{z})=\bar{z}$とおいて，公式

$$S = \iint_D dxdy = \frac{1}{2i}\oint_C \bar{z}dz \tag{4.20}$$

で与えられる．

問 4-1　半径 a の円 $x^2+y^2=a^2$ の面積を，(4.20)を使って求めよ．

例題 4-1　$z=x+iy$ 平面上の単純閉曲線 C で囲まれた有界領域 D の正則な写像 $w=w(z)=u(x,y)+iv(x,y)$ による像領域が，$w=u+iv$ 平面上の閉曲線 $\hat{C}$ で囲まれた領域 $\hat{D}$ であるとき，像領域 $\hat{D}$ の面積 $\hat{S}$ は

$$\hat{S} = \iint_D |w'(z)|^2 dxdy \tag{4.21}$$

で与えられることを示せ．

［解］　(4.20)と(4.19)を使うと

$$\hat{S} = \iint_{\hat{D}} dudv = \frac{1}{2i}\oint_{\hat{C}} \overline{w}dw = \frac{1}{2i}\oint_C \overline{w}(\bar{z})\frac{dw}{dz}dz = \iint_D \frac{\partial}{\partial \bar{z}}\Big[\overline{w}(\bar{z})\frac{dw}{dz}\Big]dxdy$$

ここで，dw/dz は z のみの関数であるから，$\partial[\overline{w}(\bar{z})(dw/dz)]/\partial\bar{z}=[d\overline{w}/d\bar{z}]\times[dw/dz]$ が成り立つ．したがって，

$$\hat{S} = \iint_D \frac{d\overline{w}}{d\bar{z}}\frac{dw}{dz}dxdy = \iint_D |w'(z)|^2 dxdy \qquad ∎$$

平面図形の重心　　閉曲線 C で囲まれた領域 D の幾何学的重心 G は，その面積を S とすると，複素座標

$$z_G = x_G + iy_G = \frac{1}{S} \iint_D (z = x + iy) dxdy \tag{4.22}$$

で定義される. (4.19)で $F(z, \bar{z}) = z\bar{z}$ とおくと, $\partial F/\partial \bar{z} = \partial(z\bar{z})/\partial \bar{z} = z$ となるから,

$$z_G = \frac{1}{S} \iint_D zdxdy = \frac{1}{2iS} \oint_C z\bar{z}dz \tag{4.23}$$

例題 4-2　図 4-6 に示した半径 a の半円の重心の位置 z_G を求めよ.

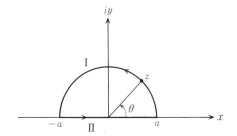

図 4-6　複素平面上の半径 a の半円

[解]　積分路 C は

$$\text{I}: z = ae^{i\theta} \quad (0 \leqq \theta \leqq \pi), \quad \text{II}: z = x \quad (-a \leqq x \leqq a)$$

の 2 つの部分からなる. I については, $dz = iae^{i\theta}d\theta$, $\bar{z} = ae^{-i\theta}$ であるから,

$$\int_{\text{I}} z\bar{z}dz = ia^3 \int_0^\pi e^{i\theta}d\theta = a^3[e^{i\theta}]_0^\pi = -2a^3$$

II については, $dz = dx$, $\bar{z} = x$, ゆえに

$$\int_{\text{II}} z\bar{z}dz = \int_{-a}^a x^2dx = \frac{2}{3}a^3$$

したがって,

$$\oint_C z\bar{z}dz = \left(\int_{\text{I}} + \int_{\text{II}} \right) z\bar{z}dz = -\frac{4}{3}a^3$$

半円の面積は $S = \pi a^2/2$ であるから, 結局重心座標は

$$z_G = \frac{1}{2iS} \oint_C z\bar{z}dz = \frac{4}{3\pi}ai$$

で与えられる． ▌

4-3　コーシーの積分定理

ここで述べるコーシーの積分定理は，複素関数論の基礎定理で，正則関数の基本的性質を表現している．その証明は，前節の結果を使えば容易である．

コーシーの積分定理　単純閉曲線 C で囲まれた有界領域を D とする．$f(z)$ が D の閉領域 $D \cup C$ で正則であるとき

$$\oint_C f(z)dz = 0 \tag{4.24}$$

が成り立つ．

[証明]　C 上の点 P における $f(z)$ の正則性の定義から，$f(z)$ は P の r 近傍 $r(\mathrm{P})$ で微分可能，したがって正則である．すなわち，図 4-7 の領域 $\hat{D} = D \cup \bigcup_{\mathrm{P}\in C} r(\mathrm{P})$ で正則である．よって (2.28) から，領域 $\hat{D}$ で $\partial f(z)/\partial\bar{z} = 0$ が成り立つ．この結果を，4-2 節の有界領域 D に対する 2 次元グリーンの公式の複素形式 (4.19) に代入して

$$\oint_C f(z)dz = 2i \iint_D \frac{\partial f(z)}{\partial\bar{z}}dz = 0 \qquad ▌$$

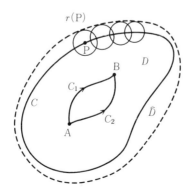

図 4-7

　なお，この証明で C を含む領域 $\hat{D}$ を考える必要があったのは，複素微分 $\partial f(z)/\partial\bar{z}$ の C 上の点での値を求めるには，その複素微分の定義において，その点の回りのあらゆる方向からの極限操作を行うことが要請されるからである．

　この定理の応用として，次のことが証明される．すなわち，領域 D で $f(z)$ が正則で，D 内の点 A から点 B にいたる 2 つの曲線 C_1, C_2 が D 内にあり，かつ C_1 と C_2 で囲まれる領域も D 内にあるとき

$$\int_{C_1} f(z)dz = \int_{C_2} f(z)dz \tag{4.25}$$

が成り立つ．すなわち，積分値は積分路の取り方によらない．証明は，単純閉曲線 $C = C_1 + C_2^{-1}$ にコーシーの積分定理を使って $0 = \int_C f(z)dz = \int_{C_1} f(z)dz + \int_{C_2^{-1}} f(z)dz = \int_{C_1} f(z)dz - \int_{C_2} f(z)dz$ で与えられる．図 4-8 のように C_1 と C_2 が途中で交差するときは，C はいくつかの単純閉曲線の和となるが，(4.25)の証明は同様である．

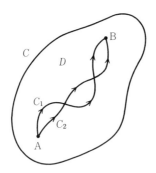

図 4-8

　領域 D において，その領域内にどのような単純閉曲線 C をとっても C の内部が常に D の点ばかりからなるとき，D を**単連結**(simply connected)であるという．一方，図 4-9 に示したように，領域 D が灰色の部分のような穴をもつとき，D は単連結でない．このような単連結でない領域 D で正則な $f(z)$ に対しては，灰色の部分の穴の領域 D' で $f(z)$ の正則性は保証されないから，D' を囲むように引かれた 2 つの曲線 C_1', C_2' に対しては，一般に等式(4.25)は成り立たない：$\int_{C_1'} f(z)dz \neq \int_{C_2'} f(z)dz$．

　単連結でない領域は**多重連結**(multiply connected)であるという．図 4-10

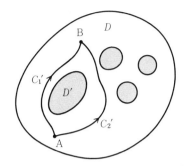

図 4-9

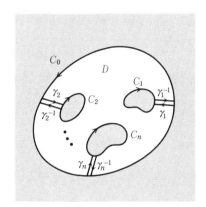

図 4-10 多重連結領域

で示したように，多重連結領域 D が曲線 C_0 の外部境界で囲まれているとき，その内部に，D に対して正の方向（時計の針と逆方向）に引かれた曲線 $C_1, \cdots$，C_n で与えられる内部境界が n 個あるとする．図示されたように，その内部境界と外部境界をつなぐ曲線 $\gamma_i\,(1\leqq i \leqq n)$ に沿って n 個の**切れ目**を入れると，領域 D は単連結となる．このような領域を **$n+1$ 重連結**であるという．n 個の切れ目のいくつかは，内部境界どうしをつなぐ曲線に沿ったものであってもよい．要するに，境界が単純閉曲線になれば，n 個の切れ目を入れた領域 D は単連結になる．

　また，外部境界 C_0 がない場合には，C_0 が無限遠点 $z=\infty$ に縮小したものと考える．したがってこのとき，内部境界上の 1 点から $z=\infty$ までのびる半直線状の曲線を切れ目にしなければならない．しかし，領域 D が無限遠点を含む

と考えている場合には，そのような切れ目を入れる必要はない．例えば，円の外部領域は，無限遠点 $z=\infty$ を内点に含むときは単連結であるが，$z=\infty$ を境界点と考えているとき，あるいは有界領域を考えているときは2重連結である．

　コーシーの積分定理を適用する際には，領域の連結性に注意しなければいけない．コーシーの積分定理(4.24)は，有界な単連結領域でのみ成り立つ．一方，関係式(4.25)は多重連結領域でも成り立つ．関係式(4.25)の要点は，$f(z)$ が正則である領域内で積分路を変形してもその複素積分値は変わらない，ということを表わしたものである．この積分路変形は複素積分の応用で多用される．

定理4-6　$f(z)$ が図4-10の多重連結閉領域 $D \cup \sum_{j=0}^{n} C_j$ で正則ならば，

$$\oint_{C_0} f(z)dz = \sum_{j=1}^{n} \oint_{C_j^{-1}} f(z)dz \tag{4.26}$$

である．ただし，積分はすべて各積分路で囲まれた有界領域に関して正の方向にとる．

問4-2　定理4-6を証明せよ．

不定積分　有界な単連結領域 D において $f(z)$ は正則であるとする．D 内で1つの定点 z_0 から任意の点 z に到る曲線 C をとり，C に沿った $f(z)$ の線積分を考える．(4.25)により，この線積分の値は，C の端点 z_0, z のみの関数で，z_0 から z への積分路 C のとり方に依存しない．したがって，

$$F(z) = \int_C f(\zeta)d\zeta = \int_{z_0}^{z} f(\zeta)d\zeta \tag{4.27}$$

と書けば，$F(z)$ は D で定義された1価関数となる．$F(z)$ を $f(z)$ の**不定積分**(indefinite integral)といい，次の定理が成り立つ．

定理4-7　領域 D で正則な関数 $f(z)$ の不定積分 $F(z)$ は，それ自身正則で $dF(z)/dz = f(z)$．

　［証明］　D 内の任意の点 z の近傍に $|\Delta z|$ が十分小さくなるように点 $z+\Delta z$ をとると，この2点を結ぶ直線は D 内にある．

$$\frac{F(z+\Delta z) - F(z)}{\Delta z} - f(z) = \frac{1}{\Delta z}\left(\int_{z_0}^{z+\Delta z} - \int_{z_0}^{z}\right)f(\zeta)d\zeta - \frac{1}{\Delta z}\int_{z}^{z+\Delta z} f(z)d\zeta$$

$$= \frac{1}{\Delta z} \int_z^{z+\Delta z} \{f(\zeta) - f(z)\} d\zeta$$

$f(z)$ は一様連続であるから，任意の ε に対して十分小さな δ をとると，$|\zeta - z|$ $< \delta$ のとき $|f(\zeta) - f(z)| < \varepsilon$ である．2点 $z, z + \Delta z$ を結ぶ直線を積分路にとると，$|\Delta z| < \delta$ のとき

$$\left| \frac{F(z+\Delta z) - F(z)}{\Delta z} - f(z) \right| < \frac{1}{|\Delta z|} \int_z^{z+\Delta z} |f(\zeta) - f(z)| \, |d\zeta|$$

$$< \frac{1}{|\Delta z|} \int_z^{z+\Delta z} \varepsilon |d\zeta| = \varepsilon$$

ε は任意に小さくとることができるので $\lim_{\Delta z \to 0} (F(z+\Delta z) - F(z))/\Delta z = F'(z) = f(z)$ である．∎

すなわち，$F(z_0) = 0$ を満たす不定積分 $F(z)$ は，$f(z)$ の原始関数の1つにほかならない．原始関数には定数だけの不定性があることに注意しよう．

［例］ $f(z) = 1/z$ は原点 $z = 0$ 以外で正則である．したがって，$f(z)$ の有界正則領域は，同心円で囲まれた円環領域と同様に，2重連結領域である．有限複素平面の負の実軸に沿って原点から無限遠点にいたる切れ目を入れると，得られる単連結領域 $(-\pi < \arg z < \pi)$ において $f(z)$ は正則となる．そこで，図 4-11 に示したような積分路に沿って不定積分

$$F(z) = \int_C \frac{1}{\zeta} d\zeta = \int_{C_1 + C_2} \frac{1}{\zeta} d\zeta = \int_1^z \frac{1}{\zeta} d\zeta \tag{4.28}$$

を考える．ここで(4.25)を使った．$z = re^{i\theta}$ とし，各積分路 C_1, C_2 に沿って $\zeta = e^{i\varphi}$, $z = \rho e^{i\theta}$ とおくと微分はそれぞれ $d\zeta = i\zeta d\varphi$, $dz = e^{i\theta} d\rho$ であるから，

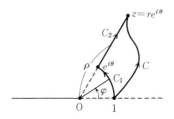

図 4-11

$$F(z) = \int_0^\theta id\varphi + \int_1^r \frac{d\rho}{\rho} = i\theta + \log r = \log |z| + i \arg z = \log z$$

$$(-\pi < \arg z < \pi)$$

が得られる. 定理 4-7 により, $F(z)$ は原点 $z=0$ と負の実軸を除く有限複素平面上で正則である.

4-4 コーシーの積分公式とその応用

コーシーの積分定理の応用として, **コーシーの積分公式（積分表示式）**を導こう.

コーシーの積分公式 $f(z)$ が ∞ を含まない単連結領域 D で正則であるとき, D 内に点 z を囲む任意の単純閉曲線 C_z をとると

$$f(z) = \frac{1}{2\pi i} \oint_{C_z} \frac{f(\zeta)}{\zeta - z} d\zeta \tag{4.29}$$

が成り立つ. ただし, 右辺の積分路は C_z の正の方向にまわる.

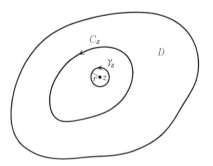

図 4-12

［証明］ 図 4-12 のように, C_z の内部に点 z を中心とする小さな円周 $\gamma_z : |\zeta - z| = r$ をとる. ζ の関数 $f(\zeta)/(\zeta - z)$ は, D から点 $\zeta = z$ を除いた 2 重連結領域で正則である. したがって, 定理 4-6 により

$$\oint_{C_z} \frac{f(\zeta)}{\zeta - z} d\zeta = \oint_{\gamma_z} \frac{f(\zeta)}{\zeta - z} d\zeta = f(z) \oint_{\gamma_z} \frac{d\zeta}{\zeta - z} + \oint_{\gamma_z} \frac{f(\zeta) - f(z)}{\zeta - z} d\zeta$$

円周 γ_z 上の点を $\zeta = z + re^{i\theta}$ と表わせば, $d\zeta = re^{i\theta} id\theta = (\zeta - z) id\theta$ であるから

$$\oint_{\gamma_z} \frac{d\zeta}{\zeta - z} = \int_0^{2\pi} i d\theta = 2\pi i$$

また，$f(z)$ の一様連続性から，任意の ε に対して円周 γ_z の半径 r を十分小さくとっておけば，$|\zeta - z| = r$ のとき $|f(\zeta) - f(z)| < \varepsilon$ が成り立つ．ゆえに

$$\left| \frac{1}{2\pi i} \oint_{C_z} \frac{f(\zeta)}{\zeta - z} d\zeta - f(z) \right| = \left| \frac{1}{2\pi i} \oint_{\gamma_z} \frac{f(\zeta) - f(z)}{\zeta - z} d\zeta \right| \leqq \frac{1}{2\pi} \oint_{\gamma_z} \left| \frac{f(\zeta) - f(z)}{\zeta - z} \right| |d\zeta|$$

$$< \frac{\varepsilon}{2\pi} \int_{\gamma_z} \frac{|d\zeta|}{|\zeta - z|} = \frac{\varepsilon}{2\pi} \int_0^{2\pi} d\theta = \varepsilon$$

したがって，(4.29) が成り立つ．∎

問 4-3 $f(z)$ が図 4-13 の多重連結閉領域 $D \cup \sum_{j=0}^{n} C_j$ で正則であるとき，次の関係式を証明せよ．

$$f(z) = \frac{1}{2\pi i} \oint_{C_0} \frac{f(\zeta)}{\zeta - z} d\zeta + \sum_{j=1}^{n} \frac{1}{2\pi i} \oint_{C_j} \frac{f(\zeta)}{\zeta - z} d\zeta \tag{4.30}$$

ただし，z は D 内の点とする．

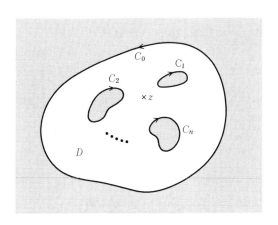

図 4-13

定理 4-8 正則関数の無限回微分可能性：コーシーの積分公式と同じ仮定のもとで，領域 D で正則な関数 $f(z)$ は何回でも微分可能で，任意の高階導関数は積分公式

$$f^{(n)}(z) = \frac{d^n f(z)}{dz^n} = \frac{n!}{2\pi i} \oint_{C_z} \frac{f(\zeta)}{(\zeta - z)^{n+1}} d\zeta \quad (n = 0, 1, 2, \cdots) \qquad (4.31)$$

で与えられる.

［証明］ 帰納法で証明する. $n = 0$ はコーシーの積分公式(4.29)に他ならないから成り立っている. 次に, (4.31)の n が, $0, 1, \cdots, n-1$ なる値をとるときまで成り立っていると仮定する. 領域 D 内に, 互に接近した2つの点 $z, z + \varDelta z$ を取り囲むように単純閉曲線 C_z をとると,

$$\frac{f^{(n-1)}(z + \varDelta z) - f^{(n-1)}(z)}{\varDelta z} = \frac{(n-1)!}{2\pi i} \oint_{C_z} \frac{f(\zeta)}{\varDelta z} \left\{ \frac{1}{(\zeta - z - \varDelta z)^n} - \frac{1}{(\zeta - z)^n} \right\} d\zeta$$

$$= \frac{(n-1)!}{2\pi i} \oint_{C_z} \frac{f(\zeta)}{(\zeta - z)^n} \frac{1}{\varDelta z} \left\{ \frac{1}{\left(1 - \dfrac{\varDelta z}{\zeta - z} \right)^n} - 1 \right\} d\zeta$$

となる. z と C_z の距離を $d(z, C_z)$ とすると, ζ は曲線 C_z 上の点であるから $|\zeta - z| \geqq d(z, C_z)$ である. 一方, 十分小さな $|\varDelta z| < d(z, C_z)/2$ をとれば, $|1 - \varDelta z/(\zeta - z)| \geqq 1 - |\varDelta z/(\zeta - z)| \geqq 1 - |\varDelta z|/d(z, C_z) > 1/2$ となる. ここで関係式

$$\frac{1}{\varDelta z} \left\{ \frac{1}{\left(1 - \dfrac{\varDelta z}{\zeta - z} \right)^n} - 1 \right\} = \frac{1}{\zeta - z} \sum_{k=0}^{n-1} \frac{1}{\left(1 - \dfrac{\varDelta z}{\zeta - z} \right)^{n-k}}$$

$$= \frac{n}{\zeta - z} + \frac{1}{\zeta - z} \sum_{k=0}^{n-1} \left[\frac{1}{\left(1 - \dfrac{\varDelta z}{\zeta - z} \right)^{n-k}} - 1 \right]$$

$$= \frac{n}{\zeta - z} + \frac{\varDelta z}{(\zeta - z)^2} \sum_{k=0}^{n-1} \sum_{l=0}^{n-k-1} \frac{1}{\left(1 - \dfrac{\varDelta z}{\zeta - z} \right)^{n-k-l}}$$

を使うと,

$$\left| \frac{f^{(n-1)}(z + \varDelta z) - f^{(n-1)}(z)}{\varDelta z} - \frac{n!}{2\pi i} \oint_{C_z} \frac{f(\zeta)}{(\zeta - z)^{n+1}} d\zeta \right|$$

$$\leqq |\varDelta z| \frac{(n-1)!}{2\pi i} \oint_{C_z} \frac{|f(\zeta)|}{|\zeta - z|^{n+2}} \sum_{k=0}^{n-1} \sum_{l=0}^{n-k-1} \frac{1}{\left| 1 - \dfrac{\varDelta z}{\zeta - z} \right|^{n-k-l}} |d\zeta|$$

$$\leqq |\varDelta z| \frac{(n-1)!}{2\pi i} \oint_{C_z} \frac{|f(\zeta)|}{d(z, C_z)^{n+2}} \sum_{k=0}^{n-1} \sum_{l=0}^{n-k-1} \frac{1}{\left(\dfrac{1}{2} \right)^{n-k-l}} |d\zeta|$$

$$\leqq |\varDelta z| \frac{(n-1)!}{2\pi i} \frac{2(2^{n+1}-2-n)}{d(z,C_z)^{n+2}} \oint_{C_z} |f(\zeta)||d\zeta| = K|\varDelta z|$$

である．ここで K は $\varDelta z$ によらない定数で，極限 $\varDelta z \to 0$ をとると最後の項はいくらでも小さくなる．したがって $f^{(n-1)}(z)$ は微分可能で，その導関数 $f^{(n)}(z)$ は有限極限値

$$f^{(n)}(z) = \lim_{\varDelta z \to 0} \frac{f^{(n-1)}(z+\varDelta z)-f^{(n-1)}(z)}{\varDelta z} = \frac{n!}{2\pi i} \int_{C_z} \frac{f(\zeta)}{(\zeta-z)^{n+1}} d\zeta$$

で与えられる．∎

   注意   定理 4-8 により，正則関数は必然的にすべての階数の導関数をもつ．したがって，2-2 節で，正則関数は「$f'(z)$ が各点で存在する関数」と定義し，$f'(z)$ の連続性はまったく仮定しなかったが，$f''(z)$ が存在することから $f'(z)$ は連続となる．正則関数の導関数は必ず連続になるということは，時にはグルサ（Goursat）の定理ということがある．

   モレラ（Morera）の定理   コーシーの積分定理の逆：$f(z)$ は有界領域 D で連続とする．D 内の任意の単純閉曲線 C について，つねに

$$\oint_C f(z)dz = 0$$

   が成り立てば，$f(z)$ は D で正則である．

   ［証明］ 仮定により，z_0 を 1 つの定点として，不定積分 $F(z) = \int_{z_0}^{z} f(\zeta)d\zeta$ が積分路によらず D で 1 価な関数として定義される．定理 4-7 の証明の方法を使って $F'(z)=f(z)$ が示されるから，$F(z)$ は D で正則である．したがって，定理 4-8 により $f(z)=F'(z)$ も D で正則である．∎

   コーシーの評価式 $f(z)$ が $|z-z_0|\leqq R$ で正則で，かつ正の定数 M に対して $|f(z)|\leqq M$ であるとき

$$|f^{(n)}(z_0)| \leqq \frac{n!M}{R^n} \tag{4.32}$$

   が成り立つ．

   ［証明］ （4.31）で積分路を円周 $\Gamma_{z_0}: |z-z_0|=R$ にとると，

$$|f^{(n)}(z_0)| \leqq \frac{n!}{2\pi} \oint_{\Gamma_{z_0}} \frac{|f(\zeta)|}{|\zeta-z_0|^{n+1}}|d\zeta| \leqq \frac{n!M}{2\pi R^{n+1}} \oint_{\Gamma_{z_0}} |d\zeta| = \frac{n!M}{R^n}$$

である. ∎

正則関数列　ここで，正則関数列の極限と項別微分について述べる.

定理 4-9（ワイエルシュトラスの二重級数定理）　領域 D で正則な関数列 $\{f_n(z)\}$ が D で広義一様に収束すれば，極限関数 $f(z)$ は D で正則であって，かつ k 階導関数列 $\{f_n^{(k)}(z)\}$ は D で $f^{(k)}(z)$ に広義一様収束する：

$$\lim_{n\to\infty} f_n^{(k)}(z) = f^{(k)}(z) \quad (k=1,2,\cdots) \tag{4.33}$$

［証明］　D で $f(z)$ が正則なことを証明するには，D の任意の単連結部分領域 U で正則であることを示せばよい．U 内の任意の閉曲線を C とすると，定理 4-4 とコーシーの積分定理により

$$\lim_{n\to\infty} \int_C f_n(z)dz = \int_C f(z)dz = 0$$

したがって，モレラの定理により，$f(z)$ は U で正則である．次に，D 内に，任意の部分閉領域 $\varDelta$ と，$\varDelta$ を取り囲む有限な長さ L の曲線 C を境界にもつ領域 $\varOmega$ をとると，$\varDelta \subset \varOmega$ かつ $d(\varDelta,C)>0$．D における関数列の広義一様性から，任意の ε に対して，適当な $n_0=n_0(\varepsilon)$ をとると，$n\geqq n_0$ のとき ζ によらずに $|f_n(\zeta)-f(\zeta)|<\varepsilon\ (\zeta\in\varOmega\cup C)$ が成り立つ．ここでコーシーの積分公式を使うと，$n\geqq n_0$ に対して任意の部分閉領域 $\varDelta$ で

$$|f_n^{(k)}(z)-f^{(k)}(z)| = \left| \frac{n!}{2\pi i} \oint_C \frac{f_n(\zeta)}{(\zeta-z)^{k+1}}d\zeta - \frac{n!}{2\pi i} \oint_C \frac{f(\zeta)}{(\zeta-z)^{k+1}}d\zeta \right|$$

$$\leqq \frac{n!}{2\pi} \oint_C \frac{|f_n(\zeta)-f(\zeta)|}{|\zeta-z|^{k+1}}|d\zeta| \leqq \frac{n!}{2\pi} \frac{\varepsilon}{d(\varDelta,C)^{k+1}} \oint_C |d\zeta| = \frac{\varepsilon n!L}{2\pi d(\varDelta,C)^{k+1}}$$

が成り立つ．よって，関数列 $\{f_n^{(k)}(z)\}$ は，D の任意の部分閉領域で極限関数 $f^{(k)}(z)$ に一様収束し，したがって D で広義一様収束することが示された．∎

ここで関数列の各項 $f_n(z)$ を部分和 $\sum_{k=1}^{n} g_k(z)$ でおきかえると，無限級数 $\sum_{n=1}^{\infty} g_n(z)$ の**項別微分**の定理が得られる：

定理 4-10　領域 D で正則な関数を項とする級数 $\sum_{n=1}^{\infty} g_n(z)$ が D で広義一様

に収束すれば，その極限関数 $g(z) = \lim\limits_{n\to\infty} \sum\limits_{k=1}^{n} g_k(z)$ は D で正則であって，その導関数は級数の項別微分で与えられる：

$$g^{(k)}(z) = \sum_{n=1}^{\infty} g_n^{(k)}(z) \quad (k=1,2,\cdots) \tag{4.34}$$

この無限級数は D で広義一様収束する．

リウヴィル(Liouville)の定理　有界な整関数は定数である．すなわち，$|z|<\infty$ で正則な関数 $f(z)$ が有界ならば，$f(z)=$ 定数 となる．

［証明］ (4.32)で $n=1$ とおいた関係式を使って，$|f'(z)|\leqq M/R$. ここで $R\to\infty$ とすると，$f'(z)=0$. したがって，$f(z)=$ 定数. ∎

4-5 テイラー展開とその応用

コーシーの積分公式(積分表示式)から導かれるテイラー展開とその応用について述べる．テイラー級数の定義，およびその関数級数としての収束性と極限関数の正則性については，2-4 節で述べた．ここでは逆に，正則関数 $f(z)$ がテイラー級数に展開されることを述べる．

定理4-11　テイラー展開：$f(z)$ が $|z-a|<R$ で正則ならば，その領域でテイラー展開

$$f(z) = \sum_{n=0}^{\infty} c_n(z-a)^n$$
$$\left(\text{ただし } c_n = \frac{f^{(n)}(a)}{n!} = \frac{1}{2\pi i}\oint_{|\zeta-a|=r}\frac{f(\zeta)}{(\zeta-a)^{n+1}}d\zeta\right) \tag{4.35}$$

が成り立つ．ここで r は $0<r<R$ なる任意の定数である．

［証明］ $|z-a|<R$ なる任意の z に対して，ひとまず $|z-a|<r'<R$ なる r' をとると

$$f(z) = \frac{1}{2\pi i}\oint_{|\zeta-a|=r'}\frac{f(\zeta)}{\zeta-z}d\zeta \quad (|z-a|<r'<R)$$

さて，$f(\zeta)$ は $|\zeta-a|\leqq r'$ で連続，したがって有界である．一方，展開式

$$\frac{1}{\zeta-z} = \frac{1}{\zeta-a}\frac{1}{1-\dfrac{z-a}{\zeta-a}} = \sum_{n=0}^{\infty}\frac{(z-a)^n}{(\zeta-a)^{n+1}}$$

は $|\zeta-a|=r'$ 上で一様収束するから，定理 4-5 により項別積分が許されて

$$f(z) = \sum_{n=0}^{\infty}(z-a)^n\frac{1}{2\pi i}\oint_{|\zeta-a|=r'}\frac{f(\zeta)}{(\zeta-a)^{n+1}}d\zeta$$

となる．ここで，係数表示の積分関数 $f(\zeta)/(\zeta-a)^{n+1}$ は $0<|\zeta-a|<R$ で正則だから，関係式(4.25)により積分路を変形して，あらためて任意の $0<r<R$ をとって

$$c_n = \frac{1}{2\pi i}\int_{|\zeta-a|=r}\frac{f(\zeta)}{(\zeta-a)^{n+1}}d\zeta$$

とおいてよい． $c_n=f^{(n)}(a)/n!$ であることは，すでに第2章の(2.60)式で示されている． ∎

例題 4-3　次のテイラー展開式を証明せよ．

(ⅰ)　$e^z = 1+\dfrac{z}{1!}+\dfrac{z^2}{2!}+\cdots$　$(|z|<\infty)$

(ⅱ)　$\sin z = z-\dfrac{z^3}{3!}+\dfrac{z^5}{5!}-\cdots$　$(|z|<\infty)$

(ⅲ)　$\cos z = 1-\dfrac{z^2}{2!}+\dfrac{z^4}{4!}-\cdots$　$(|z|<\infty)$

［解］　$z=0$ における n 階微分係数 $d^n e^z/dz^n|_{z=0}=e^z|_{z=0}=1$ $(n=0,1,2,\cdots)$ の結果を，テイラー展開の公式(4.35)に代入する．(ⅱ),(ⅲ)の証明も同様である． ∎

　問 4-4　例題 4-2 の結果を使って，関係式 $e^{iz}=\cos z+i\sin z$ を証明せよ．

　定理 4-12　領域 D で正則な関数 $f(z)$ が，D の1点 a において条件

$$f^{(0)}(a)\equiv f(a)=0,\quad f^{(n)}(a)=0\quad(n=1,2,\cdots) \tag{4.36}$$

を満たすならば，D 全体で $f(z)\equiv0$ である．

[証明] 点 a と D の境界との距離を $d_0 > 0$ とすると，$f(z)$ は $|z-a| < d_0$ で正則であるから，$f(z)$ の点 a におけるテイラー展開の収束半径は少なくとも d_0 である．よって，$K_0 : |z-a| < d_0$ において $f(z) = \sum_{n=0}^{\infty} \{f^{(n)}(a)/n!\}(z-a)^n$ と展開でき，定理の仮定より $f^{(n)}(a) = 0$ $(n = 0, 1, 2, \cdots)$ であるから，K_0 において $f(z) \equiv 0$ となる．

次に，D の任意の点 b においても $f(b) = 0$ となることを証明する．まず，a と b を有限の長さ l の折れ線 L で結び，L から D の境界までの距離を d' とする．このとき，明らかに $d' \leqq d_0$ である．いま，十分小さい正の数 ε をとり，a を中心とする収束円 K_0 の中に L 上の点 z_1 を，例えば $|z_1 - a| = d' - \varepsilon$ となるようにとる．次いで z_1 を中心とする収束円 K_1 の中に L 上の点 $z_2 : |z_2 - z_1| = d' - \varepsilon$ をとり，以下同様にしてこの操作を続け，最後に z_{n-1} を中心とした収束円 K_{n-1} の中に b が入れば，この操作を終える（図 4-14 参照）．収束円 K_i $(0 \leqq i \leqq n-1)$ の半径は d' より小さくなることはないから，この手続きは可能で，数 $l/(d'-\varepsilon)$ を越えない有限回の操作で b に到達することができる．z_1 は K_0 内にあるから，$f^{(n)}(z_1) = 0$ $(n = 0, 1, 2, \cdots)$ となり，よって K_1 内で $f(z) \equiv 0$ である．これを繰り返すと，最後に K_{n-1} において $f(z) \equiv 0$ となり，b は K_{n-1}

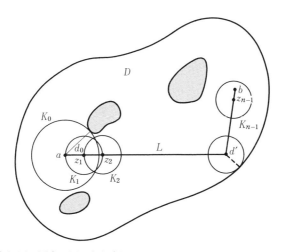

図 4-14　図中の円は各収束円 K_i $(0 \leqq i \leqq n-1)$ の同心円である．

内にあるから $f(b)=0$ が得られる. ∎

　関数 $f(z)$ の値が 0 になる点 a を f の**零点**(zero point)という. いま $f(z)$ が領域 D で正則でかつ恒等的に 0 でないとする. このとき, $f(a)=0$ なる零点 a に対して

$$f'(a) = 0, \quad \cdots, \quad f^{(h-1)}(a) = 0, \quad f^{(h)}(a) \neq 0 \qquad (4.37)$$

となる正の整数 h がただ 1 つ定まる. h を f の零点 a における**位数**(order)といい, また a は f の **h 位の零点**という. このとき a でのテイラー展開により

$$f(z) = (z-a)^h \sum_{n=0}^{\infty} \frac{f^{(n+h)}(a)}{(n+h)!}(z-a)^n = (z-a)^h f_h(z) \qquad (4.38)$$

と書くと, $f_h(a)=f^{(h)}(a)/h! \neq 0$ だから, a の近傍においては, a 以外の点に対して $f(z)=0$ とはならない. すなわち, f が恒等的に 0 でなければ, f の零点は孤立している. したがって, この対偶をとると, 次の定理が成り立つ:

　一致の定理　$f(z)$ は領域 D で正則とする. D 内の点 z_0 に収束する無限点列 $\{z_n\}$(z_n はすべて相異なる)に対して $f(z_n)=0$ $(n=1, 2, \cdots)$ ならば, D において恒等的に $f(z) \equiv 0$ である.

　この定理の有用性は, 例えば次の定理の証明の中で明らかとなる.

　最大値の原理　領域 D で恒等的に定数ではない正則関数 $f(z)$ に対して, $|f(z)|$ は D の内部で最大値に達することはない. とくに, D が有界で, $f(z)$ が D の境界 B を含む有界閉領域 $\bar{D}=D \cup B$ で連続ならば, $|f(z)|$ は最大値を境界 B 上でとる.

　[証明]　D の 1 点 a において $|f(z)|$ が最大値 M をとったとしよう. a と D の境界 B との距離を d とすると, コーシーの積分公式より

$$f(a) = \frac{1}{2\pi i} \oint_{|z-a|=r} \frac{f(z)}{z-a}dz = \frac{1}{2\pi} \int_0^{2\pi} f(a+re^{i\theta})d\theta \quad (0<r<d) \quad (4.39)$$

これは**平均値の定理**と呼ばれる. 両辺の絶対値をとって

$$M = |f(a)| \leqq \frac{1}{2\pi} \int_0^{2\pi} |f(a+re^{i\theta})|d\theta \leqq M$$

この式が成り立つためには, $|z-a|=r$ の円周上で常に $|f(a+re^{i\theta})|=M$ でなければならない. $r : 0<r<d$ は任意であるから, 結局 $|z-a|<d$ で $|f(z)|=$

M となる. したがって, 第 2 章の演習問題 [3](v) の結果より, $|z-a|<d$ で $f(z)=$ 定数 である. よって一致の定理により, $f(z)$ は D 全体で定数となり, これは仮定に矛盾する.

次に, $f(z)$ は有界閉領域 $\bar{D}$ で連続であるから, $\bar{D}$ のどこかで最大値をとる (第 2 章の演習問題 [2] 参照). 上の証明から, $f(z)$ は最大値を D でとらないから, 必然的に境界 B 上でとる. ∎

ここで, D が有界でないと $|f(z)|$ の最大値が存在しない場合があることに注意しよう. 例えば, $D : 0<\arg z<\alpha$ とすると, 閉角領域 $\bar{D}$ において $f(z)$ $=z$ の絶対値は最大値をもたない.

問 4-5 $f(z)$ は領域 D において正則で零点をもたず, かつ定数関数でないとすれば, $|f(z)|$ は D で最小値をとらない. とくに, D が有界で, $f(z)$ は D で正則かつ $\bar{D}=D\cup B$ において連続ならば, $|f(z)|$ は最小値を B 上でとる. 以上を証明せよ.

第 4 章演習問題

[1] 複素平面 $z=x+iy$ 上の点 $z=1$ から点 $z=-1$ に到る, 上半平面内の単位円周に沿った曲線を C とするとき, 線積分 $\displaystyle\int_C (x^2+y^2)y\,dx$ を求めよ.

[2] C を $z=0$ から $z=i$ に到る線分とするとき

$$(\text{i})\int_C ze^{iz}\,dz, \quad (\text{ii})\int_C z\sin z\,dz$$

を求めよ.

[3] 円周 $|z|=R$ $(R\neq 1)$ 上で, $z=R$ から原点に対して正の向きに $z=-R$ に到る曲線 C に沿った積分

$$I_R = \int_C \frac{dz}{1+z^2}$$

を求めよ.

[4] 単純閉曲線 C の内部を D とするとき, 領域 D の面積 S は

$$S = \int_D dx\,dy = \oint_C x\,dy$$

であることを証明せよ.

[5] 円周 $|z|=r\,(\neq|a|)$ 上を原点に対して正の向きに回る積分

$$I=\oint_{|z|=r}\frac{|dz|}{|z-a|^2}$$

の値を求めよ.

[6] $f(z)$ が $|z|\leqq 1$ で正則ならば

$$I=\frac{1}{2\pi i}\oint_{|\zeta|=1}\frac{\overline{f(\zeta)}}{\zeta-z}d\zeta=\begin{cases}\overline{f(0)} & (|z|<1),\\[2mm]\overline{f(0)}-f\left(\dfrac{1}{\bar z}\right) & (|z|>1)\end{cases}$$

であることを証明せよ.

[7] 境界 B で囲まれた領域 D で1価正則な $f(z)\not\equiv$ 定数 が $\bar D=D\cup B$ で正則なとき，B 上で $|f(z)|\equiv$ 定数 ならば，$f(z)$ は D で少なくとも1つの零点をもつことを証明せよ.

[8] ベルヌーイ(Bernoulli)数 $B_n\,(n=1,2,\cdots)$ を使った展開式

$$\frac{z}{e^z-1}=1-\frac{z}{2}+\sum_{n=1}^{\infty}(-1)^{n-1}\frac{B_n}{(2n)!}z^{2n}$$

を用いて，次の展開式を証明せよ:

(i) $\dfrac{z}{2}\cot\dfrac{z}{2}=1-\sum_{n=1}^{\infty}\dfrac{B_n}{(2n)!}z^{2n}$, (ii) $\tanh z=\sum_{n=1}^{\infty}\dfrac{2^{2n}(2^{2n}-1)(-1)^{n-1}B_n}{(2n)!}z^{2n-1}$

[9] 次の関数に対して，指定された点 z_0 の回りでのテイラー展開を求めよ:

(i) $\dfrac{1}{1+z+z^2}$ $(z_0=0)$, (ii) $\arctan z$ $(z_0=1)$

5 有理型関数とローラン展開

この章では，正則関数の特異点の性質とローラン(Laurent)展開について述べる．とくに，実用上有用な留数の定理が説明される．

5-1 ローラン展開

関数 $f(z)$ が点 a の近傍で正則ならば，その点を中心とする円領域でテイラー級数に展開されることは，4-5 節で述べた．

もし関数 $f(z)$ の正則性が点 a では必ずしも保証されないが，その点を中心とする同心円環領域で保証されている場合には，関数 $f(z)$ はローラン級数に展開される：

定理 5-1 $f(z)$ が同心円環 $0 \leqq r < |z-a| < R \leqq \infty$ で 1 価正則であれば，つぎのローラン級数の展開(**ローラン展開**)が成り立つ：

$$f(z) = \sum_{n=-\infty}^{+\infty} a_n(z-a)^n, \quad r < |z-a| < R$$

$$\left(\text{ただし } a_n = \frac{1}{2\pi i} \oint_{|\zeta-a|=\rho} \frac{f(\zeta)}{(\zeta-a)^{n+1}} d\zeta, \quad n=0, \pm 1, \cdots \right) \quad (5.1)$$

ここに ρ は $r < \rho < R$ なる任意の定数である．

[証明] 関数 $f(\zeta)/(\zeta-z)$ を考える．$r < |z| < R$ なる任意の z に対して $r <$

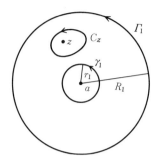

図 5-1

$r_1 < |z| < R_1 < R$ なる定数 r_1, R_1 をとり，図 5-1 のように z を閉曲線 C_z で囲む．円環閉領域 $r_1 \leqq |z| \leqq R_1$ を囲む円を γ_1, Γ_1 とすると，コーシーの積分公式と定理 4-6 により

$$f(z) = \frac{1}{2\pi i}\oint_{C_z}\frac{f(\zeta)}{\zeta-z}d\zeta = \frac{1}{2\pi i}\oint_{\Gamma_1}\frac{f(\zeta)}{\zeta-z}d\zeta - \frac{1}{2\pi i}\oint_{\gamma_1}\frac{f(\zeta)}{\zeta-z}d\zeta$$

が成り立つ．さらに，Γ_1 上の ζ に対しては等式

$$\frac{1}{\zeta-z} = \frac{1}{\zeta-a}\frac{1}{1-\dfrac{z-a}{\zeta-a}} = \sum_{n=0}^{\infty}\frac{(z-a)^n}{(\zeta-a)^{n+1}}, \quad \left|\frac{z-a}{\zeta-a}\right| < 1$$

が得られ，一方 γ_1 上の ζ に対しては等式

$$\frac{1}{\zeta-z} = -\frac{1}{z-a}\frac{1}{1-\dfrac{\zeta-a}{z-a}} = -\sum_{n'=0}^{\infty}\frac{(\zeta-a)^{n'}}{(z-a)^{n'+1}}, \quad \left|\frac{\zeta-a}{z-a}\right| < 1$$

が得られる．固定した z に対して，各無限級数はそれぞれ Γ_1, γ_1 上で一様収束する．したがって上式に代入すると項別積分が許されるから

$$f(z) = \sum_{n=0}^{\infty}(z-a)^n\frac{1}{2\pi i}\oint_{\Gamma_1}\frac{f(\zeta)}{(\zeta-a)^{n+1}}d\zeta + \sum_{n=-\infty}^{-1}(z-a)^n\frac{1}{2\pi i}\oint_{\gamma_1}\frac{f(\zeta)}{(\zeta-a)^{n+1}}d\zeta$$

ここで係数の被積分関数 $f(\zeta)/(\zeta-a)^{n+1}$ は $r<|\zeta-a|<R$ で 1 価正則であるから，円の積分路 Γ_1, γ_1 を共通の円：$|\zeta-a|=\rho$ $(r<\rho<R)$ で置き換えてもよい． ∎

一般に，点 a の近く（例えば，$0<|z-a|<R$）で 1 価正則な関数 $f(z)$ が a

で正則でないとき，a を $f(z)$ の**孤立特異点**（isolated singularity）という．a における $f(z)$ のローラン展開

$$f(z) = \sum_{n=0}^{\infty} a_n(z-a)^n + \sum_{n=1}^{\infty} \frac{a_{-n}}{(z-a)^n} \quad (0<|z-a|<R) \tag{5.2}$$

において，右辺第1項の級数は $|z-a|<R$ で収束するから，$f(z)$ の a における特異性は第2項の存在に起因する．第2項を $f(z)$ の**特異部**（singular part），または**主要部**（principal part）と呼ぶ．主要部の振る舞いによって，a における特異性は次のように分類される．

（ⅰ）主要部を欠く場合，すなわち $a_{-n}=0$ $(n=1,2,\cdots)$ のとき，a を**除去可能な特異点**（removable singularity）という．この場合，$f(z)=\sum_{n=0}^{\infty} a_n(z-a)^n$ $(0<|z-a|<R)$ となるから，a における特異性は，単に，$f(a)$ が定義されていないか，あるいは不自然に定義されているかによっているもので，あらためて $f(a)=a_0$ と定義すれば，$f(z)$ は a で正則となる．例えば，$g(z)=(\sin z)/z$ は一見 $z=0$ が特異点のようであるが，例題4-2(ⅱ)の $\sin z$ の整級数からわかるように，$g(0)=1$ とおいてやれば，$z=0$ はこの g の除去可能な特異点である．

（ⅱ）主要部が有限項の和となる場合，a を**極**（pole）という．とくに，ある正の整数 k に対して $a_{-k} \neq 0$，$a_{-n}=0$ $(n=k+1, k+2, \cdots)$ であるとき，すなわち

$$f(z) = \sum_{n=0}^{\infty} a_n(z-a)^n + \sum_{n=1}^{k} \frac{a_{-n}}{(z-a)^n} = \frac{g_k(z)}{(z-a)^k}, \quad g_k(a) = a_{-k} \neq 0 \tag{5.3}$$

となるとき，a を**位数 k の極**または **k 位の極**という．このとき，$g_k(z) \equiv \sum_{n=0}^{\infty} a_{n-k}(z-a)^n$ は $|z-a|<R$ で正則な関数である．

（ⅲ）主要部が無限級数となる場合，a を $f(z)$ の**真性特異点**（essential singularity）という．真性特異点のひとつの特徴は，その特異点 a で関数 f の値が定まらない，すなわち a に近づく点列 $\{z_n\}$ のとり方で関数値の数列 $\{f(z_n)\}$ の極限値が変わる，ということである．例えば，関数 $f(z)=\exp(1/z)$ $= \sum_{n=0}^{\infty} 1/(n!z^n)$ は $z=a=0$ に真性特異点をもっている．そして実際，$a=0$ に近づく点列 $\{z_n=1/(\alpha+2n\pi i)\}$ をとると，$\exp(1/z_n)=\exp(\alpha+2n\pi i)=\exp\alpha=$ 定数 となって，α の異なる点列ごとに関数列 $\{\exp(1/z_n)\}$ は相異なる定数極限

値 $\exp\alpha$ をもつ(定理 5-4 参照のこと).

　領域 D で真性特異点をもたない 1 価正則な関数,すなわち D の各点で正則であるか,またはそこを極とするような関数を,領域 D で**有理型**(meromorphic)であるという.例えば,2 つの多項式の商で表わされる有理関数は,複素平面全体で有理型である.また,$\tan z, \sec z$ なども複素平面全体で有理型である.なぜなら,例えば $\tan z = \sin z/\cos z$ は,$z = (n+1/2)\pi$ ($n = 0, \pm 1, \pm 2, \cdots$) において 1 位の極をもち,それ以外では複素平面 $|z| < \infty$ で正則だからである.

　また有理型関数については,$0 < |z-a| < R$ で有理型であるが $|z-a| < R$ では有理型でないとき,a はその真性特異点であるということになる.

　定理 5-2　除去可能な特異点であるための条件:点 a を $f(z)$ の孤立特異点とする.点 a が除去可能な特異点であるための必要十分条件は,a の近く($0 < |z-a| < R$)で $f(z)$ が有界となることである.

　[証明]　必要条件:除去可能な特異点の定義から,$0 < |z-a| < R$ において $f(z) = a_0 + a_1(z-a) + a_2(z-a)^2 + \cdots$ である.$z \to a$ のとき $f(z) \to a_0$ であるから,$f(z)$ は a の近くで有界である.十分条件:ローラン級数の負ベキの項の展開係数の表式

$$a_{-n} = \frac{1}{2\pi i} \oint_{|z-a|=r} \frac{f(\zeta)}{(\zeta-a)^{-n+1}} d\zeta \quad (0 < r < R;\ n = 1, 2, \cdots)$$

が 0 となることをいえばよい.$0 < |z-a| < R$ で $|f(z)| \leqq M$ とすると,展開係数の表式で $\zeta - a = re^{i\theta}$,$d\zeta = ire^{i\theta}d\theta$ なる変数変換を行って,

$$|a_{-n}| = \left| \frac{1}{2\pi i} \oint_{|\zeta-a|=r} \frac{f(\zeta)}{(\zeta-a)^{-n+1}} d\zeta \right| \leq \frac{1}{2\pi} \int_0^{2\pi} |f(a+re^{i\theta})| r^n d\theta \leq Mr^n$$

が得られる.$r > 0$ は任意に小さくとれるから,$r \to 0$ とすると $Mr^n \to 0$.よって $a_{-n} = 0$ ($n = 1, 2, \cdots$) となる.∎

　これから次のリーマンの定理がただちに得られる:

　リーマンの定理　$0 < |z-a| < R$ で 1 価正則な $f(z)$ が有界ならば,a は $f(z)$ の正則点である.

　この定理の意味するところは,除去可能な特異点は正則点とみなすことがで

きるということである.

定理 5-3　$0<|z-a|<R$ で 1 価正則な関数 $f(z)$ に対して，a が $f(z)$ の極であるための必要十分条件は，$z{\to}a$ に対して $f(z){\to}\infty$ となることである.

［証明］　$f(z)$ が a を $k(>0)$ 位の極としてもつならば，a のまわりで $f(z)=g_k(z)/(z-a)^k$ $(g_k(a){\neq}0)$，したがって $f(z){\to}\infty$ $(z{\to}a)$. 逆に，$f(z){\to}\infty$ $(z{\to}a)$ ならば，ある R に対して $0<|z-a|<R$ で $f(z){\neq}0$ となるから，$h(z){\equiv}1/f(z)$ はそこで 1 価正則かつ $h(z){\to}1/\infty=0$ $(z{\to}a)$ である. よって a は $h(z)$ の除去可能な特異点で，$h(a)=0$ と定義すれば，$h(z)$ は $|z-a|<R$ で正則となる. a を正則関数 $h(z)$ の h 位の零点とすれば，$h(z)=(z-a)^h h_h(z)$，$h_h(a){\neq}0$ である. ゆえに，$f(z)=1/h(z)=(1/h_h(z))/(z-a)^h$，すなわち，$f(z)$ は a を h 位の極としてもっている. ∎

真性特異点の顕著な性質を示すものとして，次の定理がある：

定理 5-4(ワルエルシュトラスの定理)　$0<|z-a|<R$ で有理型である関数 $f(z)$ が a を真性特異点としてもつならば，任意の複素数 λ に対して，a に収束する点列 $\{z_n\}$ を適当にとると，$f(z_n){\to}\lambda$ $(n{\to}\infty)$ となる. 言い換えると，真性特異点 a の近くで，関数 $f(z)$ はどんな値 λ にも近づき得る.

［証明］　もし $\lambda=\infty$ に対してこのような点列が存在しなかったとすれば，ある $R_1>0$ をとると，$0<|z-a|<R_1$ で $f(z)$ が有界となり，定理 5-2 により a は除去可能な特異点となってしまう. 次に，λ が有限であるとき，関数 $1/(f(z)-\lambda)$ もまた $0<|z-a|<R$ で有理型で a を真性特異点としている. ゆえに，この定理の証明の前半により，a に収束するある点列 $\{z_n\}$ をとれば，$1/(f(z_n)-\lambda){\to}\infty$ $(n{\to}\infty)$ となる. よって，$f(z_n){\to}\lambda$ $(n{\to}\infty)$ である. ∎

関数 $w=f(z)$ の定義域において，複素数 w_0 に対して $f(z){\neq}w_0$ が成り立つとき，w_0 は関数 $f(z)$ の**除外値**という. 例えば，複素平面 $|z|<\infty$ で定義された整関数 e^z を考えると，$w_0=0$ は e^z の除外値である.

ここで，複素関数論における重要な結果の 1 つを述べる：

ピカール(Picard)の定理　$0<|z-a|<R$ で有理型の関数 $w=f(z)$ が，a を真性特異点としてもつならば，真性特異点 a の近くで $f(z)$ はたかだか 1 つ(∞ も値のうちに数えれば，たかだか 2 つ)の値を除き，他のすべての

値を無限回とる.

　証明はいくつかの補助定理を必要とするので省略する．上記のたかだか2つしかない除外される値をピカール の意味の除外値という.

　この定理の例として，$z=a=0$ を真性特異点とする関数 $w=f(z)=e^{1/z}$ を考える．いま任意の値 w_0 をとる．$w_0\neq0$ の場合，$w_0=re^{i\theta}$ とおき

$$z_n = \frac{1}{\log r + i(\theta+2n\pi)} \quad (n=0,\pm1,\pm2,\cdots)$$

とすると，$f(z_n)=w_0$ である．$n\to\infty$ で $z_n\to0$ であるから，$a=0$ の近くで $f(z)$ は値 w_0 を無限回とる．一方，$w_0\to0\,(r\to0)$ または $w_0\to\infty\,(r\to\infty)$ に対して $z_n\to0$ となるから，$0<|z|<\infty$ で $w_0=0$ と $w_0=\infty$ は $f(z)$ の除外値である．これに対して，$z=a=0$ を真性特異点とする関数 $w=f(z)=\frac{1}{z}+e^{1/z}$ の例では，$w=\infty$ のみが除外値である．

　また，この定理の応用として，「定数でない整関数は，たかだか1つの有限な除外値を除いて，他のすべての有限な値をとる.」ということもいえる．例としては，$\sin z$, $z+e^z$ は有限な除外値をもたず，e^z の有限な除外値は0だけである.

無限遠点でのローラン展開　　ここで無限遠点 $z=\infty$ でのローラン展開について述べておこう．$f(z)$ が領域 $R<|z|<\infty$ において正則であるとき，ζ の関数 $f(z=1/\zeta)$ は $0<|\zeta|<1/R$ で正則である．したがって $\zeta=0\,(z=\infty)$ におけるローラン展開

$$f\left(z=\frac{1}{\zeta}\right) = \sum_{n=-\infty}^{\infty} b_n\zeta^n = \sum_{n=1}^{\infty} b_{-n}z^n + \sum_{n=0}^{\infty}\frac{b_n}{z^n} \tag{5.4}$$

が成り立つ．右辺の最初の級数 $\sum_{n=1}^{\infty} b_{-n}z^n$ を $f(z)$ の $z=\infty$ における**主要部**という．主要部が k 次の多項式

$$b_{-1}z+b_{-2}z^2+\cdots+b_{-k}z^k \quad (k\geqq1,\ b_{-k}\neq0) \tag{5.5}$$

となるとき，$z=\infty$ を **k 位の極**であるといい，主要部が無限級数となるとき，$z=\infty$ を**真性特異点**という．また，この主要部を欠くとき $f(z)$ は $z=\infty$ において**正則**であるという．さらに，このとき，

$$f(z) = \frac{b_h}{z^h} + \frac{b_{h+1}}{z^{h+1}} + \cdots = \frac{g_h(z)}{z^h} \quad (h \geqq 1, \ g_h(\infty) = b_h \neq 0) \tag{5.6}$$

ならば, $z = \infty$ を **h** 位の零点であるといい, h を零点の**位数**という.

5-2 留数の定理

有限領域 $0 < |z-a| < R$ で 1 価正則な関数 $f(z)$ に対して,

$$\mathrm{Res}(a) = \frac{1}{2\pi i} \oint_{|z-a|=r} f(z)dz \quad (0 < r < R) \tag{5.7}$$

を a における $f(z)$ の**留数**(residue)という. $\mathrm{Res}(a)$ は $r\ (0 < r < R)$ のとり方によらない.

また $f(z)$ の a のまわりのローラン展開を

$$f(z) = \sum_{n=-\infty}^{\infty} a_n (z-a)^n \quad (0 < |z-a| < R)$$

$$\text{ただし } a_n = \frac{1}{2\pi i} \oint_{|\zeta-a|=\rho} \frac{f(\zeta)}{(\zeta-a)^{n+1}} d\zeta$$

とすれば, 係数 a_{-1} は $f(z)$ の a における留数に等しい: $a_{-1} = \mathrm{Res}(a)$.

　無限遠点の留数　$f(z)$ が領域 $\rho < |z| < \infty$ で 1 価正則であるとき, ∞ に関して正の向きに 1 周する積分路 $|z| = R\ (\rho < R < \infty)$ に沿った積分を $2\pi i$ で割った値を, ∞ における $f(z)$ の留数という. 積分路の向きをあらためて, 原点に関して正の向き(∞ に関して負の向き)に 1 周する積分路 $|z| = R$ に沿った積分を使うと,

$$\mathrm{Res}(\infty) = -\frac{1}{2\pi i} \oint_{|z|=R} f(z)dz \quad (\rho < R < \infty) \quad \binom{\text{積分路は原点に}}{\text{関して正の向き}} \tag{5.8}$$

となる. $f(z=1/\zeta)$ の $z = \infty\ (\zeta = 0)$ のまわりのローラン展開を

$$f(z=1/\zeta) = \sum_{n=-\infty}^{\infty} \frac{b_n}{z^n} = \sum_{-\infty}^{\infty} b_n \zeta^n$$

とすれば, $\mathrm{Res}(\infty) = -b_1$ である. 有限な正則点の留数は 0 とみなされるが, ∞ が関数の正則点であっても $\mathrm{Res}(\infty)$ は必ずしも 0 とはならない. 別の言い

方をすると，$\text{Res}(a)=a_{-1}$ は，$f(z)$ の a におけるローラン展開の不正則な部分，すなわち主要部の項 $a_{-1}/(z-a)$ の係数であり，一方 $\text{Res}(\infty)=-b_1$ は，∞ におけるローラン展開の正則な部分 $\sum_{n=0}^{\infty} b_n/z^n$ の項 b_1/z の係数に -1 を掛けたものであることに注意しよう．

　　問5-1　$0<|z-a|<\infty$ で正則な関数 $f(z)$ のローラン展開を $f(z)=\sum_{n=-\infty}^{\infty} c_n(z-a)^n$ とする．$\text{Res}(a)=c_{-1}$，$\text{Res}(\infty)=-c_{-1}$ であることを確かめよ．

　留数の定理　単純閉曲線 C で囲まれた領域 D において有限個の点 $a_1, a_2, \cdots, a_n$ を除いて正則な関数 $f(z)$ が，C 上でも正則なとき，

$$\oint_C f(z)dz = 2\pi i \sum_{j=1}^{n} \text{Res}(a_j) \qquad (5.9)$$

　　ここに積分路は D に関して正の向きに C を一周する．

　　［証明］　D 内に $a_1, a_2, \cdots, a_n$ を中心にして，互いに重ならないように十分小さい半径の反時計まわりの円周 K_j $(j=1, 2, \cdots, n)$ をとると，定理4-6により

$$\oint_C f(z)dz = \sum_{j=1}^{n} \oint_{K_j} f(z)dz = \sum_{j=1}^{n} 2\pi i \, \text{Res}(a_j)$$

である．∎

　留数の定理の拡張　$f(z)$ が拡張された複素平面：$|z| \leqq \infty$ においてたかだか有限個の特異点を除いて正則であるとき，すべての留数の和は 0 に等しい．したがって，とくに $f(z)$ が有理関数のときは，その留数の和は 0 である．

　　問5-2　この留数の定理の拡張の主張を証明せよ．

　　領域 D で有限個の点を除いて正則な関数 $f(z)$ が，点 $a_1, a_2, \cdots, a_k$ に1位の零点をもつとき，$f(z)=(z-a_1)(z-a_2)\cdots(z-a_k)g(z)$，$g(a_j)\neq0$ $(j=1, 2, \cdots, k)$ である．$a_j \to a$ のとき k 個の零点は重なり，点 a は k 位の零点となる：$f(z)=(z-a)^k g(z)$，$g(a)\neq0$．このように，以下の議論では，点 a が k 位の零点のとき，k 個の1位の零点が点 a で重なっているものと考える．同様に，l を正整数とするとき，b における l 位の極：$f(z)=h(z)/(z-b)^l$ についても，l 個の1位の極が同一点で重なっているものと考える．すなわち，$f(z)$ のある

零点またはある極において，その位数をもってその零点またはその極の数と考える．

定理 5-5（偏角の原理） 単純閉曲線 C で囲まれた領域 D で有理型である関数 $f(z)$ が，C 上で正則でかつ 0 とならないとき，次の式が成り立つ：

$$\frac{1}{2\pi i}\oint_C \frac{f'(z)}{f(z)}dz = \frac{1}{2\pi}\oint_C d\arg f(z) = N-P \qquad (5.10)$$

ここに，N および P は，それぞれその位数をもって数えあげた，D 内の零点および極の数の和である．

［証明］ D における $f'(z)/f(z)$ の特異点は $f(z)$ の零点と極で与えられ，その特異点の留数の和が $N-P$ であることを示せばよい．まず，a が $f(z)$ の k 位の零点であるとすると，a の近傍で 0 とならない正則な関数 $g(z)$ が存在して $f(z)=(z-a)^k g(z)$ となる．したがって，

$$\frac{f'(z)}{f(z)} = \frac{k}{z-a}+\frac{g'(z)}{g(z)}$$

となり，右辺第 2 項は a の近傍で正則である．ゆえに，a は $f'(z)/f(z)$ の 1 位の極であって，その留数は $f(z)$ の零点としての a の位数 k に等しい．次に，b が $f(z)$ の l 位の極であるとすると，b の近傍で 0 とならない正則な関数 $h(z)$ が存在して $f(z)=h(z)/(z-b)^l$ となる．したがって，

$$\frac{f'(z)}{f(z)} = \frac{-l}{z-b}+\frac{h'(z)}{h(z)}$$

となり，右辺第 2 項は b の近傍で正則である．ゆえに，b は $f'(z)/f(z)$ の 1 位の極であって，その留数は $f(z)$ の極としての b の位数 l に -1 を掛けたものに等しい．以上から，$f'(z)/f(z)$ の D における留数の総和は $N-P$ に等しい．また，$\log|f(z)|$ は C 上で 1 価だから，等式 $f(z)=|f(z)|\exp(i\arg f(z))$ の両辺の対数をとり微分して得られる関係式 $f'(z)/f(z)dz=d\log f(z)=d\log|f(z)|+id\arg f(z)$ において，右辺第 1 項の 1 周積分への寄与は 0 となる．ゆえに，

$$\frac{1}{2\pi i}\oint_C \frac{f'(z)}{f(z)}dz = \frac{1}{2\pi i}\oint_C d\log f(z) = \frac{1}{2\pi}\oint_C d\arg f(z)$$

が成り立つ. ▮

　z 平面上の単純閉曲線 C を，$w=f(z)$ によって w 平面上の閉曲線 Γ に写像するとき，

$$\frac{1}{2\pi}\oint_C d\arg f(z) = \frac{1}{2\pi}\oint_\Gamma d\arg w = \frac{1}{2\pi i}\oint_\Gamma \frac{dw}{w} \tag{5.11}$$

は，原点 $w=0$ に関する閉曲線 Γ の**回転数**である（図 5-2 参照）.

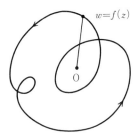

図 5-2

　ルーシェ（Rouché）の定理　単純閉曲線 C で囲まれた領域を D とし，$f(z)$ および $g(z)$ は $\bar{D}=D\cup C$ で正則とする．C 上で $|f(z)|>|g(z)|$ が成り立つならば，$f(z)$ と $f(z)+g(z)$ は C の内部に同個数の零点をもつ．ただし，零点の数はその位数に応じて数え上げるものとする.

　［証明］　C 上で $|f(z)|>|g(z)|\geqq 0$ だから，関係式 $|f(z)+g(z)|\geqq \||f(z)|-|g(z)|\|>0$ に注意すると，$f(z)\neq 0$ かつ $f(z)+g(z)\neq 0$. $f(z)$ と $f(z)+g(z)$ は $\bar{D}$ でともに正則だから，D 内で極はもたない．したがって C の内部にある $f(z)+g(z)$ と $f(z)$ との零点の個数の差は，偏角の原理により

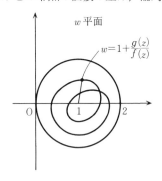

図 5-3

$$\frac{1}{2\pi}\oint_C d\arg(f(z)+g(z)) - \frac{1}{2\pi}\oint_C d\arg f(z) = \frac{1}{2\pi}\oint_C d\arg\left(1+\frac{g(z)}{f(z)}\right)$$

となる. C 上で $|g(z)/f(z)|<1$ だから, $w=1+g(z)/f(z)$ による C の像は原点を含まない円板：$|w-1|<1$ に含まれる（図5-3）. したがって, z が C を1周するとき, w は 0 をまわらない. よって, 上式の右辺は 0 である. ∎

5-3† 部分分数展開と無限乗積展開

多項式には因数分解した表示があり, 有理関数は分母を因数分解することによって部分分数の表示が得られる. 同様に, 正則関数はその零点をとって無限乗積に表示され, 有理型関数はその極をとって部分分数の級数に展開することができる. 以下で, この部分分数展開と無限乗積展開について述べる.

数列 $\{a_n\}$ $(n=1,2,\cdots)$ からつくられた形式

$$\prod_{n=1}^{\infty}(1+a_n) = (1+a_1)(1+a_2)\cdots(1+a_n)\cdots \tag{5.12}$$

を**無限乗積**（infinite product）という. 部分積 $p_n=(1+a_1)(1+a_2)\cdots(1+a_n)$ からなる数列 $\{p_n\}$ $(n=1,2,\cdots)$ を考えると, まず, すべての n に対して $1+a_n \neq 0$ であって, かつ $\{p_n\}$ がある値 $A\neq 0$ に収束するとき, この無限乗積は**収束して値 A をもつ**といい,

$$\prod_{n=1}^{\infty}(1+a_n) = A \tag{5.13}$$

と書く. $\{p_n\}$ が発散するか, または 0 に収束するとき, 無限乗積は**発散する**という. つぎに, $1+a_n=0$ となる a_n は有限個で, すなわち十分大きな正整数 n_0 をとると $1+a_n\neq 0$ $(n\geqq n_0)$ であって, かつ無限乗積 $\prod_{n=1}^{\infty}(1+a_{n+n_0-1})$ が収束するとき, もとの無限乗積は収束して値 0 をもつという. 最後に, $1+a_n=0$ なる a_n が無限個あるときには, 無限乗積は発散するという.

十分大きな n $(n\geqq n_0)$ に対して $1+a_n=p_n/p_{n-1}=\{p_n/p_{n_0-1}\}/\{p_{n-1}/p_{n_0-1}\}$ であるから, 無限乗積 $\prod_{n=1}^{\infty}(1+a_n)$ が収束するとき $a_n\to 0$ $(n\to\infty)$ である.

定理 5-6 $1+a_n\neq 0$ のとき, 無限乗積 $\prod_{n=1}^{\infty}(1+a_n)$ が収束するための必要十

分条件は, 級数 $\sum_{n=1}^{\infty} \log(1+a_n)$ が収束することである. ただし, 対数関数の値は主値 $\mathrm{Log}\, z$, すなわち $-\pi < \mathrm{Arg}\, z \leq \pi$ にとる.

[証明] 部分和 $s_n = \sum_{k=1}^{n} \mathrm{Log}(1+a_k)$ が s に収束するとき, 部分積の列 $p_n = \prod_{k=1}^{n}(1+a_k) = \exp(\log p_n) = \exp s_n$ は $\exp s$ に収束する. 逆に, 部分積 p_n が p に収束するとき, $p_n/p \to 1$ $(n \to \infty)$ より $\mathrm{Log}(p_n/p) \to 0$ $(n \to \infty)$ である. ここで, $\mathrm{Log}(p_n/p) = s_n - \mathrm{Log}\, p + h_n 2\pi i$ となるように整数 h_n を決める. 差をとると, $(h_{n+1} - h_n)2\pi i = \mathrm{Log}(p_{n+1}/p) - \mathrm{Log}(p_n/p) - \mathrm{Log}(1+a_n)$, ゆえに $(h_{n+1} - h_n)2\pi = \mathrm{Arg}(p_{n+1}/p) - \mathrm{Arg}(p_n/p) - \mathrm{Arg}(1+a_n)$ となる. ここで, $\mathrm{Arg}(p_n/p) \to 0$ $(n \to \infty)$ かつ $|\mathrm{Arg}(1+a_n)| \leq \pi$ であるから, 十分大きなすべての n に対して $h_{n+1} = h_n$ でなければならない. すなわち, h_n は 1 つの決まった整数 h に等しくなる. よって, $\mathrm{Log}(p_n/p) = s_n - \mathrm{Log}\, p + h2\pi i \to 0$ $(n \to \infty)$ から $s_n \to \mathrm{Log}\, p - h2\pi i$ が成り立つ. ∎

無限乗積 $\prod_{n=1}^{\infty}(1+a_n)$ は, 対応する級数 $\sum_{n=1}^{\infty} \log(1+a_n)$ が絶対収束するときに, **絶対収束**するという. そのための必要十分条件は $\sum_{n=1}^{\infty} |a_n|$ が収束することであることが, 次のようにして分かる. まず, 2 つの級数 $\sum_{n=1}^{\infty} \log(1+a_n)$ または $\sum_{n=1}^{\infty} |a_n|$ のどちらかが収束すれば, $a_n \to 0$ $(n \to \infty)$ である. このとき, 極限の式 $\lim_{n \to \infty} \{\mathrm{Log}(1+a_n)\}/a_n = 1$ より, 任意の $\varepsilon > 0$ に対して十分大きな n をとると

$$(1-\varepsilon)|a_n| < |\mathrm{Log}(1+a_n)| < (1+\varepsilon)|a_n|$$

が成立する. よって, 2 つの級数は同時に絶対収束する. したがって, 次の定理が成り立つ:

定理5-7 無限乗積 $\prod_{n=1}^{\infty}(1+a_n)$ が絶対収束するための必要十分条件は, $\sum_{n=1}^{\infty} |a_n|$ が収束することである.

各因数が関数であるときの**無限乗積の一様収束**については, 関数列の場合を参照すると, その定義および意味は明らかであろう. 零点の存在が多少問題であるが, たかだか有限個の因数だけが零点をもつような変数の集合を考えることにより, 通常はその困難を避け得る. その零点をもつ有限個の因数を除いた残りの無限乗積の一様収束の性質を調べれば十分である.

$|z| < \infty$ で有理型な関数の部分分数展開を求めるためのコーシーの方法につ

いて述べるための準備として，次の定理を証明する．

定理5-8 $|z|<\infty$ で有理型な関数 $f(z)$ の原点 $z_0=0$ および原点以外の順序
づけられた点 z_n（$n=1,2,\cdots$；$|z_n|<|z_{n+1}|$）における極を考え，各点 z_k
（$k=0,1,2,\cdots$）のまわりの $f(z)$ のローラン展開の主要部を $p_k(z)$ とする．
もし原点が正則点ならば，$p_0(z)\equiv 0$ とおくものとする．原点を囲む単一
閉曲線 C_n として半径 R_n が $|z_n|<R_n<|z_{n+1}|$ なる円をとると，C_n の内部
に含まれる極は $z_0,z_1,\cdots,z_n$ のみである．q を1つの自然数とし，ζ につい
て有理型な関数

$$-f(\zeta)\frac{1-\left(\dfrac{z}{\zeta}\right)^q}{\zeta-z} = -f(\zeta)\sum_{j=0}^{q-1}\frac{z^j}{\zeta^{j+1}}$$

の $\zeta=z_k$ のまわりのローラン展開における $(\zeta-z_k)^{-1}$ の係数を $h_k(z)$（z の
多項式）で表わす．このとき，C_n の内部の点 $z\neq z_k$ に対して

$$f(z) = \sum_{k=0}^{n}(p_k(z)-h_k(z))+\frac{z^q}{2\pi i}\oint_{C_n}\frac{f(\zeta)}{\zeta^q(\zeta-z)}d\zeta \tag{5.14}$$

が成り立つ．

［証明］　定理の式の右辺の剰余項

$$R(z) = \frac{1}{2\pi i}\oint_{C_n}\frac{z^q f(\zeta)}{\zeta^q(\zeta-z)}d\zeta$$

における被積分関数が積分路 C_n 内にもつ極は，たかだか $n+2$ 個の点 z,z_k（k
$=0,1,2,\cdots,n$）にある．$\zeta=z$ の留数は $f(z)$ となり，また，$\zeta=z_k$ の近傍で

$$\frac{z^q f(\zeta)}{\zeta^q(\zeta-z)} = f(\zeta)\left(\frac{1}{\zeta-z}-\sum_{j=0}^{q-1}\frac{z^j}{\zeta^{j+1}}\right) = f(\zeta)\left(-\sum_{m=0}^{\infty}\frac{(\zeta-z_k)^m}{(z-z_k)^{m+1}}-\sum_{j=0}^{q-1}\frac{z^j}{\zeta^{j+1}}\right)$$

と書けるから，$f(\zeta)$ の主要部を $p_k(\zeta)=\sum_{l=1}^{\infty}a_{-l}/(\zeta-z_k)^l$ と表わしてみると容易
にわかるように，被積分関数の $\zeta=z_k$ における留数は $-p_k(z)+h_k(z)$ に等し
くなる．ゆえに，留数の定理により

$$R(z) = f(z)+\sum_{k=0}^{n}(-p_k(z)+h_k(z))$$

となり，証明すべき関係式が得られた．■

問 5-3　定理 5-8 において $f(z)$ が原点で正則であるとき，$q=1$ の場合に

$$\frac{z}{2\pi i}\oint_{C_n}\frac{f(\zeta)}{\zeta(\zeta-z)}d\zeta = f(z)-f(0)+\sum_{k=1}^{n}(-p_k(z)+p_k(0)) \tag{5.15}$$

が成り立つことを示せ．

定理 5-9　$|z|<\infty$ で有理型な関数 $f(z)$ の順序づけられた極 z_n（$n=1,2,\cdots:|z_n|<|z_{n+1}|$）がことごとく 1 位で留数 r_n をもち，かつ $f(z)$ は原点で正則であるものとする．また，q を 1 つの自然数として，C_n 上で $f(z)=o(R_n^q)$ とする．ここで，C_n は原点と極 $z_1,\cdots,z_n$ を囲む単一閉曲線で，R_n は原点と C_n との距離である．ただし，$R_n\to\infty$（$n\to\infty$）が成り立つものとする．例えば C_n として，原点を中心とする半径 R_n（$|z_n|<R_n<|z_{n+1}|$）の円周をとる．このとき $z\neq z_n$ なる任意の有限な z に対して

$$\begin{aligned}f(z) &= \sum_{j=0}^{q-1}\frac{f^{(j)}(0)}{j!}z^j - \sum_{n=1}^{\infty}\frac{r_n z^q}{z_n^q(z_n-z)} \\ &= \sum_{j=0}^{q-1}\frac{f^{(j)}(0)}{j!}z^j + \sum_{n=1}^{\infty}r_n\Big(\frac{1}{z-z_n}+\sum_{j=0}^{q-1}\frac{z^j}{z_n^{j+1}}\Big)\end{aligned} \tag{5.16}$$

が成り立つ．これを**部分分数展開**（development in partial fractions）という．

［証明］　定理 5-8 を適用すると

$$p_0(z)=0,\qquad h_0(z)=-\sum_{j=0}^{q-1}\frac{f^{(j)}(0)}{j!}z^j$$

$$p_n(z)=\frac{r_n}{z-z_n},\quad h_n(z)=-r_n\sum_{j=0}^{q-1}\frac{z^j}{z_n^{j+1}}=\frac{r_n z^q}{z_n^q(z_n-z)}-\frac{r_n}{z_n-z}\quad(n\geqq 1)$$

に注意して

$$f(z)=\sum_{j=1}^{q-1}\frac{f^{(j)}(0)}{j!}z^j-\sum_{k=1}^{n}\frac{r_k z^q}{z_k^q(z_k-z)}+\frac{z^q}{2\pi i}\oint_{C_n}\frac{f(\zeta)}{\zeta^q(\zeta-z)}d\zeta$$

$f(z)$ についての仮定を用いて，右辺の剰余項を評価すると

$$\left|\frac{z^q}{2\pi i}\oint_{C_n}\frac{f(\zeta)}{\zeta^q(\zeta-z)}d\zeta\right|\leqq\frac{|z|^q}{2\pi}\frac{o(R_n^q)}{R_n^q(R_n-|z|)}2\pi R_n=o(1)\quad(n\to\infty)$$

したがって，(5.16)式が得られる．∎

定理 5-9 の単一閉曲線 C_n は円から変形されたものでもよい. このとき, C_n の長さ L_n に対して $L_n = O(R_n)$ であることが要請される.

この定理の具体的応用例として, 複素関数 $1/\sin z$ の部分分数展開を導こう.

例題 5-1 次の部分分数展開式が成り立つことを示せ.

$$\frac{1}{\sin z} = \frac{1}{z} + \sum_{n=-\infty}^{+\infty}{}' (-1)^n \left(\frac{1}{z-n\pi} + \frac{1}{n\pi} \right) \tag{5.17}$$

ここで記号 $\displaystyle\sum_{n=-\infty}^{+\infty}{}'$ は, $n=0$ を除いたすべての整数について和をとることを意味する.

[解] 複素関数 $f(z)$ として

$$f(z) = \frac{1}{\sin z} - \frac{1}{z} \quad (0 < |z| < \infty), \quad f(0) = 0$$

を考える. $f(z)$ は $|z| < \infty$ で有理型で, 原点 $z=0$ で正則である. また $f(z)$ は, 各点 $z = n\pi \, (n = \pm 1, \pm 2, \cdots)$ に, 留数 $\mathrm{Res}(n\pi) = (-1)^n$ なる 1 位の極をもつ. 4 点 $\pm(n+1/2)\pi \pm (n+1/2)\pi i$ を頂点とする正方形の周を C_n とすると (図 5-4 参照), C_n の内部にある極の数は $2n$, 原点から C_n までの距離は $R_n = (n+1/2)\pi$, C_n の長さは $L_n = 8C_n$ である. ここで, $f(z)$ は C_n 上で $f(z) = o(R_n)$ であることを示そう. まず $z = x \pm (n+1/2)\pi i$ のとき,

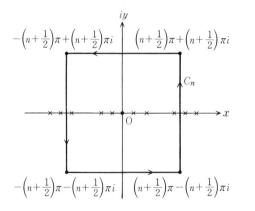

図 5-4

$$\frac{1}{|\sin z|} = \frac{2}{|e^{iz}-e^{-iz}|} \leqq \frac{2}{e^{(n+1/2)\pi}-e^{-(n+1/2)\pi}} = \frac{1}{\sinh(n+1/2)\pi} = o(1)$$

また $z = \pm(n+1/2)\pi + iy$ のとき,

$$\frac{1}{|\sin z|} = \frac{2}{|e^{iz}-e^{-iz}|} = \frac{2}{e^y+e^{-y}} = \frac{1}{\cosh y} = O(1)$$

である. 一方, C_n 上で $1/|z| \leqq O(1/R_n) = o(1)$ であるから, 定理 5-9 の条件は $q=1$ としてすべて満たされている. したがって,

$$f(z) = \frac{1}{\sin z} - \frac{1}{z} = \sum_{n=1}^{\infty}(-1)^n\Big(\frac{1}{z-n\pi}+\frac{1}{n\pi}+\frac{1}{z-(-n\pi)}+\frac{1}{-n\pi}\Big)$$

$$= \sum_{n=1}^{\infty}(-1)^n\Big(\frac{1}{z-n\pi}+\frac{1}{n\pi}\Big) + \sum_{n=1}^{\infty}(-1)^n\Big(\frac{1}{z+n\pi}-\frac{1}{n\pi}\Big)$$

最後の変形は, 右辺の各級数が絶対収束するので許される. これを書き換えると, 求める展開式が得られる. ∎

上記の展開式は

$$\frac{1}{\sin z} = \frac{1}{z} + 2z\sum_{n=1}^{\infty}\frac{(-1)^n}{z^2-n^2\pi^2} \tag{5.18}$$

と表わしてもよい. (5.17),(5.18)とも, $|z|<\infty$ から極を除いた領域で広義一様に収束する.

問 5-4 次の部分分数展開式を証明せよ.

(i) $\dfrac{1}{\cos z} = 1 + \displaystyle\sum_{n=-\infty}^{+\infty}(-1)^n\Big(\frac{1}{z-(2n-1)\pi/2}+\frac{1}{(2n-1)\pi/2}\Big)$ (5.19a)

(ii) $\cot z = \dfrac{1}{z} + \displaystyle\sum_{n=-\infty}^{+\infty}{}'\Big(\frac{1}{z-n\pi}+\frac{1}{n\pi}\Big)$ (5.19b)

(iii) $\tan z = -\displaystyle\sum_{n=-\infty}^{+\infty}\Big(\frac{1}{z-(2n-1)\pi/2}+\frac{1}{(2n-1)\pi/2}\Big)$ (5.19c)

定理 5-10 定理 5-9 の仮定が $q=1$ に対して満足されているとき, $f(z)$ の表示(5.16)(ただし, $q=1$)の級数が 1 位の極 $z_1, z_2, \cdots$ を除いた $|z|<\infty$ なる領域で広義一様に収束すれば,

$$\exp\int_0^z f(z)dz = e^{f(0)z}\prod_{n=1}^{\infty}\Big(1-\frac{z}{z_n}\Big)^{r_n}e^{r_n z/z_n} \tag{5.20}$$

となる.

[証明] $q=1$ とおいた(5.16)を項別積分して, 両辺に exp をほどこして指数関数の肩にのせると, (5.20)が得られる. ▮

この定理の応用として, 三角関数の無限乗積展開を考察しよう.

例題 5-2 無限乗積展開

$$\sin z = z \prod_{n=-\infty}^{+\infty}{}' \left(1-\frac{z}{n\pi}\right)e^{z/n\pi} = z \prod_{n=1}^{\infty}\left(1-\frac{z^2}{n^2\pi^2}\right) \tag{5.21}$$

を証明せよ. ここで記号 $\displaystyle\prod_{n=-\infty}^{+\infty}{}'$ は, $n=0$ を除くすべての整数にわたる積を表わす.

[解] 複素関数 $f(z)=\cot z -1/z=(\log\sin z-\log z)'$ を考える. (5.19b)を使って積分を実行すると,

$$\int_0^z f(z)dz = \log\frac{\sin z}{z} = C + \sum_{n=-\infty}^{+\infty}{}' \left(\log(z-n\pi)-\log(-n\pi)+\frac{z}{n\pi}\right)$$

$$= C + \sum_{n=-\infty}^{+\infty}{}' \left(\log\left(1-\frac{z}{n\pi}\right)+\frac{z}{n\pi}\right)$$

ここで, C は定数であり, $\log$ はいずれも適当な分岐の値である. 両辺に exp なる操作を作用させると

$$\frac{\sin z}{z} = e^C \prod_{n=-\infty}^{+\infty}{}' \left(1-\frac{z}{n\pi}\right)e^{z/n\pi}$$

が得られる. ここで, 定数 C を決めるために $z=0$ とおくと, $e^C=1$ となる. これをまとめ直すと, (5.21)の最後の式は得られる. ▮

原点で 0 とならない整関数 $F(z)$ が与えられたとき, 関数 $f(z)=F'(z)/F(z)$ が上記の定理の条件を満たすならば, z_n $(n=1,2,\cdots)$ は $F(z)$ の零点, r_n はその位数にあたる. $F(z)$ の零点 $\{z_n\}$ を位数に応じて繰り返しを許して並べたものを, あらためて重複を許す 1 位の零点 $\{w_j\}$ $(j=1,2,\cdots)$ とすると,

$$\exp\int_0^z f(z)dz = \exp\int_0^z \frac{F'(z)}{F(z)}dz = \frac{F(z)}{F(0)}$$

であるから，無限乗積が収束する限り

$$F(z) = F(0)e^{F'(0)z/F(0)} \prod_{j=1}^{\infty}\left(1-\frac{z}{w_j}\right)e^{z/w_j} \tag{5.22}$$

なる形の無限乗積表示が得られる．

　ミッタグ・レフラー（Mittag-Leffler）の定理　各項が相異なる数列 $\{z_k\}$（z_0 $=0$; $k=0,1,2,\cdots$）において，$z_k\to\infty$（$k\to\infty$）とする．各 z_k に対して分数式

$$p_k(z) = \sum_{n=1}^{n_k}\frac{a_{-n}^{(k)}}{(z-z_k)^n}$$

を与えるとき，極 $\{z_k\}$（$k=0,1,2,\cdots$）を除いた複素平面上（$|z|<\infty$）で正則で，かつ z_k におけるローラン展開の主要部が $p_k(z)$ であるような有理型関数 $f(z)$ が存在する．さらに，このような有理型関数は常に，ある整関数 $F(z)$ と適当な多項式 $h_k(z)$ とで

$$f(z) = F(z)+p_0(z)+\sum_{n=1}^{\infty}(p_k(z)-h_k(z)) \tag{5.23}$$

という形に書ける．

　［証明］　$|z_0|=0<|z_1|<|z_2|<\cdots$ と仮定しても一般性を失わない．$k\geqq1$ については $p_k(z)$ は $|z|<|z_k|$ で正則であるから，原点のまわりのテイラー展開

$$p_k(z) = \sum_{n=0}^{\infty}c_n^{(k)}z^n$$

は，$|z|\leqq|z_k|/2$ で一様収束する．したがって，十分大きい整数 N_k をとって $h_k(z)=\sum_{n=0}^{N_k}c_n^{(k)}z^n$ とおくと，$|p_k(z)-h_k(z)|<2^{-k}$（$|z|\leqq|z_k|/2$）とすることができる．ここで

$$g(z) = p_0(z)+\sum_{k=1}^{\infty}(p_k(z)-h_k(z))$$

のようにおくと，この $g(z)$ は，求める 1 つの有理型関数である．なぜならば，任意の正の数 R に対して，十分大きな k_0 をとると，$k\geqq k_0$ に対して $|z_k|\geqq2R$ である．ゆえに，$|z|\leqq R$ において整級数

$$\sum_{k=k_0}^{\infty} (p_k(z) - h_k(z))$$

は優級数 $\sum_{k=k_0}^{\infty} 2^{-k}$ をもつことになり，そこで一様収束するから，1つの正則関数を表わす．一方，

$$p_0(z) + \sum_{k=1}^{k_0-1} (p_k(z) - h_k(z))$$

は有理関数で，$|z| \le R$ において指定された通りの極 z_k（$|z_k| < R$）をもち，z_k におけるその主要部は $p_k(z)$ に等しい．R は任意であるから，$g(z)$ は求める1つの関数である．さて，同じ主要部をもつ2つの有理型関数の差は，主要部が互いに打ち消し合うから，明らかにある整関数 $F(z)$ でなければならないから，求める有理型関数の一般的表現として(5.23)が得られる．∎

第5章演習問題

[1] $0 < |a| < |b|$ のとき，関数

$$f(z) = \frac{1}{z(z-a)(z-b)}$$

の $z=0$ でのローラン展開を，次の領域：

(i) $D_1 : 0 < |z| < |a|$，　(ii) $D_2 : |a| < |z| < |b|$，　(iii) $D_3 : |b| < |z| < \infty$
で求めよ．

[2] パラメータ t を含む z の関数 $f(z, t) = \exp\left[\dfrac{t}{2}\left(z - \dfrac{1}{z}\right)\right]$ のローラン展開を $\sum_{n=-\infty}^{\infty} J_n(t) z^n$ とすれば，

$$J_n(t) = (-1)^n J_{-n}(t) = \frac{1}{\pi} \int_0^\pi \cos(n\theta - t\sin\theta) d\theta$$

であることを証明せよ．$J_n(t)$ は n 位の**第1種ベッセル(Bessel)関数**である．

[3] 関係式

(i) $\operatorname{cosec}^2 z = \sum_{n=-\infty}^{\infty} \dfrac{1}{(z-n\pi)^2}$，　(ii) $\sec^2 z = \sum_{n=-\infty}^{\infty} \dfrac{1}{(z-(2n-1)\pi/2)^2}$

を証明せよ．

[4]　$0<|a|<|b|$ のとき，関数

$$f(z) = \frac{1}{z(z-a)(z-b)}$$

の極 $z=0, a, b$ における留数を求めよ．また，$R>|b|$ のとき，

$$\frac{1}{2\pi i}\oint_{|z|=R} f(z)dz$$

を求めよ．

[5]　関数 $f(z)$ の極 $z=a$ における主要部を $p(z)=\sum_{n=1}^{m}\frac{b_{-n}}{(z-a)^n}$ とするとき，$\frac{f(z)}{\zeta-z}$ の極 $z=a$ における留数を求めよ．ただし，ζ は a と異なる定数とする．

[6]　関係式

$$\pi z\left(1+\frac{z}{1}\right)\left(1+\frac{z}{2}\right)\left(1-\frac{z}{1}\right)\left(1+\frac{z}{3}\right)\left(1+\frac{z}{4}\right)\left(1-\frac{z}{2}\right)\cdots$$

$$= \pi z\prod_{n=1}^{\infty}\left(1+\frac{z}{2n-1}\right)\left(1+\frac{z}{2n}\right)\left(1-\frac{z}{n}\right)$$

$$= e^{z\log 2}\sin\pi z$$

を証明せよ．

[7]　$(1-z)^{-i}=\sum_{n=0}^{\infty}a_n z^n\ (a_0=1)$ とすれば，

$$\lim_{n\to\infty} n|a_n| = \sqrt{\frac{\sinh\pi}{\pi}}$$

であることを証明せよ．

[8]　$|z|<1$ のとき，

$$\prod_{n=0}^{\infty}(1+z^{2^n}) = \frac{1}{1-z}$$

であることを証明せよ．

[9]　単純閉曲線 C で囲まれた領域 D で，$f(z)$ が k_i 位の零点 $z=a_i$ と l_j 位の極 $z=b_j$ をもつとする．$g(z)$ が D で正則であるとき，次の式が成り立つことを証明せよ．

$$\frac{1}{2\pi i}\oint_C g(z)\frac{f'(z)}{f(z)}dz = \sum_i k_i g(a_i) - \sum_j l_j g(b_j)$$

（定理 5-5(偏角の原理) は $g(z)=1$ の場合である．）

[10]　正則関数 $f(z)$ の関係式 $f(z)\equiv h(z)-w=0$ が，与えられた $w\,(|w-w_0|<\delta)$ に対して円内($|z-z_0|<\varepsilon$)に1個の根 $z=h^{-1}(w)$ をもつとする．逆関数 $h^{-1}(w)$ の表示

$$h^{-1}(w) = \frac{1}{2\pi i} \oint_{|z - z_0| = \varepsilon} \frac{h'(z)}{h(z) - w} z \, dz$$

が成り立つことを証明せよ.

6 実定積分計算への応用

複素積分および留数の定理を使って実定積分を計算することは，複素関数の重
要な応用のひとつである．実用上の計算技術については，個々の問題に応じて
適切な工夫が必要であるが，その計算法に関しては，いくつかの型に分類でき
る．

　注意すべきことは，この方法は応用範囲は広いが万能ではないことである．
複素積分を実定積分の計算に応用するに際して，その限界を示す問題が2つあ
る．まず，実定積分の被積分関数が，その積分変数を複素変数のパラメータと
して読み代えるかまたは複素領域に拡張するなどして，正則関数に関係づけら
れるようなものでなければならない．これは普通可能なので，それほど大きな
問題ではない．もうひとつの問題は，複素積分の方法は閉曲線に対して適用さ
れるが，実定積分は実軸上の区間すなわち開曲線上で行われる．与えられた実
定積分を閉曲線上の積分に帰着させるには，特別の工夫が必要である．

　このようなことを，例示しながら説明しよう．

6-1　一般的準備

まず，よく使われる関係式を一般的に証明しておこう．

　ジョルダン(Jordan)の補助定理　上半平面 $\operatorname{Im} z \geqq 0$ で有理型な関数 $f(z)$ が，

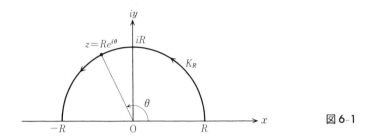

図6-1

$0 \leqq \theta \leqq \pi$ なる θ について一様に条件 $f(Re^{i\theta}) \to 0$ $(R \to \infty)$ を満たすとき，任意の正の数 $m > 0$ をとると，開曲線 $K_R: z = Re^{i\theta}$ $(0 \leqq \theta \leqq \pi)$（図6-1参照）に対して

$$\lim_{R \to \infty} \int_{K_R} e^{imz} f(z) dz = 0 \quad (m > 0) \tag{6.1}$$

が成り立つ．

［証明］ K_R 上における $f(z)$ の最大値を $M(R)$ とすると，ジョルダンの不等式（問6-1参照）を用いて

$$\left| \int_{K_R} e^{imz} f(z) dz \right| \leqq \int_0^\pi e^{-mR\sin\theta} M(R) R d\theta = 2RM(R) \int_0^{\pi/2} e^{-mR\sin\theta} d\theta$$

$$\leqq 2RM(R) \int_0^{\pi/2} e^{-2mR\theta/\pi} d\theta = 2RM(R) \frac{\pi}{2mR}(1 - e^{-mR}) < \frac{\pi}{m} M(R)$$

仮定の条件より $M(R) \to 0$ $(R \to \infty)$ であるから，上の積分は0に収束する． ∎

この応用として，$z = e^{i\pi} w = e^{i\pi} e^{i\varphi}$ とおいて，$f(w) \equiv g(e^{i\pi} w)$ $(0 \leqq \varphi \leqq \pi)$ に上記のジョルダンの補助定理を適用すればすぐ証明されるように，下半平面 $\operatorname{Im} z \leqq 0$ で有理型な関数 $g(z)$ が，$\pi \leqq \theta \leqq 2\pi$ なる θ について一様に条件 $g(Re^{i\theta}) \to 0$ $(R \to \infty)$ を満たすとき，任意の負の数 $m = -|m| < 0$ をとると，開曲線 $K_R': z = Re^{i\theta}$ $(\pi \leqq \theta \leqq 2\pi)$ $(K_R: w = Re^{i\varphi}$ $(0 \leqq \varphi \leqq \pi))$ に対して

$$\lim_{R \to \infty} \int_{K_R'} e^{imz} g(z) dz = -\lim_{R \to \infty} \int_{K_R} e^{i|m|w} f(w) dw = 0 \quad (m < 0) \tag{6.2}$$

が成り立つ．

問6-1 ジョルダンの不等式

$$\frac{2\theta}{\pi} \leqq \sin\theta \leqq \theta \quad \left(0\leqq\theta\leqq\frac{\pi}{2}\right) \tag{6.3}$$

を証明せよ.

例題 6-1 点 a を中心とする半径 ρ の円周上に弧 K_ρ（図6-2参照）をとり，a から K_ρ を見込む角を α_ρ（$0\leqq\alpha_\rho\leqq2\pi$）とする．$f(z)$ が a を1位の極とするとき，$\displaystyle\lim_{\rho\to0}\alpha_\rho=\alpha$ ならば，

$$\lim_{\rho\to0}\int_{K_\rho} f(z)dz = -\alpha i\,\mathrm{Res}(a) \tag{6.4}$$

ただし，$\mathrm{Res}(a)$ は $f(z)$ の極 a における留数を表わし，積分は K_ρ 上を a に関して負の向きにまわるとする.

［解］ $\mathrm{Res}(a)=a_{-1}$ とおいて $f(z)=a_{-1}/(z-a)+g(z)$ と表わすと，$g(z)$ は a で正則である．ゆえに，適当な近傍 $|z-a|<\rho_0$ で $g(z)$ は有界：$|g(z)|\leqq M$ である．したがって，$0<\rho<\rho_0$ に対して

$$\left|\int_{K_\rho} g(z)dz\right| \leqq M2\pi\rho, \quad \text{ゆえに} \quad \lim_{\rho\to0}\int_{K_\rho} g(z)dz = 0$$

K_ρ の始点と終点をそれぞれ $a+\rho e^{i\theta_1}$, $a+\rho e^{i\theta_2}$ とすると，

$$\int_{K_\rho}\frac{a_{-1}}{z-a}dz = \int_{\theta_1}^{\theta_2} a_{-1}id\theta = a_{-1}i(\theta_2-\theta_1) = -\alpha_\rho ia_{-1} \to -\alpha ia_{-1} \quad (\rho\to0)$$

であるから，式(6.4)が成り立つ. ∎

コーシーの主値 実軸上で定義された有界な関数 $f(x)$ に対して，無限区間の積分 $J=\displaystyle\int_{-\infty}^{\infty} f(x)dx$ を考える．実軸上に点 c をとって $J=\displaystyle\int_{-\infty}^{c} f(x)dx +$

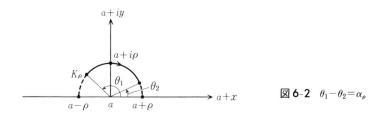

図 6-2 $\theta_1-\theta_2=\alpha_\rho$

$\int_c^\infty f(x)dx$ とすると，J は，**広義の積分**（improper Riemann integral）として，次の 2 つの積分の有限な極限値の和で定義される：

$$J = \int_{-\infty}^\infty f(x)dx \equiv \lim_{X_1\to\infty}\int_{-X_1}^c f(x)dx + \lim_{X_2\to\infty}\int_c^{X_2} f(x)dx \qquad (6.5)$$

2 つの積分がそれぞれ発散する場合でも，次の極限が有限になるとき，その有限な極限値を

$$\mathrm{p.\,v.}\ J = \mathrm{p.\,v.}\int_{-\infty}^\infty f(x)dx \equiv \lim_{R\to\infty}\int_{-R}^R f(x)dx \qquad (6.6)$$

と書き，J における**コーシーの主値**（principal value）を定義する．例えば，$f(x)=x$ のとき，J は発散して定義されないが，J のコーシーの主値は

$$\mathrm{p.\,v.}\ J = \mathrm{p.\,v.}\int_{-\infty}^\infty xdx = \lim_{R\to\infty}\left(\frac{R^2}{2}-\frac{R^2}{2}\right) = 0$$

となって意味をもつ．

有限区間の積分 $J'=\int_a^b f(x)dx$ に対しても，**コーシーの主値**が次のように定義される．すなわち，関数 $f(x)$ が 1 点 $x=c$ を除いて 2 つの区間 $a\leqq x<c$ と $c<x\leqq b$ で有界であるとき，次の 2 つの積分の和の極限

$$\mathrm{p.\,v.}\ J' = \mathrm{p.\,v.}\int_a^b f(x)dx = \lim_{\varepsilon\to0}\left(\int_a^{c-\varepsilon} f(x)dx + \int_{c+\varepsilon}^b f(x)dx\right) \qquad (6.7)$$

が存在して有限ならば，これを積分 $J'=\int_a^b f(x)dx$ のコーシーの主値といい，(6.7)式のように書く．例えば，$f(x)=1/x$ のとき，2 つの積分区間 $[-1,0)$，$(0,2]$ に対して，それぞれの積分の極限は発散するので，J' の広義の積分は存在しない：

$$J' = \int_{-1}^2 \frac{dx}{x} = \lim_{\varepsilon\to0}\int_{-1}^{-\varepsilon}\frac{dx}{x} + \lim_{\varepsilon'\to0}\int_{\varepsilon'}^2\frac{dx}{x} = \text{発散}$$

一方，$\varepsilon=\varepsilon'$ とおいて得られる J' のコーシーの主値は存在して，

$$\mathrm{p.\,v.}\ J' = \mathrm{p.\,v.}\int_{-1}^2 \frac{dx}{x} = \lim_{\varepsilon\to0}\left(\int_{-1}^{-\varepsilon}\frac{dx}{x} + \int_\varepsilon^2\frac{dx}{x}\right) = \lim_{\varepsilon\to0}\left(\log\varepsilon + \log\frac{2}{\varepsilon}\right) = \log 2$$

となる．

なお，当然のことであるが，上記の積分 J,J' において広義の積分が存在す

るならば，その値はコーシーの主値に一致する．すなわち，コーシーの主値は，積分 J, J' が有限であることが示されれば，その正しい有限値を与える．

6-2 有理型関数の積分

複素積分を使った実定積分の計算をいくつかの型に分類して説明し，実例でその計算方法を示すことにする．

I $\cos\theta, \sin\theta$ の有理関数 $R(\cos\theta, \sin\theta)$ $(0 \leqq \theta \leqq 2\pi)$ を被積分関数とする定積分 $\int_0^{2\pi} R(\cos\theta, \sin\theta) d\theta$ は，$e^{i\theta}=z,\ d\theta=dz/(iz)$ の置き換えで

$$\int_0^{2\pi} R(\cos\theta, \sin\theta) d\theta = \oint_C R\left(\frac{1}{2}\left(z+\frac{1}{z}\right), \frac{1}{2i}\left(z-\frac{1}{z}\right)\right)\frac{dz}{iz} \tag{6.8}$$

となる．したがって，定積分は単位円 $|z|=1$ 上を反時計回りに1周する閉曲線 C を積分路とする z の有理関数の複素積分となり，留数の定理が使える．

［例1］ $I=\displaystyle\int_0^{2\pi}\frac{\cos\theta}{1+2a\cos\theta+a^2}d\theta$ $(0<|a|<1)$ を求める．
上記の置き換えをすると

$$I = \oint_{|z|=1} \frac{\frac{1}{2}\left(z+\frac{1}{z}\right)}{1+a\left(z+\frac{1}{z}\right)+a^2}\frac{1}{iz}dz = \frac{1}{2i}\oint_{|z|=1}\frac{z^2+1}{z(1+az)(z+a)}dz$$

右辺の被積分関数は $z=0, -a, -1/a$ に1位の極をもつ．単位円内の極の留数は，

$$\text{Res}(0) = \lim_{z\to 0}\frac{z^2+1}{(1+az)(z+a)} = \frac{1}{a}$$

$$\text{Res}(-a) = \lim_{z\to -a}\frac{z^2+1}{z(1+az)} = -\frac{a^2+1}{a(1-a^2)}$$

であるから，定積分の値は

$$I = \frac{1}{2i}2\pi i\{\text{Res}(0)+\text{Res}(-a)\} = \frac{2\pi a}{a^2-1}$$

で与えられる．■

問 6-2 $I=\displaystyle\int_0^{2\pi}\frac{\cos\theta}{1+2a\sin\theta+a^2}d\theta=0$ $(0<|a|<1)$ であることを，複素積分の留数

計算で確かめよ.

II　有理関数 $R(x)=P(x)/Q(x)$ の定積分 $I=\displaystyle\int_{-\infty}^{\infty}R(x)dx$ を考える. $P(x),Q(x)$ はそれぞれ p 次, q 次の多項式とする. $Q(x)$ が実根をもたず, かつその次数が $q\geqq p+2$ を満たすとき, 複素関数 $R(z=x+iy)$ に留数の定理を用いて,

$$I=\int_{-\infty}^{\infty}R(x)dx=\lim_{R\to\infty}\int_{-R}^{R}R(x)dx=\lim_{R\to\infty}\int_{C_R}R(z)dz=2\pi i\sum_{y>0}\operatorname{Res}R(z)$$

(6.9)

が得られる. 最後の項は, 上半平面内にある $R(z)$ の留数の和を表わす. 上式において, まず, I は広義の積分として有限であるので, I の主値を与えれば求める答となることに注意しよう. また, 閉曲線 C_R(図 6-3 参照)は, 上半平面の半円周 K_R と実軸上の積分区間 $[-R,R]$ からなるが, 簡単な評価で半円周上の積分は 0 に収束することがわかる. すなわち, K_R 上における $|z^2R(z)|$ の最大値を M とすると, $\left|\displaystyle\int_{K_R}R(z)dz\right|\leqq\pi M/R\to0\ (R\to\infty)$. よって, 式(6.9)が成り立つ. $R(x)$ が偶関数ならば, $\displaystyle\int_0^{\infty}R(x)dx$ は定積分 I の半分として求められる.

[例 2]　$I=\displaystyle\int_0^{\infty}\frac{1}{x^2+a^2}dx\ (a>0)$ を求める.

積分

$$I=\frac{1}{2}\int_{-\infty}^{\infty}\frac{dx}{x^2+a^2}$$

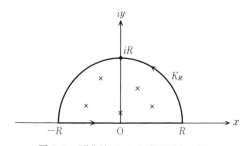

図 6-3　閉曲線 C_R と上半平面内の極 ×

を考える. 有理関数

$$R(z) = \frac{1}{z^2 + a^2} = \frac{1}{(z+ia)(z-ia)}$$

は，$z = \pm ia$ に極をもつ. 上半平面の留数は $\mathrm{Res}(ia) = 1/2ia$ であるから，

$$I = \frac{1}{2} 2\pi i \frac{1}{2ia} = \frac{\pi}{2a}$$

である. ∎

III　　同じように，$R(x) = P(x)/Q(x)$ が有理関数，$P(x), Q(x)$ がそれぞ
れ p 次，q 次の多項式とするとき，任意の正の数 $m > 0$ に対する定積分 $I = \int_{-\infty}^{\infty} e^{imx} R(x) dx$ を考えよう. I は広義の積分である. 次数が $q \geqq p+1$ のとき，
$R(z)$ はジョルダンの補助定理の仮定を満たす. したがって，$Q(x)$ が実根を
もたなければ，閉曲線 C_R（図6-3参照）をとると，関係式

$$\lim_{R \to \infty} \int_{-R}^{R} e^{imx} R(x) dx + \lim_{R \to \infty} \int_{K_R} e^{imz} R(z) dz = 2\pi i \sum_{y > 0} \mathrm{Res}(z) \quad (m > 0)$$

が成り立ち，半円周 K_R 上の複素積分の寄与はジョルダンの補助定理により 0
に収束する. さて，実は別の方法で広義の積分 I は有限であることが証明でき
る（例題6-2を参照せよ）ので，主値 $\mathrm{p. v.} I = \lim_{R \to \infty} \int_{-R}^{R} e^{imx} R(x) dx$ は広義の積分
I の答にほかならない. よって，

$$I = \int_{-\infty}^{\infty} e^{imx} R(x) dx = 2\pi i \sum_{y > 0} \mathrm{Res}(z) \quad (m > 0) \tag{6.10}$$

が得られる. ここで，右辺の留数の和は，関数 $f(z) = e^{imz} R(z)$ に対するもの
であることに注意しよう.

例題6-2　式(6.10)を，積分 I が有限であることも含めて，証明せよ.

［解］　図6-4に示したように，X_1, X_2, Y を十分大きくとって，4 点 $-X_1$，
$X_2, X_2 + iY, -X_1 + iY$ を頂点とする長方形の閉曲線 $C = K_1 + K_2 + K_3 + K_4$ の内
部に，$R(z)$ の上半平面内にある有限個の極がすべて入るようにする. 関数
$e^{imz} R(z)$ の閉曲線 C 上の積分を考えると，留数の定理により

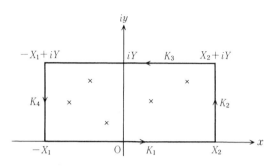

図 6-4 閉曲線 $C = K_1 + K_2 + K_3 + K_4$ と上半平面内の極 ×

$$\int_C e^{imz}R(z)dz = \left(\int_{K_1} + \int_{K_2} + \int_{K_3} + \int_{K_4}\right)e^{imz}R(z)dz = \sum_{y>0}\mathrm{Res}(z=x+iy)$$

である. $q \geqq p+1$ の仮定から, $zR(z)$ は有界である：$|zR(z)| \leqq M$. よって, K_2 上の積分は

$$\left|\int_{K_2}e^{imz}R(z)dz\right| \leqq \int_{K_2}\left|\frac{e^{imz}M}{z}\right||dz| \leqq \frac{M}{X_2}\int_0^Y e^{-my}dy = \frac{M}{mX_2}(1-e^{-mY})$$

でおさえられる. 同様に, K_4 上の積分の上限は $\dfrac{M}{mX_1}(1-e^{-mY})$ で与えられる. さらに, 同様の考察で

$$\left|\int_{K_3}e^{imz}R(z)dz\right| \leqq M\frac{e^{-mY}}{Y}\int_{-X_1}^{X_2}dx = M(X_1+X_2)\frac{e^{-mY}}{Y}$$

が成り立つ. したがって, まず X_1, X_2 を止めて $Y \to \infty$ とすると, $\displaystyle\int_{K_1}e^{imz}R(z)$ $\displaystyle dz = \int_{-X_1}^{X_2}e^{imx}R(x)dx$ に注意して

$$\left|\int_{-X_1}^{X_2}e^{imx}R(x)dx - \sum_{y>0}\mathrm{Res}(z=x+iy)\right| < \frac{M}{m}\left(\frac{1}{X_1}+\frac{1}{X_2}\right)$$

が得られる. 極限 $X_1, X_2 \to \infty$ をとると, 広義の積分 $\displaystyle I = \lim_{\substack{X_1 \to \infty \\ X_2 \to \infty}}\int_{-X_1}^{X_2}e^{imx}R(x)dx$ は有限となり, 式(6.10)が成り立つことが証明される. ▌

[例3] 積分 $\displaystyle I = \int_0^\infty \frac{\cos t}{t^2+a^2}dt$ $(a>0)$ を求める.
$t = ax$ なる変数変換をした積分

$$I = \frac{1}{2}\int_{-\infty}^\infty \frac{\cos t}{t^2+a^2}dt = \frac{1}{2a}\int_{-\infty}^\infty \frac{\cos ax}{x^2+1}dx$$

を考える．関数

$$f(z) = \frac{e^{iaz}}{z^2+1} = \frac{e^{iaz}}{(z+i)(z-i)}$$

の極は $z=\pm i$ で，上半平面内の留数は $\mathrm{Res}(i)=e^{-a}/2i$ であるから，

$$\frac{1}{2a}\int_{-\infty}^{\infty}\frac{e^{iax}}{x^2+1}dx = \frac{1}{2a}2\pi i\frac{e^{-a}}{2i} = \frac{\pi e^{-a}}{2a}$$

である．両辺の実部をとって

$$I = \frac{1}{2a}\int_{-\infty}^{\infty}\frac{\cos ax}{x^2+1}dx = \frac{\pi e^{-a}}{2a}$$

が求まる．∎

IV　II および III では簡単のため，$Q(x)$ が実根をもたない，すなわち $R(z)$ が実軸上に極をもたない，と仮定した．ここでは，その次数が II または III の条件を満たすような多項式 $P(x),Q(x)$ に対して，関数

$$f(z) = \frac{P(z)}{Q(z)} \quad または \quad f(z) = e^{imz}\frac{P(z)}{Q(z)} \quad (m>0) \tag{6.11}$$

が実軸上に 1 位の極をもつ場合への拡張を考察する．

まず簡単のために，$f(z)$ が実軸上の原点 $z=0$ に 1 位の極をもつときを考える．図 6-5 に示したように，2 つの半円周 K_R, K_ρ と実軸上の 2 つの区間 $[-R,-\rho],[\rho,R]$ からなる閉曲線 $C_{R,\rho}$ を定義する．留数の定理より，

$$\lim_{\substack{R\to\infty\\\rho\to0}}\int_{-R}^{-\rho}f(x)dx + \lim_{\rho\to0}\int_{K_\rho}f(z)dz + \lim_{\substack{R\to\infty\\\rho\to0}}\int_{\rho}^{R}f(x)dx + \lim_{R\to\infty}\int_{K_R}f(z)dz$$

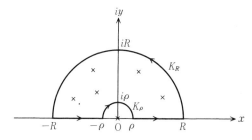

図 6-5　閉曲線 $C_{R,\rho}$ と原点および上半平面内の極 ×

$$= 2\pi i \sum_{y>0} \mathrm{Res}(z = x + iy)$$

例題 6-1 より，第 2 項は $\lim\limits_{\rho \to 0} \int_{K_\rho} f(z)dz = -\pi i \, \mathrm{Res}(0)$ となる．第 4 項は，II お
よび III で取り扱ったように，0 に収束する．また，第 1 項と第 3 項の極限
$\lim\limits_{R \to \infty}$ に対する広義積分は，II と III で説明したように，有限となることが示せ
る．したがって，関係式

$$\mathrm{p.v.} \int_{-\infty}^{\infty} f(x)dx = \lim_{\substack{R \to \infty \\ \rho \to 0}} \left(\int_{-R}^{-\rho} f(x)dx + \int_{\rho}^{R} f(x)dx \right)$$

$$= \lim_{\rho \to 0} \left(\int_{-\infty}^{-\rho} f(x)dx + \int_{\rho}^{\infty} f(x)dx \right)$$

$$= 2\pi i \sum_{y>0} \mathrm{Res}(z) + \pi i \, \mathrm{Res}(0) \tag{6.12}$$

が得られる．$f(z)$ が実軸上に複数個の 1 位の極をもつときは，この式は

$$\mathrm{p.v.} \int_{-\infty}^{\infty} f(x)dx = \lim_{\rho \to 0} \left(\int_{-\infty}^{-\rho} f(x)dx + \int_{\rho}^{\infty} f(x)dx \right)$$

$$= 2\pi i \left(\sum_{y>0} \mathrm{Res}(z) + \frac{1}{2} \sum_{y=0} \mathrm{Res}(0) \right) \quad (m>0) \tag{6.13}$$

と拡張されることは明らかであろう．最後の項の留数の和は，閉曲線 $C_{R,\rho}$ 内
すなわち上半平面内の極と，実軸上の極についてとる．

問 6-3 式(6.11)で $m<0$ のとき，上記 IV の応用的考察により，

$$\mathrm{p.v.} \int_{-\infty}^{\infty} f(x)dx = \lim_{\rho \to 0} \left(\int_{-\infty}^{-\rho} f(x)dx + \int_{\rho}^{\infty} f(x)dx \right)$$

$$= -2\pi i \left(\sum_{y<0} \mathrm{Res}(z) + \frac{1}{2} \sum_{y=0} \mathrm{Res}(0) \right) \quad (m<0) \tag{6.14}$$

が成り立つことを証明せよ．

なおここで，式(6.13),(6.14)は，$f(z)$ が III の条件を満たす(すなわち，実
軸上に極をもたない)ときでも，各式中の対応する留数を $\mathrm{Res}(0)=0$ とおけば，
そのまま成り立つことに注意しよう．

6-3 多価関数の積分──133

例題 6-3 階段関数(step function)$\theta(m)$ の**積分表示**(integral representation):

$$\theta(m) = \lim_{\varepsilon \to 0} \frac{1}{2\pi i} \int_{-\infty}^{\infty} \frac{e^{imx}}{x - i\varepsilon} dx = \begin{cases} 1 & (m > 0) \\ 0 & (m < 0) \end{cases} \tag{6.15}$$

を証明せよ. ただし, $\varepsilon > 0$ である.

[解] 複素関数 $f(z) = \dfrac{e^{imz}}{z - i\varepsilon}$ $(\varepsilon > 0)$ は III の条件を満たし, 上半平面にのみ極をもつから, 式(6.13), (6.14)より

$$\frac{1}{2\pi i} \int_{-\infty}^{\infty} \frac{e^{imx}}{x - i\varepsilon} dx = \begin{cases} e^{-m\varepsilon} & (m > 0) \\ 0 & (m < 0) \end{cases} \tag{6.16}$$

が成り立つ. ここで極限 $\varepsilon \to 0$ をとると, 式(6.15)が得られる. ∎

[例4] 積分 $I = \displaystyle\int_0^{\infty} \frac{\sin x}{x} dx$ を求める.

$z = 0$ に1位の極をもつ関数 $f(z) = \dfrac{e^{iz}}{z}$ の積分 $\displaystyle\lim_{\substack{R \to \infty \\ \rho \to 0}} \int_{C_{R,\rho}} f(z)dz = 0$ から出発する. 上記の考察より,

$$\mathrm{p.v.} \int_{-\infty}^{\infty} \frac{e^{ix}}{x} dx = \pi i$$

が成り立つ. 両辺の実部と虚部をとると

$$\mathrm{p.v.} \int_{-\infty}^{\infty} \frac{\cos x}{x} dx = 0, \qquad \int_{-\infty}^{\infty} \frac{\sin x}{x} dx = 2\int_0^{\infty} \frac{\sin x}{x} dx = \pi$$

が得られる. 第1式は, 被積分関数が奇関数だから自明である. 第2式は, 被積分関数は偶関数で, かつ原点 $x = 0$ で有界であるから積分は収束し, 主値記号は不要となる. ∎

6-3 多価関数の積分

この節では, 複素関数の多価性を利用して実定積分を求める方法について述べよう. 4-3節のコーシーの積分定理は, 被積分関数が1価正則である領域で適用されるから, 被積分関数が多価性をもつときは, その分岐に気をつけなけ

ればいけない.

さて,以下で考察する定積分の型の分類には,前節からの通し番号を用いる.

V　いま $G(z)$ が複素平面全体で1価有理型で,無限遠点を少なくとも2位の零点とし,また $z=0$ をたかだか1位の極とするほかは実軸上で正則とする.このとき,**メラン(Mellin)変換**の型の定積分

$$I = \int_0^\infty x^\alpha G(x)dx \quad (0<\alpha<1) \tag{6.17}$$

を求める.

z^α の分岐を $0<\arg z^\alpha<2\pi\alpha$ となるように定めると,$f(z)=z^\alpha G(z)$ は,その極をすべて含む閉領域(図6-6参照:$z=re^{i\theta}$)

$$\bar{D} : \rho \leq r \leq R, \quad \varepsilon \leq \theta \leq 2\pi-\varepsilon \quad \left(0<\rho<1<R, \ 0<\varepsilon<\frac{\pi}{2}\right)$$

において1価有理型で,D の境界で正則であるから,留数の定理により

$$\int_\rho^R f(re^{i\varepsilon})e^{i\varepsilon}dr + \int_\varepsilon^{2\pi-\varepsilon} f(Re^{i\theta})iRe^{i\theta}d\theta + \int_R^\rho f(re^{i(2\pi-\varepsilon)})e^{i(2\pi-\varepsilon)}dr$$

$$+ \int_{2\pi-\varepsilon}^\varepsilon f(\rho e^{i\theta})i\rho e^{i\theta}d\theta = 2\pi i \sum_{x \in D} \text{Res}(z)$$

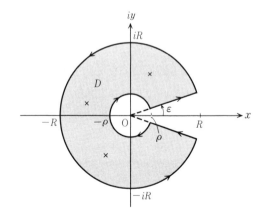

図6-6　閉領域 $\bar{D} : \rho \leq r \leq R, \ \varepsilon \leq \theta \leq 2\pi-\varepsilon.$
　　　×は点 $z \in D$ の極を表わす.

が成り立つ. 右辺は, D 内に $f(z)$ がもつ留数の和である. ここで $\varepsilon \to 0$ とすれば, 被積分関数が一様に収束することから

$$\int_\rho^R r^\alpha G(r)dr + \int_0^{2\pi} R^{\alpha+1} G(Re^{i\theta}) i e^{i(\alpha+1)\theta} d\theta + \int_R^\rho r^\alpha G(re^{2i\pi}) e^{2\pi i(\alpha+1)} dr$$

$$+ \int_{2\pi}^0 \rho^{\alpha+1} G(\rho e^{i\theta}) i e^{i(\alpha+1)\theta} d\theta = 2\pi i \sum_{z \in D} \operatorname{Res}(z) \tag{6.18}$$

が得られる. ここで $|z^2 G(z)| \leqq M \ (z \to \infty)$, $|zG(z)| \leqq N \ (z \to 0)$ であるから,

$$\left| \int_0^{2\pi} R^{\alpha+1} G(Re^{i\theta}) i e^{i(\alpha+1)\theta} d\theta \right| < \frac{2\pi M}{R^{1-\alpha}}, \quad \left| \int_{2\pi}^0 \rho^{\alpha+1} G(\rho e^{i\theta}) i e^{i(\alpha+1)\theta} d\theta \right| < 2\pi N\rho^\alpha$$

したがって, 極限 $R \to \infty$, $\rho \to 0$ で, 左辺の第2項, 第4項は0に収束する. $G(z)$ の1価性より $G(re^{2\pi i}) = G(r)$ であることに注意して

$$(1 - e^{2\pi i\alpha}) \int_0^\infty r^\alpha G(r)dr = 2\pi i \sum_{z \in D} \operatorname{Res}(z) \tag{6.19}$$

が得られる. これより, 目的の積分が求まる.

最初から積分路を図6-7のようにとると, 式(6.18)が直接求まる. しかし, コーシーの積分定理を z 平面上で z^α の分岐 $0 \leqq \arg z^\alpha \leqq 2\pi\alpha$ の切断に沿って使うには, 切断の両側の積分路上で被積分関数の正則性が要求される. したがっ

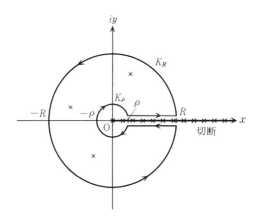

図6-7 正の実軸上に z^α の切断がある.

て，厳密にいうと，切断を越えて拡げられた z のリーマン面上で1価有理型な関数として，z^α の分岐 $0 \leqq \arg z^\alpha \leqq 2\pi\alpha$ を含むように解析接続された関数 $f(z) = z^\alpha G(z)$ が定義されなければならない．もちろん，これは可能である．結論は正しいので，実用上は一般にこの解析接続がなされたものとして，図6-7 の積分路に対して式(6.18)が成り立つとして考察を進めて差し支えない．解析接続は次章で説明される．

この問題を回避するには，次のようにする．式(6.1)の積分を I とおいて，一度 $x = t^2$ と置き換えて

$$I = 2 \int_0^\infty t^{2\alpha+1} G(t^2) dt \quad (0 < \alpha < 1) \tag{6.20}$$

とする．$w = u + iv$ 平面において，負の虚軸を除いた領域で $w^{2\alpha}$ の分岐が $-\pi\alpha \leqq \arg w^{2\alpha} \leqq 3\pi\alpha$ となるように定めると，関数 $w^{2\alpha+1} G(w^2)$ は上半平面 $\mathrm{Im}\, w \geqq 0$ で1価有理型で，かつ $w = 0$ を除く実軸上で正則である．したがって，図6-8 の閉曲線に対して留数の定理が適用できる．$G(w^2)$ に対する仮定から，2つの半円周上の積分は0に収束すること，および $G((-w)^2) = G(w^2)$ であることに注意すると，

$$\int_0^\infty (w^{2\alpha+1} + (e^{i\pi}w)^{2\alpha+1}) G(w^2) dw = (1 - e^{2i\pi\alpha}) \int_0^\infty w^{2\alpha+1} G(w^2) dw$$

$$= 2\pi i \sum_{v > 0} \mathrm{Res}(w) \tag{6.21}$$

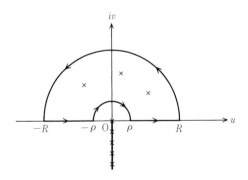

図6-8　負の虚軸上に $w^{2\alpha}$ の切断がある

が得られる．これより，目的の積分が求まる．右辺は，w の上半平面における関数 $w^{2\alpha+1}G(w^2)$ の留数の和である．

［例5］ 積分 $\displaystyle\int_0^\infty \frac{x^{p-1}}{x+1}dx$ $(0<p<1)$ を求める．

$f(z)=\dfrac{z^{p-1}}{z+1}$ は領域 D の点 $z=e^{i\pi}=-1$ に極をもち，$\mathrm{Res}(e^{i\pi})=-e^{ip\pi}$ であるから

$$(1-e^{2\pi p i})\int_0^\infty \frac{x^{p-1}}{x+1}dx = -2\pi i e^{ip\pi}, \quad \text{したがって} \quad \int_0^\infty \frac{x^{p-1}}{x+1}dx = \frac{\pi}{\sin p\pi}$$

が得られる．▌

VI 　被積分関数の多価性を使って実定積分を求める，もうひとつの例を考察する．基本的には，Vの方法を分岐点がひとつ以上ある場合に拡張し，かつ無限遠点での留数を拾うことによって，実定積分の答が得られる．

この方法では，被積分関数が正則な領域で，コーシーの積分定理の積分路を自由自在に変形するところが要点である．

［例6］ 図6-9の積分路 C_1 に沿った複素積分

$$J = \oint_{C_1} \frac{dz}{\sqrt{(z-a)(z-b)}} \quad (a<b) \tag{6.22}$$

から出発して，実定積分

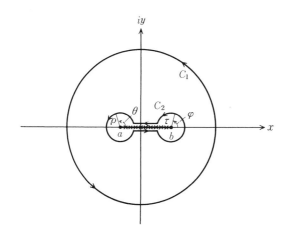

図6-9

$$I = \int_a^b \frac{dx}{\sqrt{(b-x)(x-a)}} \quad (a<b) \tag{6.23}$$

を求める.

被積分関数 $f(z)=1/\sqrt{(z-a)(z-b)}$ は,実軸上の区間 $[a,b]$ に,その各端点 $z=a,b$ をそれぞれ 2 位の分岐点とする切断をもち(3-3 節の例 1 を参照せよ),領域 $r<|z|<\infty\ (r>|a|,|b|)$ で 1 価正則である.$f(z)$ のローラン展開は

$$f(z) = \frac{1}{z} + \frac{a+b}{2z^2} + \cdots$$

であるから,無限遠点に 1 位の零点をもち,その留数は $\mathrm{Res}(\infty)=-1$ である.よって,式(5.8)より

$$J = \oint_{C_1} \frac{dz}{\sqrt{(z-a)(z-b)}} = -2\pi i\,\mathrm{Res}(\infty) = 2\pi i$$

である.一方,コーシーの積分定理(式(4.25))により積分路 C_1 を C_2 に変形して

$$J = \oint_{C_2} \frac{dz}{\sqrt{(z-a)(z-b)}}$$

が得られる.$z-a=\rho e^{i\theta}$, $z-b=\tau e^{i\varphi}$ とおくと,円周 $|z-a|=\rho$, $|z-b|=\tau$ に沿った積分路の寄与は,極限 $\rho,\tau\to 0$ で,それぞれ 0 に収束することが容易に示される.区間 $[a,b]$ の切断の両側の 2 つの積分路上での z の位相が,切断をはさんだ上半平面と下半平面とで,それぞれ $\sqrt{z-a}=\sqrt{x-a}$, $\sqrt{z-b}=e^{i\pi/2}\sqrt{b-x}$ および $\sqrt{z-a}=e^{i\pi}\sqrt{x-a}$, $\sqrt{z-b}=e^{i\pi/2}\sqrt{b-x}$ であるから,

$$J = \int_b^a \frac{e^{-i\frac{\pi}{2}}dx}{\sqrt{(b-x)(x-a)}} + \int_a^b \frac{e^{-i\frac{3\pi}{2}}\,dx}{\sqrt{(b-x)(x-a)}} = 2i\int_a^b \frac{dx}{\sqrt{(b-x)(x-a)}}$$

となる.これより

$$I = \int_a^b \frac{dx}{\sqrt{(b-x)(x-a)}} = \pi$$

が求まる.もちろん,この積分は初等的にも計算できる.∎

VII 最後に,多価関数の積分として対数関数の定積分を考察する.次に

示す特殊な積分を例にとって説明しよう.

$$I = \int_0^\pi \log(\sin\theta)d\theta \qquad (6.24)$$

ここで, $z = x + iy$ の関数

$$F(z) = 1 - e^{2iz} = -2ie^{iz}\sin z = 1 - e^{-2y}(\cos 2x + i\sin 2x)$$

を定義する. $F(z)$ が負の実数となるのは, $y<0$ かつ $x=n\pi$ ($n=0, \pm\pi, \pm2\pi,$ $\cdots$) のときだけであるから, これらの半直線を除いた領域において

$$f(z) = \log F(z) = \log(-2ie^{iz}\sin z)$$

は1価正則で, かつ π を1周期とする周期関数である：$f(z) = f(z+\pi)$. ここで対数関数 $f(z)$ の値は, 主値(すなわち, $-\pi < \arg F(z) \leqq \pi$ となる分岐)をとる.

図6-10に示した閉曲線 $C = \sum_{n=1}^{6} K_n$ に沿った $f(z)$ の複素積分は, $f(z)$ が C で囲まれた閉領域で1価正則であるから, コーシーの積分定理により

$$\oint_C f(z)dz = \sum_{n=1}^{6} \oint_{K_n} f(z)dz = 0$$

である. まず, $f(z)$ の周期性より, 開曲線 K_3 と K_5 に沿った積分は互いに打ち消し合う. また, K_4 の積分の被積分関数 $f(x+iY) = \log(1 - e^{-2Y}(\cos 2x + i\sin 2x))$ は, $Y\to\infty$ のとき x について一様に0に収束するので, その積分の寄与はこの極限で0となる. また, K_2, K_6 の積分の和は, π を周期とする

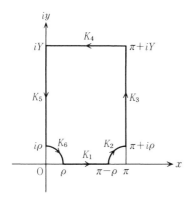

図6-10 閉曲線 $C = \sum_{n=1}^{6} K_n$

$f(z)$ の周期性より，原点の回りの半円周 $z=\rho e^{i\theta}$ $(0\leqq\theta\leqq\pi)$ 上の積分 $I_{K_2+K_6}=\int_\pi^0 \log(\sin\rho e^{i\theta})i\rho e^{i\theta}d\theta$ と同値となる．θ について一様に $\rho\log(\sin\rho e^{i\theta})\to 0$ $(\rho\to 0)$ であるから，この積分も極限 $\rho\to 0$ で 0 に収束する．以上から，極限 $Y\to\infty$, $\rho\to 0$ をとった K_1 の積分値は，

$$\int_0^\pi \log(-2ie^{ix}\sin x)dx = 0$$

となる．$\log e^{ix}=ix$ とすると，その虚部は 0 と π の間にあるから，$f(x)$ が主値をとるためには，$\log(-i)=-\pi i/2$ でなければならない．したがって，

$$\left(\log 2-\frac{\pi}{2}i\right)\int_0^\pi dx+i\int_0^\pi x\,dx+\int_0^\pi \log(\sin x)dx = 0$$

となり，次の答

$$I = \int_0^\pi \log(\sin x)dx = -\pi\log 2$$

が得られる．

第 6 章演習問題

[1] 複素積分 $\oint_{|z|=1}\dfrac{e^z}{z}dz$ を求めよ．また，この結果を使って，$\int_0^{2\pi}e^{\cos\theta}\cos(\sin\theta)d\theta$ を求めよ．

[2] 次の定積分を計算せよ：

(ⅰ) $\displaystyle\int_0^{2\pi}\frac{\sin\theta\,d\theta}{1-2a\sin\theta+a^2}$ $(|a|>1)$, (ⅱ) $\displaystyle\int_0^{2\pi}\frac{d\theta}{(a+b\cos\theta)^2}$ $(a>b>0)$,

(ⅲ) $\displaystyle\int_0^{2\pi}\frac{\cos n\theta\,d\theta}{a-b\cos\theta}$ $(a>b>0,\ n=$正の整数$)$

[3] 次の定積分(ⅰ)とフレネル(Fresnel)積分(ⅱ)を求めよ：

(ⅰ) $\displaystyle\int_0^\infty e^{-x^2}dx=\frac{\sqrt{\pi}}{2}$, (ⅱ) $\displaystyle\int_0^\infty\cos x^2dx=\int_0^\infty\sin x^2dx=\frac{\sqrt{\pi}}{2\sqrt{2}}$

[4] $\delta>0$ を定めて，部分曲線 $z=iy$ $(-\infty<y\leqq\delta)$; $z=\delta e^{i\theta}$ $(-\pi/2\leqq\theta\leqq\pi/2)$; $z=iy$ $(\delta\leqq y\leqq\infty)$ をつないで得られる曲線を C_δ とするとき，

$$\mathrm{p.\,v.} \int_{C_\delta} \frac{e^{mz}}{z} dz = \begin{cases} 2\pi i & (m>0), \\ \pi i & (m=0), \\ 0 & (m<0). \end{cases}$$

であることを証明せよ. ただし, 十分大きな R をとって, 曲線 C_δ の $|z| \leqq R$ に含まれる部分を $C_{\delta,R}$ とすると, 左辺の主値積分は

$$\mathrm{p.\,v.} \int_{C_\delta} \frac{e^{mz}}{z} dz \equiv \lim_{R \to \infty} \int_{C_{\delta,R}} \frac{e^{mz}}{z} dz$$

である.

[5] 次の定積分を求めよ:

$$\int_{-\infty}^{\infty} e^{-x^2} \cos 2bx\,dx = \sqrt{\pi}\,e^{-b^2} \quad (b>0)$$

[6] 次の定積分を求めよ:

(i) $\displaystyle\int_0^\infty \frac{x^p}{1+2x\cos\theta+x^2}dx = \int_0^1 \frac{x^p+x^{-p}}{1+2x\cos\theta+x^2}dx \quad (-1<p<1,\ -\pi<\theta<\pi)$

(ii) $\displaystyle\int_0^\infty \sin x^\alpha dx = \frac{1}{\alpha}\Gamma\left(\frac{1}{\alpha}\right)\sin\frac{\pi}{2\alpha} \quad (\alpha>1)$

(iii) $\displaystyle\int_0^\infty \cos x^\alpha dx = \frac{1}{\alpha}\Gamma\left(\frac{1}{\alpha}\right)\cos\frac{\pi}{2\alpha} \quad (\alpha>1)$

(iv) $\displaystyle\int_a^b \frac{1}{x}\left(\frac{b-x}{x-a}\right)^\beta dx \quad (0<a<b,\ -1<\beta<1)$

7 解析接続とその応用

この章で述べる解析接続の概念と手法は，物理学における重要かつ極めて有用
な数理的手段である．まず，解析接続の定義と概念を述べ，ついでその応用的
手法をいくつかの例によって学ぼう．

7-1 解析関数

解析接続の定義と概念の出発点は整級数である．$z=a$ を中心とする正の収束
半径 R をもつ整級数

$$P(z;a) = c_0+c_1(z-a)+c_2(z-a)^2+\cdots \quad (|z-a|<R) \tag{7.1}$$

を，とくに**関数要素**(function element)といい，これを $P(z;a)$ で表わす．2-
4節で述べたように，$P(z;a)$ は，収束円内 $K:|z-a|<R$ で収束してその整
級数の和が存在し(以下では，この和についても同じ表式 $P(z;a)$ で表わす)，
かつ正則である．すなわち，関数要素 $P(z;a)$ は，その収束円内においての
み収束して正則な関数を表わし，収束円外では発散して意味をもたない．

テイラー展開では，まず関数 $f(z)$ があって，点 a の近傍での性質を明らか
にするために $f(z)$ に対する $(z-a)$ のベキによる整級数展開を求めた．これ
に対してここでは，与えられた関数の展開が問題なのではなく，整級数そのも
ので定義した関数 $P(z;a)$ が主題である．

整級数 $P(z;a)$ の収束円内 $K: |z-a| < R$ の任意の1点を b とする．$P(z;a)$ は $z=b$ で正則であるから，その近傍で一意的にテイラー級数に展開される：

$$P(z;a) = \sum_{n=0}^{\infty} \frac{P^{(n)}(b;a)}{n!}(z-b)^n \qquad (7.2)$$

右辺の展開式は $z=b$ を中心とする整級数で，$P(z;a)$ が K 内で正則であるから，このテイラー展開式は定理 4-11 により K 内で収束する．したがって，その収束半径を R' とすると，R' は点 b から領域 K の境界円周上までの距離 $l=R-|b-a|$ より小さくはないから（図 7-1），$R' \geqq l > 0$ である．したがって，式 (7.2) の右辺をその収束円内 $K': |z-b| < R'$ で収束する関数要素 $P(z;b)$ と書くことができる．

$$P(z;b) \equiv \sum_{n=0}^{\infty} \frac{P^{(n)}(b;a)}{n!}(z-b)^n \qquad (|z-b| < R') \qquad (7.3)$$

$P(z;b)$ を $P(z;a)$ の**直接接続**という．

さて，図 7-1 に示したように K' が K をはみ出すとき，すなわち $R' > l$ の場合を考えよう．z が $K \cap K'$ に属するときは式 (7.2) が成り立つ．一方，z が K' に含まれるが K に含まれないときは，$P(z;b)$ は収束するが $P(z;a)$ は発散するから，式 (7.2) は成り立たない．そこで，関数 $F(z)$ を

$$F(z) \equiv \begin{cases} P(z;a) & (z \in K) \\ P(z;b) & (z \in K') \end{cases} \qquad (7.4)$$

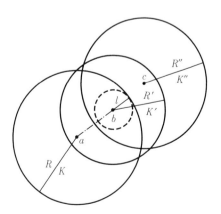

図 7-1

と定義すると，$F(z)$ は領域 $K \cup K'$ において正則関数となる．すなわち，$F(z)$ は，領域 K における正則関数 $P(z;a)$ を，拡大された領域 $K \cup K'$ へ拡張したものとみなすことができる．次に，$P(z;b)$ の収束円内の点 $c \in K'$ をとって，$P(z;b)$ を $z=c$ の近傍でテイラー展開して $P(z;c)$ を得る．以下このような直接接続を可能な限り繰り返す．

このように，一般に，領域 K で正則な関数 $f(z)$ に対し，K を含む拡大された領域 K' で正則な関数 $F(z)$ が K で $F(z)=f(z)$ となっているとき，$F(z)$ は $f(z)$ の**解析接続**(analytic continuation)であるという．4-5 節の一致の定理により，この解析接続は一意的である．

また，例えば上記のようにして解析接続をつくる操作をも解析接続という．解析接続の方法には，上記のようなテイラー展開による方法以外にも積分表示に基づく方法などがあって，必ずしも一通りではない．次節でその具体例が述べられる．

さて，関数要素 $P(z;a)$ が与えられたとき，直接接続を有限回繰り返して得られる関数要素の列

$$P(z;a),\ P(z;b),\ P(z;c),\cdots,\ P(z;d)$$

は**鎖をつくる**という．このとき $P(z;d)$ は $P(z;a)$ の解析接続になっている．$P(z;a)$ から可能なあらゆる鎖によって解析接続される関数要素の全体は，各関数要素の定義領域の総和を D とすると，D で定義された 1 つの正則関数 $F(z)$ を定める．この $F(z)$ を $P(z;a)$ によって定められる**解析関数**(analytic function)という．解析接続の一意性から，2 つの解析関数は 1 つの関数要素を共有すれば一致する．

図 7-2 に示したように，関数要素 $P(z;a)$ の収束円内 K の 2 点 a_1, b_1 から出発して，直接接続 $P(z;a_i), P(z;b_j)$ をそれぞれ m, n 回繰り返して得られる関数要素の列

$$P(z;a),P(z;a_1),\cdots,P(z;a_m)\,;\ P(z;a),P(z;b_1),\cdots,P(z;b_n)$$

が得られたとし，かつ 2 つの収束円領域 K_m, L_n が弓形部分領域 Ω を共有するとき，一般には解析関数 $F(z)$ の多価性が発生する．もし Ω で $P(z;a_m)=P(z;b_n)$ ならば K_m と L_n を接合し，そうでなければ接合しないでおく．この

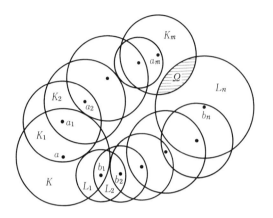

図7-2

ような規約のもとで，K から出発して解析接続で得られる収束円の全体は，1つの連結した一般には多葉から成る（重なり合った）リーマン面をつくる．解析関数 $F(z)$ に対して，複素平面上のいかなる点をとってもその点を中心とする関数要素の数が n を越えず，またある点ではこれを中心とする関数要素の数がちょうど n 個ある場合には，$F(z)$ は **n 価** であるという．そして各関数要素はそれぞれ，$F(z)$ の n 個の分岐を与える．また，$n \geqq 2$ の場合，**多価** であるという．このとき多価関数 $F(z)$ は，関数の定義域を複素平面から 1 つの連結したリーマン面上に拡張することによって，そのリーマン面上の 1 価関数とみなすことができる．

　問7-1　Ω での接合に関する上記の議論で，Ω の部分領域でのみ $P(z; a_m) = P(z; b_n)$ となることはないことを示せ．

　$F(z)$ のわかっている具体例で説明しよう．3-3 節で説明した 2 価関数 $w = \sqrt{z}$ を考える．複素平面上の点 $z = \rho e^{i\varphi}$（$-\pi < \varphi \leqq \pi$）に対する 2 つの分岐は

$$w_0 = \sqrt{\rho}\, e^{i\varphi/2}, \qquad w_1 = \sqrt{\rho}\, e^{i(\varphi \pm 2\pi)/2} = -w_0 \qquad (7.5)$$

である．図 7-3 のリーマン面 Π_0, Π_1 を接合した拡大されたリーマン面 D を変域とする解析接続関数 $F(z)$ は，変数 $z = \rho e^{i\varphi} \in D$ に対して

$$F(z) = \sqrt{z} = \sqrt{\rho}\, e^{i\varphi/2} \quad (-\pi < \varphi \leqq 3\pi; \bmod 4\pi) \qquad (7.6)$$

である．また，テイラー展開で必要となる n 階微分係数は

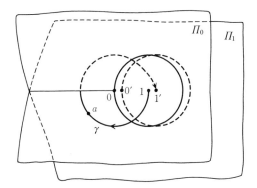

図7-3 リーマン面 Π_0 と Π_1 上の2点 0, 1 と 0', 1' は重なっている。とくに原点 0 と 0' は同一点で、分岐点となっていることに注意。

$$F^{(n)}(z) = \frac{(-1)^n(-1)\cdot1\cdot3\cdots(2n-3)}{2^n}z^{-\frac{2n-1}{2}} \quad (n \geqq 1) \tag{7.7}$$

で与えられる。

さて、$z=1$ を中心とし、収束半径 $R=1$ の整関数

$$P(z;1) = 1 + \frac{1}{2}(z-1) - \frac{1}{2!2^2}(z-1)^2 + \frac{1\cdot3}{3!2^3}(z-1)^3 + \cdots$$

$$+ \frac{(-1)^n(-1)\cdot1\cdot3\cdots(2n-3)}{n!2^n}(z-1)^n + \cdots \tag{7.8}$$

を定義する。収束円内 $K:|z-1|<1$ で $P(z;1)$ は収束し、かつ

$$P(z;1) = w_0 \tag{7.9}$$

である。図7-3に示したように、中心 a を、原点を中心とする半径1の円周 γ に沿ってとった関数要素の列をつくる。a が Π_1 上の点 $a = 1' = e^{-2i\pi} = e^{2i\pi}$ に到達すると、その点を中心とする関数要素は、$F^{(n)}(1')$ の値を使って

$$P(z;1') \equiv \sqrt{1'} + \sum_{n=1}^{\infty} \frac{F^{(n)}(1')}{n!}(z-1')^n$$

$$= -1 - \frac{1}{2}(z-1) + \frac{1}{2!2^2}(z-1)^2 - \frac{1\cdot3}{3!2^3}(z-1)^3 + \cdots$$

$$- \frac{(-1)^n(-1)\cdot1\cdot3\cdots(2n-3)}{n!2^n}(z-1)^n + \cdots \tag{7.10}$$

で与えられる. これは w_1 の $z=1$ を中心とした収束半径 $R=1$ のテイラー級数にほかならず,

$$P(z\,;\,1') = w_1 = -w_0 = -P(z\,;\,1) \tag{7.11}$$

が確認される. さらに $P(z\,;\,1')$ に解析接続を繰り返して, 中心点 a が原点の回りを時計方向に1周して $z=1$ に戻ると, $P(z\,;\,1)$ が得られることがわかる.

 以上のことから, $z=1$ を中心とする1つの関数要素 $P(z\,;\,1)$ によって定められた解析関数 $F(z)$ の領域 D は, $z=0$ を分岐点とする2葉のリーマン面の全領域であって, $F(z)$ は分岐 w_0 と w_1 をその拡大されたリーマン面上で接続したものである. $F(z)$ は2葉リーマン面上で1価正則であるとみなすことができる.

 関数要素の鎖による解析接続で, 定義領域がその境界を越えて拡張できない場合がある. そのような境界を**自然境界**(natural boundary)という.

 ［例］ 整級数 $f(z) = \sum_{n=0}^{\infty} z^{2^n} = z + z^2 + z^4 + z^8 + \cdots$ は, 等式

$$\sum_{n=0}^{\infty} z^{2^n} = z + z^2 + \cdots + z^{2^{n-1}} + \sum_{m=0}^{\infty} z^{2^{n+m}}$$

および $z^{2^{n+m}} = (z^{2^n})^{2^m}$ により, 関係式

$$f(z) = z + z^2 + \cdots + z^{2^{n-1}} + f(z^{2^n}) \quad (n = 1, 2, \cdots)$$

を満たす. したがって, $f(z)$ は $z=1$ で発散し, 同時に $z^{2^n} = 1 = e^{2m\pi i}$ ($m, n = 1, 2, \cdots$) を満たす解

$$z_{n,m} = \exp\left(\frac{2m\pi}{2^n}i\right) \quad \left(\begin{matrix} m = 1, 2, \cdots, 2^n-1 \\ n = 1, 2, \cdots \end{matrix}\right)$$

の点 $z = z_{n,m}$ で発散する. $f(z)$ の特異点 $z_{n,m}$ は単位円周上に稠密に存在し, したがって単位円周 $|z| = 1$ は $f(z)$ の自然境界である.

7-2 解析接続の方法

解析接続する方法は, 前節の関数要素に基づくやり方以外にもいろいろある. まず, 具体例から説明しよう.

 ［例1］ 無限級数の和をとって解析関数の具体的形を求める方法.

（a） 前節の(7.8)式の無限級数 $P(z;1)$ は，リーマン面 Π_0 上の収束円内 $K:|z-1|<1$ で $P(z;1)=F(z)=\sqrt{z}$ となるから，$F(z)$ の解析的性質に基づいて $P(z;1)$ を 2 葉のリーマン面に解析接続できる．

（b） 無限級数

$$P(z;0) = \sum_{n=0}^{\infty} z^n = 1+z^2+z^3+\cdots \tag{7.12}$$

は単位円内 $|z|<1$ で絶対収束し正則で，$|z|>1$ で発散する．一方，$|z|<1$ に対して

$$P(z;0) = F(z) = -1/(z-1) \tag{7.13}$$

である．この $F(z)$ は，$z=1$ における 1 位の極を除いて全平面で正則である．よって $P(z;0)$ は，$F(z)$ の正則性により全平面に解析接続できる．

［例 2］ 積分表示を使う方法．

単位円内で絶対収束する無限級数(7.12)の各項で恒等式 $\int_0^{\infty} t^n e^{-t} dt = n!$ を使うと，$|z|<1$ に対して等式

$$P(z;0) = \sum_{n=0}^{\infty} \frac{z^n}{n!} \int_0^{\infty} t^n e^{-t} dt = G(z) \equiv \int_0^{\infty} e^{(z-1)t} dt \tag{7.14}$$

が成り立つ．積分表示 $G(z)$ の積分は $\mathrm{Re}\,z<1$ に対して収束するから，単位円内から拡大定義領域 $D:\mathrm{Re}\,z<1$ への $P(z;0)$ の解析接続が，積分表示 $G(z)$ で与えられる．$z\in D$ に対して収束積分を実行すると，

$$G(z) = -1/(z-1) = F(z) \quad (z\in D) \tag{7.15}$$

となり，$G(z)$ は $F(z)$ によりさらに定義域を拡大して，$z=1$ における 1 位の極を除いて全平面に解析接続される．

「例 3」 部分積分による方法．

オイラー(Euler)の第 2 積分

$$\Gamma(z) = \int_0^{\infty} t^{z-1} e^{-t} dt \quad (\mathrm{Re}\,z>0) \tag{7.16}$$

を解析接続して得られる関数 $\Gamma(z)$ を**ガンマ関数**という．この積分は，$\mathrm{Re}\,z = \alpha>0$ のとき $\left|\int_0^{\infty} t^{z-1} e^{-t} dt\right| \leq \int_0^{\infty} t^{\alpha-1} e^{-t} dt<\infty$ であるから，領域 $D_0:\mathrm{Re}\,z>0$ で収束し，$\Gamma(z)$ の微分の積分表示

$$\Gamma(z)' = \int_0^\infty t^{z-1}e^{-t}\log t\,dt \tag{7.17}$$

も同様に D_0 で収束するから，$\Gamma(z)$ は D_0 で正則である．$\mathrm{Re}\,z>0$ に対して部分積分が実行できて

$$\Gamma(z) = \left[\frac{1}{z}t^z e^{-t}\right]_0^\infty + \frac{1}{z}\int_0^\infty t^z e^{-t}dt = \frac{1}{z}\int_0^\infty t^z e^{-t}dt \tag{7.18}$$

が得られる．(7.18)式の積分は，領域 D_0 で積分(7.16)に一致し，かつ拡大領域 D_1: $\mathrm{Re}\,z>-1$ で収束する．部分積分(7.18)式により，$\Gamma(z)$ の $z=0$ における 1 位の極が因子化されて，積分表示式(7.16)の定義域 D_0 から拡大定義域 D_1 へ $\Gamma(z)$ が解析接続されたのである．(7.18)式より，ガンマ関数の恒等式

$$\Gamma(z+1) = z\Gamma(z) \tag{7.19}$$

が得られる．(7.19)式を繰り返し使って得られる関係式

$$\Gamma(z) = \frac{1}{z(z+1)\cdots(z+n-1)}\Gamma(z+n) \tag{7.20}$$

により，$\Gamma(z)$ は $z=0,-1,-2,\cdots$ に 1 位の極をもち，それ以外では正則な関数であることがわかる．とくに，(7.20)で $z=1$ とおくと，

$$\Gamma(n+1) = n! \tag{7.21}$$

が得られる．ここで，(7.16)より $\Gamma(1)=1$ であることに注意しよう．

　[例4]　実軸上で与えられた関数の複素領域への拡張．

　例えば，実変数の指数関数では次の展開式が成り立つことがわかっている．

$$e^x = 1+\frac{x}{1!}+\frac{x^2}{2!}+\cdots+\frac{x^n}{n!}+\cdots \quad (-\infty<x<\infty)$$

これにならって，複素変数の指数関数 e^z を

$$e^z = 1+\frac{z}{1!}+\frac{z^2}{2!}+\cdots+\frac{z^n}{n!}+\cdots$$

で定義できることは，すでに学んだ．このように単純な実変数から複素変数への置き換えによって解析関数を得る方法は，実軸から複素平面への正しい一般的拡張であり，また唯一無二の方法である．なぜなら，もし e^z を定義するのに 2 通りの正則関数 $f_1(z)$ と $f_2(z)$ があったとすると，実軸上では e^x に一致し

なければならないから，$f_1(x)=f_2(x)$ である．実軸上の点 z_0 に収束する実軸
上の無限点列 $\{z_n\}$ を１つとると，$f_1(z_n)=f_2(z_n)$ である．したがって，一致の
定理(4-5節)により $f_1(z)=f_2(z)$ が証明される．

シュヴァルツ(Schwarz)の鏡像の定理　実軸に関して対称な２つの領域 D_1
と D_2 は，実軸の両側にあって，実軸上の線分 Γ をそれぞれの境界の一部
として共通に含むものとする(図7-4)．Γ 上でつねに実数値をとる関数
$f_1(z)$ が領域 D_1 で正則かつ $D_1+\Gamma$ で連続ならば，点 $z\in D_2+\Gamma$ (すなわち，
$\bar{z}\in D_1+\Gamma$)に対して $f_2(z)=\overline{f_1(\bar{z})}$ とおくことによって，$f_1(z)$ は Γ を越え
て D_1 からその対称領域 D_2 へ解析接続される．

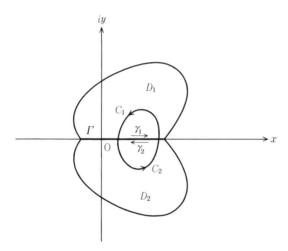

図7-4　C_1+C_2, $C_1+\gamma_1$, $C_2+\gamma_2$ はそれぞれ閉曲線をつくる．

［証明］　解析接続された関数を $F(z)$ とすると，$z\in D_1$ に対して $F(z)=f_1(z)$
であるから，$F(z)$ は D_1 で正則である．$z\in D_2$ に対しては $F(z)=f_2(z)$ で，か
つ $\bar{z}\in D_1$ であることに注意して，

$$\frac{dF(z)}{dz}=\lim_{\Delta z\to 0}\frac{f_2(z+\Delta z)-f_2(z)}{\Delta z}=\lim_{\Delta z\to 0}\frac{\overline{f_1(\overline{z+\Delta z})}-\overline{f_1(\bar{z})}}{\Delta z}$$

$$=\lim_{\overline{\Delta z}\to 0}\overline{\left(\frac{f_1(\bar{z}+\overline{\Delta z})-f_1(\bar{z})}{\overline{\Delta z}}\right)}=\overline{f_1'(\bar{z})}$$

であるから，$F(z)$ は D_2 でも正則である．$\varGamma$ での正則性を示すにはモレラの定理を使う．すなわち，図 7-4 に示したように，領域 D_1+D_2 内に，境界 $\varGamma$ の任意の部分 $\gamma_1 = -\gamma_2$ を囲む任意の閉曲線 C_1+C_2 をとると，

$$\oint_{C_1+C_2} F(z)dz = \oint_{C_1+\gamma_1} F(z)dz + \oint_{C_2+\gamma_2} F(z)dz$$

が成り立つ．$F(z)$ は D_1 内で正則であるから，右辺第 1 項の積分路 C_1 を図 7-5 のように変形しても，コーシーの積分定理によりその積分値は変わらない．よって，

$$\oint_{C_1+\gamma_1} F(z)dz = \left(\int_b^{b+i\delta} + \int_{b+i\delta}^{a+i\delta} + \int_{a+i\delta}^a + \int_{\gamma_1} \right) F(z)dz$$
$$= \int_a^b \left[f_1(x) - f_1(x+i\delta) \right] dx + i \int_0^\delta \left[f_1(b+iy) - f_1(a+iy) \right] dy$$

が得られる．ここで極限 $\delta \to 0$ をとると，$f_1(z)$ の連続性により右辺の積分はそれぞれ 0 に近づく．よって

$$\oint_{C_1+\gamma_1} F(z)dz = 0$$

が成り立つ．閉曲線 $C_2+\gamma_2$ に沿った積分についても同様に 0 となることがいえるので，結局

$$\oint_{C_1+C_2} F(z)dz = 0$$

が成り立つ．この結果から，モレラの定理(4-4 節)によって $F(z)$ は領域 $D_1 +$

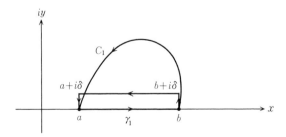

図 7-5　曲線 C_1 の変形

$\Gamma + D_2$ で正則である. ▌

第7章演習問題

[1] 関数要素 $P(z; 2) = \sum_{n=0}^{\infty} (-1)^{n+1}(z-2)^n$ は，関数要素 $P(z; 0) = \sum_{n=0}^{\infty} z^n$ の解析接続であることを示せ．

[2] 関数要素 $P(z; 0) = \sum_{n=1}^{\infty} \dfrac{z^n}{n}$ と関数要素 $P(z; 2) = i\pi + \sum_{n=1}^{\infty} (-1)^n \dfrac{(z-2)^n}{n}$ は，1つの関数の解析接続であること，およびその直接接続の領域を示せ．

[3] p/q が与えられた既約分数で，$z = re^{2p\pi i/q}$ のとき，$r \to 1$ ならば $\sum_{n=0}^{\infty} z^{n!} = \infty$ となることを証明せよ．また，$\sum_{n=0}^{\infty} z^{n!}$ の収束域 $|z| < 1$ の境界は自然境界であることを示せ．

[4] 積分表示で与えられた関数

$$f(z) = \frac{\sin \pi\alpha}{\pi} \int_0^{\infty} \frac{t^{-\alpha}}{t+z} dt \quad (0 < \mathrm{Re}\, \alpha < 1)$$

は，正の実軸上で定義された関数 $x^{-\alpha}$ を複素 z 平面（$-\pi < \arg z < \pi$, $z \neq 0$）へ拡張した複素関数 $f(z) = z^{-\alpha}$ であることを証明せよ．

8 複素関数特論

この章では，これまで学んできたことの補遺として，いくつかのトピックスについて述べる．まず，等角写像の基礎となる定理を述べ，ついでディリクレ問題の解である調和関数を説明する．基本的特殊関数であるガンマ関数とベータ関数の複素積分表示を複素積分の応用として説明し，また数学のみならず物理でもしばしば登場するリーマンのゼータ関数を学ぶ．最後に，応用上必須の鞍点部法と漸近展開について詳しく説明する．

8-1† リーマンの写像定理

等角写像の基本的事項については2-3節でのべたが，流体力学等で複素関数論の等角写像を応用する場合に基礎となる重要な定理がある．

リーマン(Riemann)の写像定理　z平面の領域Dが単連結で，かつ少なくとも2つの境界点をもつならば，Dからw平面の単位円の内部へ1対1の(単葉な)等角写像ができる．すなわち，この等角写像を与えるDにおける正則関数$w=f(z)$が存在する．

この証明は省略する．興味ある読者は，適当な専門書を参照してほしい．ここでは，この定理の適用領域についてコメントしておこう．4-1節で述べたように，拡張された複素平面においても，単純閉曲線というときは，曲線が有界

なものを意味する．また，4-3節で定義したように，単純閉曲線 C で囲まれた領域 D は単連結で，かつその境界 C 上に 2 つの境界点をとれるから，上の定理が適用できる．しかし，複素平面 $D_1 : |z| < \infty$ は，境界が無限遠点 1 点だけからなるから，上の定理は適用できない．さて，ピンホール領域 $D_2 : 0 < |z| < \infty$ はどうだろうか．D_2 の境界は原点と無限遠点の 2 点からなるが，単連結領域でないから，上の定理は適用できない．単純閉曲線で囲まれてはいないが単連結な角領域 $D_3 : \alpha < \arg z < \beta$ は，その境界上に 2 点がとれるから，上の定理が適用できる．

　リーマンの写像定理は，z 平面と w 平面の領域の内点同士の対応関係を述べている．両領域の境界点同士の対応関係を明らかにするのが，カラテオドリ（Carathéodory）の定理である．

カラテオドリの定理　z 平面上の単一閉曲線 C に囲まれた領域 D を w 平面上の単位円に写像する正則関数 $w = f(z)$ は，閉領域 $\bar{D} = D \cup C$ で連続である．したがって，境界 C は単位円周上に 1 対 1 に連続に写像される．

　この定理も内容は明らかであるが，証明はめんどうなので省略する．

　さて，2 つの領域 D_1, D_2 が上記の写像定理によって第 3 の領域の単位円 D_0 に単葉に等角写像されるならば，D_2 から D_0 への写像関数の逆関数を合成することによって，D_1 から D_2 への写像関数が得られる．このことから，上記の 2 つの定理は，領域 D_1 から領域 D_2 への写像に対して成り立つことになることを注意しておく．

8-2 調和関数

ディリクレ問題とノイマン問題　2 次元の境界値問題として，「境界 C をもつ有界な領域 D があるとき，C 上で与えられた連続関数の値をとる D 内の調和関数を求めよ．」というディリクレ（Dirichlet）問題がある．すなわち，領域 D でラプラスの方程式：$\Delta U(x, y) = 0$ を満たし，かつ D の境界 C 上で指定された値をとるような関数 $U(x, y)$ を求めるのである．

　一方，「境界 C 上で内法線微分 $\partial U / \partial n$（定義は後述参照のこと）が指定され

た値をとるような調和関数 $U(x,y)$ を求めよ.」というのは, ノイマン(Neu-mann)問題と呼ばれる.

さて 2-2 節で述べたように, 正則関数 $f(z)$ の実数部, 虚数部はそれぞれ調和関数であるから, 例えば, 「領域 D で正則な関数 $f(z)$ を, その実数部 $\mathrm{Re}\, f(z)$ が境界 C 上で与えられた値をとるように決定する」ことができれば, $U(x,y)=\mathrm{Re}\, f(z)$ がディリクレ問題の解となる.

いま, 図 8-1 に示されたように, 向きをもった境界 C に囲まれた領域 D をとり, 境界 C 上の点 $\mathrm{P}(x,y)$ での接線微分を ds, 内法線微分を dn とする. 接線方向, 内法線方向の単位ベクトルを $\boldsymbol{s}=(s_x,s_y)$, $\boldsymbol{n}=(n_x,n_y)$ とすると, 複素表示を使って

$$n_x+in_y = i(s_x+is_y), \quad \text{よって} \quad n_x=-s_y, \quad n_y=s_x \tag{8.1}$$

であるから,

$$\frac{\partial}{\partial s}=s_x\frac{\partial}{\partial x}+s_y\frac{\partial}{\partial y}, \quad \frac{\partial}{\partial n}=n_x\frac{\partial}{\partial x}+n_y\frac{\partial}{\partial y}=-s_y\frac{\partial}{\partial x}+s_x\frac{\partial}{\partial y} \tag{8.2}$$

が成り立つ.

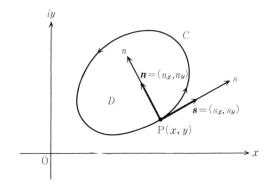

図 8-1　接線方向 s と内法線方向 n

いま, D で正則な関数 $f(z)=U(x,y)+iV(x,y)$ を考えると, $V(x,y)=\mathrm{Im}\, f(z)$ は $U(x,y)$ に共役な調和関数で, コーシー-リーマンの関係式 $\partial U/\partial x=\partial V/\partial y$, $\partial U/\partial y=-\partial V/\partial x$ と関係式(8.2)を使って

$$\frac{\partial U}{\partial s} = \frac{\partial V}{\partial n}, \quad \frac{\partial U}{\partial n} = -\frac{\partial V}{\partial s} \tag{8.3}$$

が成り立つ.

さて，領域 D の境界 C の上で $\partial U/\partial n$ が与えられているとき，U に共役な調和関数 V を考えれば，式(8.3)により，$\partial V/\partial s$ が与えられていることになる.C 上にある 1 点 $\mathrm{P_0}$ をとり，そこから C 上の任意の点 $\mathrm{P}(x, y)$ までの境界 C に沿った線積分：

$$V(x, y) = \int_{\mathrm{P_0}, C}^{\mathrm{P}(x, y)} \frac{\partial V}{\partial s} ds$$

を実行すると，V の値が C 上の各点で決まる.したがって，領域 D 内の調和関数 $V(x, y)$ は，V のディリクレ問題の解として求まる*.ノイマン問題の解 $U(x, y)$ は，この V を代入したコーシー–リーマンの関係式を積分することによって与えられる（例題 8-1，演習問題 [1] 参照のこと）.

以上の考察から，「ノイマン問題は結局ディリクレ問題に帰着する」ということが明らかになったであろう.正則関数 $f(z)$ の立場では，ノイマン問題は，「境界 C 上で虚数部 $\mathrm{Im}\, f(z)$ が指定された値をとるように，領域 D で正則な関数 $f(z)$ を決定する」という問題になる.

ディリクレ問題とノイマン問題は，結局，「領域の境界上で実数部あるいは虚数部の値を与えて，領域内の正則関数を求める」という問題と同等である.

例題 8-1 $z = x + iy$ 平面上の有界単連結領域 D で調和な実数関数 $U(x, y)$ が与えられたとき，D で U に対する 1 価な共役調和関数 $V(x, y)$ を求めよ.

［解］ D 内の任意の境界 B で囲まれた領域 K に対して，4-2 節の(4.15)式を適用する.$X = -\partial U/\partial y$，$Y = \partial U/\partial x$ とおくと，$\triangle U = 0$ より

$$\oint_B \left(\frac{\partial U}{\partial x} dy - \frac{\partial U}{\partial y} dx \right) = \iint_K \triangle U dx dy = 0$$

---

* ただし，$\frac{\partial V}{\partial s}$ の境界 C に沿った一周積分は 0 であるから，$\frac{\partial U}{\partial n}$ が $\oint_C \left(-\frac{\partial V}{\partial s} \right) ds = \oint_C \frac{\partial U}{\partial n} ds = 0$ を満たさないときには，$U(x, y)$ に対するノイマン問題は解くことができない.

である. ゆえに, D 内に定点 Q_0 と任意の点 $Q(x, y)$ をとると, 次の積分

$$V(x, y) = \int_{Q_0}^{Q(x, y)} \left(\frac{\partial U}{\partial x} dy - \frac{\partial U}{\partial y} dx \right) \tag{8.4}$$

は途中の積分路によらないから, 変数 (x, y) の 1 価関数とみなすことができる. また, 積分路によらないことを使って

$$V(x + \delta x, y) = V(x, y) + \int_x^{x + \delta x} \left(-\frac{\partial U}{\partial y} \right) dx$$

であるから,

$$\frac{\partial V}{\partial x} = \lim_{\delta x \to 0} \frac{V(x + \delta x, y) - V(x, y)}{\delta x} = \lim_{\delta x \to 0} \frac{1}{\delta x} \int_x^{x + \delta x} \left(-\frac{\partial U}{\partial y} \right) dx = -\frac{\partial U}{\partial y}$$

が成り立つ. 同様にして, $\partial V / \partial y = \partial U / \partial x$ が証明される. したがって, $V(x, y)$ は $U(x, y)$ に共役な調和関数である. ∎

この結果より, D で $\mathrm{Re}\, f(z) = U(x, y)$ を満たすような 1 価正則関数 $f(z)$ は,

$$f(z) = U(x, y) + iV(x, y) = U(x, y) + i \int_{Q_0}^{Q(x, y)} \left(\frac{\partial U}{\partial x} dy - \frac{\partial U}{\partial y} dx \right) \tag{8.5}$$

で与えられる.

ポアソン(Poisson)の積分表示 (x, y) の関数 $u(x, y), v(x, y)$ を, 簡単のために $z = x + iy = re^{i\theta}$ の関数 $u(z = re^{i\theta}), v(z = re^{i\theta})$ と略記することにする. 厳密には, あくまで $u(x, y)$ または $u(r, \theta)$ (v も同様)と表記すべきであるが, 以下では慣例に従うことにする.

さて, $u(z)$ が $|z| < R$ で調和, $|z| \leqq R$ で連続ならば,

$$u(re^{i\theta}) = \frac{1}{2\pi} \int_0^{2\pi} u(Re^{i\varphi}) \frac{R^2 - r^2}{R^2 - 2Rr\cos(\varphi - \theta) + r^2} d\varphi \tag{8.6}$$

が成り立つ. これは, **ポアソンの公式**と呼ばれる. この公式は, 領域 $|z| < R$ に対する調和関数のディリクレ問題の解を与えていることに注意しよう.

例題 8-1 の結果より, $u(z)$ に共役な調和関数を $v(z)$ とすると, $f(z) = u(z) + iv(z)$ は $|z| < R$ で正則である. よって, コーシーの積分定理を用いて

$$f(z) = \frac{1}{2\pi i} \oint_{|\zeta| = \rho} \frac{f(\zeta)}{\zeta - z} d\zeta \quad (|z| < \rho < R)$$

一方，点 $z=re^{i\theta}$ の円 $|\zeta|=\rho$ に関する鏡像を $\hat{z}=(\rho^2/r)e^{i\theta}$ で表わすと，$f(\zeta)/(\zeta-\hat{z})$ は ζ の関数として $|\zeta|\leqq\rho$ で正則であるから

$$0=\frac{1}{2\pi i}\oint_{|\zeta|=\rho}\frac{f(\zeta)}{\zeta-\hat{z}}\,d\zeta$$

これらの2つの式の両辺を差し引きし（あるいは加えると），かつ $\zeta=\rho e^{i\varphi}$，$d\zeta=i\rho e^{i\varphi}d\varphi$ に注意して

$$f(re^{i\theta})=\frac{1}{2\pi i}\oint_{|\zeta|=\rho}f(\zeta)\Big(\frac{1}{\zeta-re^{i\theta}}\mp\frac{1}{\zeta-(\rho^2/r)e^{i\theta}}\Big)d\zeta$$

$$=\frac{1}{2\pi}\int_0^{2\pi}f(\rho e^{i\varphi})\Bigg(\frac{1}{1-\dfrac{r}{\rho}e^{i(\theta-\varphi)}}\mp\frac{1}{1-\dfrac{\rho}{r}e^{i(\theta-\varphi)}}\Bigg)d\varphi$$

－ 符号に対して，両辺の実数部をとると

$$u(re^{i\theta})=\frac{1}{2\pi}\int_0^{2\pi}u(\rho e^{i\varphi})\frac{\rho^2-r^2}{\rho^2-2\rho r\cos(\varphi-\theta)+r^2}d\varphi\quad(r<\rho<R)$$

$u(z)$ は $|z|\leqq R$ で連続だから，ここで極限 $\rho\to R$ をとると，(8.6)式が得られる.

また，＋符号の式は右辺を書き直すと

$$f(re^{i\theta})=\frac{1}{2\pi}\int_0^{2\pi}f(\rho e^{i\varphi})\Big(1-i\frac{2\rho r\sin(\varphi-\theta)}{\rho^2-2\rho r\cos(\varphi-\theta)+r^2}\Big)d\varphi$$

両辺の虚数部をとると

$$v(re^{i\theta})=v(0)-\frac{1}{\pi}\int_0^{2\pi}u(\rho e^{i\varphi})\frac{\rho r\sin(\varphi-\theta)}{\rho^2-2\rho r\cos(\varphi-\theta)+r^2}d\varphi$$

が得られる. 右辺第1項は，平均値の定理(4.39)を使って求まる. ここで極限 $\rho\to R$ をとると，

$$v(re^{i\theta})=v(0)-\frac{1}{\pi}\int_0^{2\pi}u(Re^{i\varphi})\frac{Rr\sin(\varphi-\theta)}{R^2-2Rr\cos(\varphi-\theta)+r^2}d\varphi\qquad(8.7)$$

となる. この結果は，正則関数の実数部と虚数部の両方を同時に指定することはできないことを示している.

問8-1 (8.6),(8.7)式を結合して，正則関数 $f(z)=u(z)+iv(z)$ $(|z|<R)$ を $u(\zeta=Re^{i\varphi})$ で表わす式

$$f(z) = iv(0)+\frac{1}{2\pi i}\oint_{|\zeta|=R} u(\zeta)\frac{\zeta+z}{\zeta-z}\frac{d\zeta}{\zeta} \tag{8.8}$$

を証明せよ.

フーリエ(Fourier)級数　　$z=re^{i\theta}$, $\zeta=Re^{i\varphi}$ に対して次の等式

$$\frac{R^2-r^2}{R^2-2Rr\cos(\varphi-\theta)+r^2} = \frac{|\zeta|^2-|z|^2}{|\zeta-z|^2} = \operatorname{Re}\frac{\zeta+z}{\zeta-z} = 1+\operatorname{Re}\frac{2z}{\zeta-z}$$

$$= 1+2\sum_{n=1}^{\infty}\operatorname{Re}\left(\frac{z}{\zeta}\right)^n = 1+2\sum_{n=1}^{\infty}\left(\frac{r}{R}\right)^n\cos n(\varphi-\theta)$$

$$= 1+2\sum_{n=1}^{\infty}\left(\frac{r}{R}\right)^n(\cos n\varphi\cos n\theta+\sin n\varphi\sin n\theta)$$

が成り立つ. この左辺をポアソン核と呼ぶ. これを(8.6)式に代入すると, $|z|$ $<R$ における調和関数 $u(z)$ がフーリエ級数

$$u(re^{i\theta}) = \frac{a_0}{2}+\sum_{n=1}^{\infty}(a_n\cos n\theta+b_n\sin n\theta)\left(\frac{r}{R}\right)^n \tag{8.9}$$

に展開されることが分かる. ここに, フーリエ係数 a_n, b_n は

$$a_n = \frac{1}{\pi}\int_0^{2\pi}u(Re^{i\varphi})\cos n\varphi d\varphi, \quad b_n = \frac{1}{\pi}\int_0^{2\pi}u(Re^{i\varphi})\sin n\varphi d\varphi \tag{8.9a}$$

で与えられる.

8-3† ガンマ(Γ)関数とベータ(B)関数

Γ 関数は 7-2 節で紹介したが, ここではその複素積分表示を求める. 図 8-2 の積分路 L に沿った積分

$$I(z) = \int_L e^{-t}t^{z-1}dt \tag{8.10}$$

を考える. 被積分関数は, z の 1 価正則関数で, かつ積分 $I(z)$ は z の有界領域で一様収束であるから, $I(z)$ はすべての z に対して 1 価正則な関数である. $t=re^{i\varphi}$ とおいて,

$$t^{z-1} = e^{(z-1)(\log r+i\varphi)} \quad (0\le\varphi\le 2\pi)$$

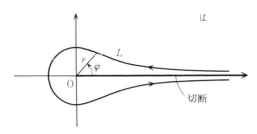

図 8-2　$t = re^{i\varphi}$ 平面の積分路

のように t^{z-1} の値を決めると，被積分関数 $F(t) = e^{-t}t^{z-1}$ は t 平面の正の実軸上に切断をもち，それ以外では正則である．したがって，図 8-3 に示したように，積分路 L を，正の実軸の上下に沿った直線部分と，原点を中心とする半径 ρ の円周部分に変形しても，$I(z)$ の値は変わらない．

$$I(z) = \left(\int_{\infty}^{a} + \int_{(a,\,b,\,c)} + \int_{c}^{\infty} \right) F(t)dt$$

ここで，ひとまず $\mathrm{Re}\,z > 0$ の場合を考える．右辺第 1 項の積分では，$\varphi = 0$ であるから，

$$\lim_{\rho \to 0} \int_{\infty}^{a} F(t)dt = \int_{\infty}^{0} e^{-r}r^{z-1}dr = -\Gamma(z)$$

右辺第 3 項の積分では，$\varphi = 2\pi$ であるから

$$\lim_{\rho \to 0} \int_{c}^{\infty} F(t)dt = e^{2\pi iz} \int_{0}^{\infty} e^{-r}r^{z-1}dr = e^{2\pi iz}\Gamma(z)$$

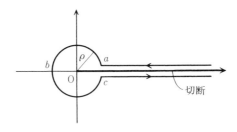

図 8-3　積分路 L の変形

右辺第2項は

$$\int_{(a,b,c)} F(t)dt = i\rho e^{(z-1)\log\rho} \int_0^{2\pi} e^{-\rho e^{i\varphi}} e^{iz\varphi}\,d\varphi = i\rho^z \int_0^{2\pi} e^{-\rho e^{i\varphi}} e^{iz\varphi}d\varphi$$

Re $z > 0$ に注意すると，$\rho \to 0$ のとき，この寄与は0に近づく．以上から

$$I(z) = (e^{2\pi iz} - 1)\Gamma(z) = 2ie^{\pi iz}\sin z\,\Gamma(z)$$

が得られる．この関係式は条件 Re $z > 0$ で与えられたが，その両辺は z の正則関数であるから，解析接続によって z の全平面でそのまま成り立つ．これより，z の全平面で成り立つ $\Gamma(z)$ の複素積分表示

$$\Gamma(z) = \frac{e^{-\pi iz}}{2i\sin\pi z} \int_L e^{-t} t^{z-1}dt \tag{8.11}$$

が得られた．

Γ 関数と密接な関係がある B 関数は，積分表示

$$B(\alpha,\beta) = \int_0^1 t^{\alpha-1}(1-t)^{\beta-1}dt = \int_0^\infty \frac{x^{\alpha-1}}{(1+x)^{\alpha+\beta}}dx \tag{8.12}$$

で与えられる．$t = x/(1+x)$ とおいて積分変換すれば，最後の表式が得られる．これらの積分表式は，Re $\alpha > 0$，Re $\beta > 0$ のとき，積分が収束して意味をもつ．$B(\alpha,\beta)$ の定義域を拡大するには，それぞれの変数について解析接続をする．例えば，条件 Re $\alpha > 0$，Re $\beta > 1$ のもとで，$t^{\alpha-1} = (1/\alpha)dt^\alpha/dt$ に注意して部分積分すると，表面項の寄与は0となり，

$$B(\alpha,\beta) = \frac{\beta-1}{\alpha} \int_0^1 t^\alpha (1-t)^{\beta-2}dt \tag{8.13}$$

が得られる．この積分は，上の条件式の領域 Re $\alpha > 0$，Re $\beta > 1$ から拡大された領域 Re $\alpha > -1$，Re $\beta > 1$ で収束し，したがって有限な値をとる．よって，$B(\alpha,\beta)$ 関数は，Re $\beta > 1$ のとき，変数 α についての領域 Re $\alpha > -1$ において $\alpha = 0$ で1位の極をもち，その留数は $(\beta-1)\int_0^\infty (1-t)^{\beta-2}dt = 1$ であることがわかる．このように部分積分を繰り返して，さらに拡大された領域へ解析接続できる．

$B(\alpha,\beta)$ 関数を各変数について全平面に解析接続するには，次の方法がある：Re $\alpha > 0$，Re $\beta > 0$ のとき，関係式

$$\int_0^\infty e^{-at}t^{z-1}dt = \frac{\Gamma(z)}{a^z} \qquad (\mathrm{Re}\,z>0,\ a>0) \tag{8.14}$$

を次の積分式に使うと,

$$\int_0^\infty x^{\alpha-1}\left(\int_0^\infty e^{-(1+x)t}t^{\alpha+\beta-1}dt\right)dx = \Gamma(\alpha+\beta)\int_0^\infty \frac{x^{\alpha-1}}{(1+x)^{\alpha+\beta}}dx$$
$$= \Gamma(\alpha+\beta)B(\alpha,\beta)$$

となる. 一方, 左辺を変形して

$$左辺 = \int_0^\infty e^{-t}t^{\beta-1}\cdot t^\alpha\left(\int_0^\infty e^{-tx}x^{\alpha-1}dx\right)dt = \Gamma(\beta)\Gamma(\alpha)$$

したがって, $\mathrm{Re}\,\alpha>0$, $\mathrm{Re}\,\beta>0$ のとき, 関係式

$$B(\alpha,\beta) = \frac{\Gamma(\alpha)\Gamma(\beta)}{\Gamma(\alpha+\beta)} \tag{8.15}$$

が証明される. 両辺は, 各変数 α,β についてそれぞれ解析関数であるから, 各変数について右辺の Γ 関数をそれぞれ解析接続すると, 等式(8.15)によって $B(\alpha,\beta)$ 関数の解析接続が得られる.

問 8-2 関係式

$$B(z,1-z) = \Gamma(z)\Gamma(1-z) = \frac{\pi}{\sin\pi z} \tag{8.16}$$

を証明せよ.

B 関数は, 複素積分表示(ポッホハンマー(Pochhammer)の積分表示式)

$$B(\alpha,\beta) = \frac{1}{(1-e^{2\pi i\alpha})(1-e^{2\pi i\beta})}\int_L z^{\alpha-1}(1-z)^{\beta-1}dz \tag{8.17}$$

で表わされることを証明しよう. ここで被積分関数のリーマン面上の積分路 L は, 図 8-4(または図 8-5)に示されたような, 2重結びにとった閉曲線 ABCDEFGHA である.

$z=0,1$ をそれぞれ分岐点とする多価関数 $f(z)=z^{\alpha-1}$, $g(z)=(1-z)^{\beta-1}$ の積である被積分関数 $h(z)\equiv f(z)g(z)=z^{\alpha-1}(1-z)^{\beta-1}$ は, やはり多価関数である. したがって, 積分を一意的に定義するためには, z および $1-z$ の偏角を定め

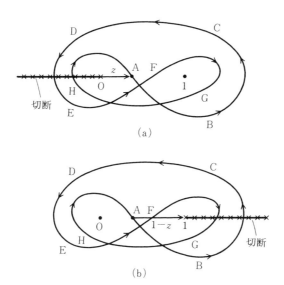

図 8-4　(a) $f(z)=z^{\alpha-1}$ の切断と積分路 L，(b) $g(z)=(1-z)^{\beta-1}$
　　　の切断と積分路 L

ておかなければならない．$f(z),g(z)$ の切断を図 8-4(a),(b)に示したように
とる．$z,1-z$ の偏角が A 点で $\arg z=0,\ \arg(1-z)=0$ となるように決めると，
図 8-5(a)の変形された積分路 $L'=$ABCDEFGHA に沿った偏角 $\arg z,\arg(1$
$-z)$ の変化は，図 8-5(b)で示されたようになる．被積分関数 $h(z)$ のリーマ
ン面は，図 8-5(b)で示されたように，2 つの変数 (a,b) $(a=0,2\pi,\ b=0,2\pi)$
で指定される．積分路 L' は，A 点がのったリーマン面 $(0,0)$ から出発して，
各リーマン面 $(0,0)\to(0,2\pi)\to(2\pi,2\pi)\to(2\pi,0)\to(0,0)$ を経由して，A 点に
戻る．

　とくに $\mathrm{Re}\,\alpha>0$，$\mathrm{Re}\,\beta>0$ のとき，0 および 1 をまわる小円の半径を 0 に近
づけると，その小円に沿った積分の寄与は 0 になることは，容易に示される．
したがって，被積分関数の偏角に注意すると

$$\int_{L'}z^{\alpha-1}(1-z)^{\beta-1}dz = (1-e^{2\pi i\beta}+e^{2\pi i(\alpha+\beta)}-e^{2\pi i\alpha})\int_0^1 z^{\alpha-1}(1-z)^{\beta-1}dz$$

$$= (1-e^{2\pi i\alpha})(1-e^{2\pi i\beta})B(\alpha,\beta) \tag{8.18}$$

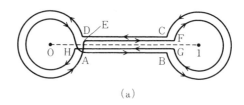

(a)

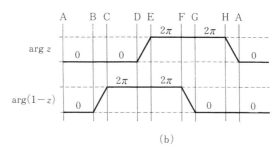

(b)

図8-5 （a）2重結び積分路 L の変形 L'，（b）積分路 ABCDEFGH
A の各区間における偏角：$\arg z$ と $\arg(1-z)$

ゆえに，（8.17)式が成り立つ.

Γ 関数の無限積公式　以下の積分で $s = t/n$ なる積分変数の置き換えをすると，

$$\Gamma_n(z) = \int_0^n t^{z-1}\left(1-\frac{t}{n}\right)^n dt = n^z \int_0^1 s^{z-1}(1-s)^n ds$$

$$= n^z B(z, n+1) = n^z \frac{n!}{z(z+1)\cdots(z+n)} \tag{8.19}$$

が成り立つ. ここで関係式 $\displaystyle\lim_{n\to\infty}\left(1-\frac{t}{n}\right)^n = e^{-t}$ を使うと，

$$\lim_{n\to\infty}\Gamma_n(z) = \lim_{n\to\infty}\int_0^n t^{z-1}e^{-t}dt = \int_0^\infty t^{z-1}e^{-t}dt = \Gamma(z) \tag{8.20}$$

であるから，**オイラーの公式**

$$\Gamma(z) = \lim_{n\to\infty}\frac{n^z n!}{z(z+1)\cdots(z+n)} = \frac{1}{z}\prod_{k=1}^\infty\left(1+\frac{1}{k}\right)^z\left(1+\frac{z}{k}\right)^{-1} \tag{8.21}$$

が得られる.

ここで**オイラー定数** γ を定義しよう：

$$\gamma = \lim_{n \to \infty}\left(1+\frac{1}{2}+\cdots+\frac{1}{n}-\log n\right)$$

$$= -\int_0^\infty e^{-t}\log t\,dt = -\Gamma'(1) \qquad (8.22)$$

γ の積分表式は，次のようにして得られる：

$$\sum_{k=1}^n \frac{1}{k} = \sum_{k=1}^n \int_0^\infty e^{-kt}dt = \int_0^\infty \frac{e^{-t}-e^{-(n+1)t}}{1-e^{-t}}dt$$

$$\log n = \int_1^n dx \int_0^\infty e^{-xt}dt = \int_0^\infty \frac{e^{-t}-e^{-nt}}{t}dt$$

したがって，両辺の差をとって $n\to\infty$ とし，部分積分をすると

$$\gamma = \int_0^\infty e^{-t}\left(\frac{1}{1-e^{-t}}-\frac{1}{t}\right)dt = \left[\log(1-e^{-t})-e^{-t}\log t\right]_0^\infty - \int_0^\infty e^{-t}\log t\,dt$$

$$= -\int_0^\infty e^{-t}\log t\,dt$$

オイラー定数の定義(8.22)を使うと，(8.21)の逆数をとって，

$$\frac{1}{\Gamma(z)} = \lim_{n\to\infty}\left[z\left(1+\frac{z}{1}\right)\left(1+\frac{z}{2}\right)\cdots\left(1+\frac{z}{n}\right)e^{-z\log n}\right]$$

$$= ze^{\gamma z}\prod_{k=1}^\infty \left(1+\frac{z}{k}\right)e^{-\frac{z}{k}} \qquad (8.23)$$

となる．これは**ワイエルシュトラスの無限積公式**と呼ばれる．

最後に，**プサイ(**ϕ**)関数**は Γ 関数によって次のように定義される：

$$\phi(z) = \frac{\Gamma'(z)}{\Gamma(z)} = \frac{d}{dz}\log\Gamma(z) = \frac{1}{\Gamma(z)}\int_0^\infty e^{-t}t^{z-1}\log t\,dt \qquad (8.24)$$

$\phi(z)$ は $z=0,-1,-2,\cdots$ に1位の極をもつ有理型関数で，これらの極の留数は -1 である．

8-5節で求められる Γ 関数の漸近展開から，$z\to\infty$ のとき $\phi(z+1)\sim O(\log z)$ であるから，5-3節の定理5-9，定理5-10の条件を満足する．したがって，定理5-10において

$$f(z) = \phi(z+1) = \frac{\Gamma'(z+1)}{\Gamma(z+1)}$$

ととると，(5.20)より

$$\frac{\Gamma(z+1)}{\Gamma(1)} = \exp\int_0^z \frac{\Gamma'(z+1)}{\Gamma(z+1)}dz = e^{(\Gamma'(1)/\Gamma(1))z}\prod_{n=1}^{\infty}\left(1+\frac{z}{n}\right)^{-1}e^{z/n} \quad (8.25)$$

が得られる．この逆数をとって，(7.19),(8.22)および $\Gamma(1)=1$ を使うと，ワイエルシュトラスの無限積公式(8.23)が得られる．

8-4† リーマンのゼータ(ζ)関数

級数で定義された，複素変数 $s=\sigma+it$ の関数 $\zeta(s)$:

$$\zeta(s) = \sum_{n=1}^{\infty} n^{-s} \quad (s=\sigma+it) \tag{8.26}$$

を考える．$\sigma\geqq\sigma_0>1$ のとき，実級数 $\zeta(\sigma) = \sum_{n=1}^{\infty} n^{-\sigma}$ は級数 $\zeta(s=\sigma+it) = \sum_{n=1}^{\infty} n^{-(\sigma+it)}$ の優級数となるから，$\zeta(s)$ は半平面 $\mathrm{Re}\,s>1$ において s の正則関数となる(定理2-7および定理4-10参照)．$\zeta(s)$ はリーマンの**ゼータ関数**と呼ばれる．

ζ の整数論的性質を示す定理を述べる：

定理8-1 素数を小さいものから大きいものへ順番に並べた列を $p_1, p_2, \cdots, p_n, \cdots$ とする．このとき，$\sigma=\mathrm{Re}\,s>1$ に対し，

$$\frac{1}{\zeta(s)} = \prod_{n=1}^{\infty}\left(1-\frac{1}{p_n^s}\right) \tag{8.27}$$

が成り立つ．

[証明] $\sigma\geqq\sigma_0>1$ のとき，実級数 $\sum_{n=1}^{\infty} n^{-\sigma}$ は一様収束する．したがって，その部分級数である $\sum_{n=1}^{\infty} |p_n^{-s}| = \sum_{n=1}^{\infty} p_n^{-\sigma}$ も一様収束する．よって定理5-7により，$\sigma\geqq\sigma_0>1$ のとき，(8.27)式の右辺の無限積は一様収束する．さて，$\sigma>1$ とすると

$$\zeta(s)(1-2^{-s}) = \sum_{n=1}^{\infty} n^{-s} - \sum_{n=1}^{\infty}(2n)^{-s} = \sum m^{-s}$$

である．ただし，ここで最後の m の和はすべての正の奇数についてとる．同様にして，

$$\zeta(s)(1-2^{-s})(1-3^{-s}) = \sum m^{-s}$$

となる．ただし，右辺の和は2でも3でも割り切れないすべての正の整数についてとる．一般に，

$$\zeta(s)(1-2^{-s})(1-3^{-s})\cdots(1-p_N^{-s}) = \sum m^{-s}$$

となり，右辺の和は $2,3,\cdots,p_N$ を素因数としてもたないような正の整数 m に対してとることになる．すなわち，$\sum m^{-s}=1+p_N^{-s}+\cdots$ となり，第2項以下は $N\to\infty$ とすると0になる．したがって，

$$\lim_{N\to\infty} \zeta(s) \prod_{n=1}^{N} (1-p_n^{-s}) = 1$$

が成り立つ．■

　上の証明では素数が無限個あるとしたが，これも証明できる(問8-3参照のこと)．

　　問8-3　素数は無限個存在することを，定理8-1の結果を使って証明せよ．

$\zeta(s)$ の全複素平面への解析接続　　(7.16)式において変数の置き換え $t=nx$ をすると，$\sigma>1$ に対して

$$n^{-s}\Gamma(s) = \int_0^\infty x^{s-1}e^{-nx}dx$$

が成り立つ．正の整数 n について和をとると

$$\zeta(s) = \frac{1}{\Gamma(s)} \int_0^\infty \frac{x^{s-1}}{e^x-1}dx \tag{8.28}$$

右辺の積分は，部分積分の方法による解析接続により，$s=1,0,-1,-2,\cdots$ に1次の極をもつことがわかる．一方，$1/\Gamma(s)$ は $s=0,-1,-2,\cdots$ に1次の零点をもつ．したがって $\zeta(s)$ は，$s=1$ にのみ特異点として1次の極をもつ正則関数である．

　　問8-4　部分積分の方法により，(8.28)式の右辺の積分の解析接続を実行し，この積分関数が点 $s=1,0,-1,-2,\cdots$ に1位の極をもつこと，および $s=1$ の極の留数は

1であることを証明せよ. また, $f(x) = x/(e^x-1)$ とするとき, 一般に $s = -n+2$ ($n = 1, 2, \cdots$) における1位の極の留数は, $\mathrm{Res}(-n+2) = f^{(n-1)}(0)/(n-1)!$ で与えられることを証明せよ.

図8-6に示したように, 正の実軸を囲む曲線を C とするとき, $\sigma > 1$ に対し

$$\zeta(s) = -\frac{\Gamma(1-s)}{2\pi i} \int_C \frac{(-z)^{s-1}}{e^z - 1} dz \tag{8.29}$$

が成り立つ. ただし, $(-z)^{s-1} = e^{(s-1)\mathrm{Log}(-z)}$ で定義する.

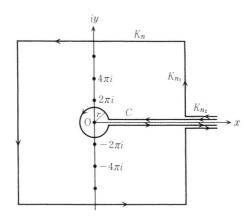

図8-6 積分路 C と $K_n = K_{n_1} + K_{n_2}$, および閉曲線 K_n-C

積分路 C に沿って被積分関数の発散がないから, この積分の収束は明らかである. コーシーの積分定理により積分路を変形して, 原点の回りの円周の半径 r を $r \to 0$ とすると, $\sigma > 1$ のとき円周上の積分の寄与は0となる. $z = x + iy$ とすると, 上半平面側 ($y \to 0+$) の積分路上では $(-z)^{s-1} = x^{s-1}e^{-(s-1)\pi i}$ となり, 下半平面側 ($y \to 0-$) の積分路上では $(-z)^{s-1} = x^{s-1}e^{(s-1)\pi i}$ であるから,

$$\int_C \frac{(-z)^{s-1}}{e^z - 1} dz = -\int_0^\infty \frac{x^{s-1}e^{-(s-1)\pi i}}{e^x - 1} dx + \int_0^\infty \frac{x^{s-1}e^{(s-1)\pi i}}{e^x - 1} dx$$

$$= 2i \sin[(s-1)\pi]\, \zeta(s)\Gamma(s)$$

となる. ここで関係式 $\sin(s-1)\pi = -\sin s\pi$, $\Gamma(s)\Gamma(1-s) = \pi/\sin s\pi$ を使う

と，(8.29)式が得られる.

（8.29）の積分は s の任意の値に対して定義されるから，ゼータ関数の表式 (8.29)は s の全平面で成り立つ. とくに，$\zeta(s)$ は $\sigma>1$ で正則であるから，整数点 $s=2,3,\cdots$ にある $\Gamma(1-s)$ の極は，積分の零点と打ち消し合っている. $s=1$ の留数は

$$\lim_{s\to 1}\left[-(s-1)\frac{\Gamma(1-s)}{2\pi i}\int_C \frac{(-z)^{s-1}}{e^z-1}dz\right] = \frac{\Gamma(1)}{2\pi i}\int_C \frac{1}{e^z-1}dz = 1$$

である.

0 および負の整数値における値 $\zeta(-n)$ は，ベルヌーイ(Bernoulli)数を使って計算できる. 展開式

$$\frac{1}{e^z-1} = \frac{1}{z} - \frac{1}{2} + \sum_{m=1}^{\infty}(-1)^{m-1}\frac{B_m}{(2m)!}z^{2m-1}$$

を表式

$$\zeta(-n) = (-1)^n\frac{n!}{2\pi i}\int_C \frac{z^{-n-1}}{e^z-1}dz$$

に代入して，$z=0$ における1位の極の寄与を計算すると

$$\zeta(0) = -\frac{1}{2}, \quad \zeta(-2m) = 0, \quad \zeta(-2m+1) = (-1)^m\frac{B_m}{2m} \quad (m=1,2,\cdots)$$

が得られる. $s=-2m$ をζ関数の自明な零点という.

関数等式 ζ関数の**関数等式**と呼ばれる関係式

$$\zeta(s) = 2^s\pi^{s-1}\sin\frac{\pi s}{2}\Gamma(1-s)\zeta(1-s) \tag{8.30}$$

を証明する. 図8-6の積分路 K_n の正方形の部分 K_{n_1} は，直線 $z=\pm(2n+1)\pi$, $z=\pm(2n+1)\pi i$ の上にある. K_n と C の逆回りの積分路 C^{-1} を合成して得られる積分路 K_n+C^{-1} は，点 $z=\pm 2m\pi i$ $(m=1,2,\cdots,n)$ を囲む閉曲線である. これらの点で，関数 $(-z)^{s-1}/(e^z-1)$ は，留数が $(\mp 2m\pi i)^{s-1}$ である1位の極をもつ. したがって

$$\frac{1}{2\pi i}\int_{K_n+C^{-1}}\frac{(-z)^{s-1}}{e^z-1}dz = \sum_{m=1}^{\infty}\left[(-2m\pi i)^{s-1}+(2m\pi i)^{s-1}\right]$$

$$= (2\pi)^{s-1}\left(\sum_{m=1}^{\infty}m^{-(1-s)}\right)2\cos\frac{\pi(s-1)}{2} = 2^s\pi^{s-1}\zeta(1-s)\sin\frac{\pi s}{2} \quad (8.31)$$

が得られる. K_n を正方形の部分 K_{n_1} と実軸に沿った部分 K_{n_2} に分ける. K_{n_1} 上では, $|e^z-1|$ は n によらない定数で下から評価され, 一方, $|(-z)^{s-1}|$ は $n^{\sigma-1}$ の定数倍で上から評価される. K_{n_1} の長さは n の定数倍でおさえられるから, ある定数 A により

$$\left|\int_{K_{n_1}}\frac{(-z)^{s-1}}{e^z-1}dz\right| \leqq An^{\sigma}$$

と評価できる. $\sigma<0$ のとき, $n\to\infty$ とすると, この積分は 0 に収束する. また, K_{n_2} 上では, x が十分大きいとき $\sigma<0$ に注意すると, B をある定数として $|(-z)^{s-1}/(e^z-1)|\leqq Bx^{\sigma-1}e^{-x}<Be^{-x}$ と評価できるから,

$$\left|\int_{K_{n_2}}\frac{(-z)^{s-1}}{e^z-1}dz\right| \leqq Be^{-(2n+1)\pi}$$

となる. よってこの積分は, $n\to\infty$ でやはり 0 に収束する. 以上から, (8.31) 式の積分は積分路 C^{-1} の積分に等しく, その値は(8.29)式より $\zeta(s)/\Gamma(1-s)$ となる.

$\sigma<0$ に対して関数等式(8.30)が証明されたわけで, s について両辺を解析接続することによって, s の全平面で関数等式が成り立つことになる.

問8-5 関係式

$$\Gamma\left(\frac{1-s}{2}\right)\Gamma\left(\frac{1+s}{2}\right) = \frac{\pi}{\cos\frac{\pi s}{2}} \quad (8.32)$$

を使って,

$$\xi(s) \equiv \frac{1}{2}s(1-s)\pi^{-s/2}\Gamma\left(\frac{s}{2}\right)\zeta(s) \quad (8.33)$$

は整関数であること, および $\xi(s)=\xi(1-s)$ を満たすことを証明せよ.

8-5　鞍部点法と漸近展開

積分路 L に沿った複素積分

$$F(t) = \int_L e^{-tf(\zeta)} g(\zeta) d\zeta \tag{8.34}$$

で表わされる関数 $F(t)$ に対して，$|t| \to \infty$ のときの振る舞いを考察する．こ
こで t は正のパラメータとしても一般性を失わない．なぜなら，t が複素数 t
$= |t| e^{i \arg t}$ のときは，位相因子 $e^{i \arg t}$ を関数 $f(\zeta)$ に掛けたものを新たに関数
$f(\zeta)$ とみなし，$|t|$ を正のパラメータととればよいからである．

　一般に，$t \gg 1$ のとき，位相因子 $e^{it \operatorname{Im} f}$ は非常に激しく振動するため，L の
どの部分が積分へ大きく寄与するかの評価は難しい．しかし，もし 4-3 節のコ
ーシーの積分定理により積分路 L を変形して，$\operatorname{Im} f$ が一定値 $\operatorname{Im} f_0$ となるよ
うな積分路 L' をとると，この項は振動項 $e^{it \operatorname{Im} f_0}$ としてくくり出され，

$$F(t) = e^{-it \operatorname{Im} f_0} \int_{L'} e^{-t \operatorname{Re} f(\zeta)} g(\zeta) d\zeta \tag{8.35}$$

となる．このとき，もし L' 上の値 $\operatorname{Re} f(\zeta)$ が点 ζ_s で極小値をとることが起き
れば，被積分関数の積分への寄与は，もっぱらこの極小点 ζ_s の付近のみから
来る．その程度は t が大きくなるほど著しく，$\zeta = \zeta_s$ 付近以外からの積分値へ
の寄与は $t \to \infty$ とともに 0 に近づく．

　以下で，もう少し具体的に考察しよう．まず

$$f(\zeta) = u(\xi, \eta) + iv(\xi, \eta) \tag{8.36}$$

とすると，L' に沿って $v(\xi, \eta)$ は一定値 $\operatorname{Im} f_0$ であるから，極小点 ζ_s での値に
一致する：

$$v(\xi, \eta) = \text{一定値} = v(\xi_s, \eta_s) \tag{8.37}$$

よって，L' の接線方向を s とするとき，L' 上で

$$\left(\frac{\partial v}{\partial s} \right)_{L'} = 0, \quad \text{とくに} \quad \left(\frac{\partial v}{\partial s} \right)_{\zeta_s} = 0 \tag{8.38}$$

が成り立つ．さらに，L' に沿った $u(\xi, \eta)$ の変化が ζ_s で極小となっていると

きは

$$\left(\frac{\partial u}{\partial s}\right)_{\zeta_s} = 0 \tag{8.39}$$

が成り立つ。したがって

$$\left[\frac{\partial}{\partial s}(u+iv)\right]_{\zeta_s} = \left[\frac{\partial f}{\partial s}\right]_{\zeta_s} = 0 \tag{8.40}$$

となる。$f(\zeta)$ は正則関数であるから、この条件は

$$[f'(\zeta)]_{\zeta_s} = 0 \tag{8.41}$$

で与えられる。(8.41)式の成り立つ点を**鞍部点**(saddle point)という。すなわち、目的の積分路 L' を得るには、条件(8.41)によって鞍部点 ζ_s を求め、次いで ζ_s を通って Im$f(\zeta)=v(\xi,\eta)=$一定値 となる曲線を選べばよい。

さて、n を L' の法線方向とするとき、コーシー–リーマンの関係を使って (8.38)式から

$$\left(\frac{\partial u}{\partial n}\right)_{L'} = 0 \tag{8.42}$$

が成り立つことがわかる。すなわち、L' の法線方向に沿って Re$f(\zeta)=u(\xi,\eta)$ は一定値になっている。つまり、ζ の複素平面上で、$v=$一定 の曲線と $u=$一定 の曲線とは互いに直交している(図8-7)。ζ 平面上の各点で u の値を長さとする針を垂直に立てて、その針の頭を連ねた包絡曲面を作ると、u の高度曲面 (図8-8)が得られる。その曲面上に図示した $v=$一定 の曲線は、$u=$一定 の曲線(u の等高線)と常に垂直に交わっている。ただし、鞍部点 ζ_s では、$f'(\zeta_s)=0$ であるから、$f(\zeta)$ による写像の等角性は成り立たないことに注意しよう。さて、峠の点 ζ_s を通る 2 つの $v=$一定 の曲線 L_1 と L_2 は、山を下って再び上る、あるいは谷を上って再び下る際の勾配の変化が高度曲面上で最も急な曲線であるから、とくに**最急降下線**(curves of steepest descent)と呼ばれている。

鞍部点 $\zeta=\zeta_s$ の近傍で $f(\zeta)$ を展開すると

$$f(\zeta) = f(\zeta_s)+\frac{1}{2}f''(\zeta_s)(\zeta-\zeta_s)^2+\cdots \tag{8.43}$$

となる。$f''(\zeta_s)=|f''(\zeta_s)|e^{-i\alpha}$, $\zeta-\zeta_s=\rho e^{i\beta}$ とおくと

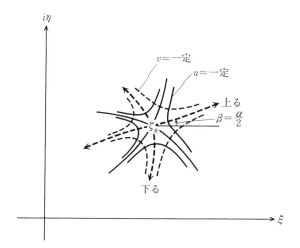

図8-7 鞍部点 ζ_s の近傍における $u(\xi, \eta) =$ 一定 の等高線（実線）と $v(\xi, \eta) =$ 一定（破線）の曲線

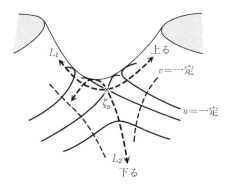

図8-8 鞍部点 ζ_s のまわりの等高線（実線）と最急降下線（破線）L_1 および L_2

$$\mathrm{Im}\, f(\zeta) \approx \mathrm{Im}\, f(\zeta_s) + \frac{1}{2}|f''(\zeta_s)|\rho^2 \sin(2\beta - \alpha)$$

$$\mathrm{Re}\, f(\zeta) \approx \mathrm{Re}\, f(\zeta_s) + \frac{1}{2}|f''(\zeta_s)|\rho^2 \cos(2\beta - \alpha) \tag{8.44}$$

である．鞍部点 ζ_s を通る積分路 L' を $\mathrm{Im}\, f(\zeta) =$ 一定値 $= \mathrm{Im}\, f(\zeta_s)$ となるよう

に選ぶと，条件式 $\sin(2\beta-\alpha)=0$ が得られる．条件式の 4 つの解

$$\beta=\frac{\alpha}{2}, \qquad \frac{\alpha}{2}+\frac{1}{2}\pi, \qquad \frac{\alpha}{2}+\pi, \qquad \frac{\alpha}{2}+\frac{3}{2}\pi \tag{8.45}$$

のうち，山から山への解は $\beta=\dfrac{\alpha}{2},\dfrac{\alpha}{2}+\pi$ で与えられ，$\cos(2\beta-\alpha)=1$ となる．残りは谷から谷への解で，$\cos(2\beta-\alpha)=-1$ となる．図 8-8 の積分路 L_1 に対応した，$\mathrm{Re}\,f(\zeta)$ が鞍部点で極小値をもつような山から山への解をとると，(8.35)式より $t\to\infty$ のとき

$$\begin{aligned}
F(t) &\approx e^{-tf(\zeta_s)}\int_{L_1}e^{-\frac{1}{2}t|f''(\zeta_s)|\rho^2}g(\zeta)d\zeta \\
&\approx e^{-tf(\zeta_s)}g(\zeta_s)\left[e^{i\left(\frac{\alpha}{2}+\pi\right)}\int_{\infty}^{0}e^{-\frac{1}{2}t|f''(\zeta_s)|\rho^2}d\rho+e^{i\frac{\alpha}{2}}\int_{0}^{\infty}e^{-\frac{1}{2}t|f''(\zeta_s)|\rho^2}d\rho\right] \\
&\approx e^{-tf(\zeta_s)}g(\zeta_s)e^{i\frac{\alpha}{2}}\sqrt{\frac{2\pi}{t|f''(\zeta_s)|}} \\
&\approx e^{-tf(\zeta_s)}g(\zeta_s)\sqrt{\frac{2\pi}{tf''(\zeta_s)}}
\end{aligned} \tag{8.46}$$

が得られる．ここで，$t\to\infty$ のとき積分への寄与は鞍部点 ζ_s の近傍に限られるため，$g(\zeta)\approx g(\zeta_s)$ で近似した．

さらに近似を上げるには，次のようにする．まず，$g(\zeta)$ の $\zeta=\zeta_s$ 近傍におけるテイラー展開式は

$$g(\zeta)=g(\zeta_s)+g'(\zeta_s)(\zeta-\zeta_s)+\frac{g''(\zeta_s)}{2!}(\zeta-\zeta_s)^2+\cdots+\frac{g^{(n)}(\zeta_s)}{n!}(\zeta-\zeta_s)^n+\cdots \tag{8.47}$$

である．一方，(8.43)式

$$f(\zeta)=f(\zeta_s)+\frac{1}{2}f''(\zeta_s)(\zeta-\zeta_s)^2+h(\zeta) \tag{8.48}$$

において，もし厳密に $h(\zeta)\equiv0$ が成り立っているならば，$g(\zeta)$ に関する近似の精度を上げて

$$F(t)\approx e^{-tf(\zeta_s)}\int_{L_1}e^{-\frac{1}{2}t|f''(\zeta_s)|\rho^2}g(\zeta)d\zeta$$

$$\approx e^{-tf(\zeta_s)} \sum_{n=0}^{\infty} \frac{g^{(n)}(\zeta_s)}{n!} \left[e^{i(n+1)\left(\frac{\alpha}{2}+\pi\right)} \int_{\infty}^{0} e^{-\frac{1}{2}t|f''(\zeta_s)|\rho^2} \rho^n d\rho \right.$$

$$\left. + e^{i(n+1)\frac{\alpha}{2}} \int_{0}^{\infty} e^{-\frac{1}{2}t|f''(\zeta_s)|\rho^2} \rho^n d\rho \right]$$

$$\approx e^{-tf(\zeta_s)} \sum_{m=0}^{\infty} \frac{g^{(2m)}(\zeta_s)}{(2m)!} 2e^{i\left(m+\frac{1}{2}\right)\alpha} \int_{0}^{\infty} e^{-\frac{1}{2}t|f''(\zeta_s)|\rho^2} \rho^{2m} d\rho$$

$$\approx e^{-tf(\zeta_s)} \sqrt{\frac{2\pi}{t|f''(\zeta_s)|}} \left[g(\zeta_s) e^{i\frac{\alpha}{2}} \right.$$

$$\left. + \sum_{m=1}^{\infty} \frac{g^{(2m)}(\zeta_s)}{(2m)!} e^{i\left(m+\frac{1}{2}\right)\alpha} (2m-1)!! \frac{1}{|f''(\zeta_s)|^m} \frac{1}{t^m} \right]$$

$$\approx e^{-tf(\zeta_s)} \sqrt{\frac{2\pi}{tf''(\zeta_s)}} \left[g(\zeta_s) + \sum_{m=1}^{\infty} \frac{g^{(2m)}(\zeta_s)}{(2m)!} (2m-1)!! \frac{1}{f''(\zeta_s)^m} \frac{1}{t^m} \right] \quad (8.49)$$

が得られる.

　一般には

$$h(\zeta) = \frac{f^{(3)}(\zeta_s)}{3!}(\zeta-\zeta_s)^3 + \frac{f^{(4)}(\zeta_s)}{4!}(\zeta-\zeta_s)^4 + \cdots \quad (8.50)$$

であるから, $\zeta=\zeta_s$ の近傍で

$$e^{-th(\zeta)} \approx 1 - t\frac{f^{(3)}(\zeta_s)}{3!}(\zeta-\zeta_s)^3 - t\frac{f^{(4)}(\zeta_s)}{4!}(\zeta-\zeta_s)^4 + \cdots$$

なる寄与がある. したがって, 改めて関数 $g(\zeta)$ を定義し直して,

$$G(\zeta) \equiv g(\zeta)e^{-th(\zeta)}$$
$$= G(\zeta_s) + G'(\zeta_s)(\zeta-\zeta_s) + \frac{G''(\zeta_s)}{2!}(\zeta-\zeta_s)^2 + \cdots + \frac{G^{(n)}(\zeta_s)}{n!}(\zeta-\zeta_s)^n + \cdots \quad (8.51)$$

ただし

$$G(\zeta_s) = g(\zeta_s), \ \ G'(\zeta_s) = g'(\zeta_s), \ \ G''(\zeta_s) = g''(\zeta_s)$$
$$G^{(3)}(\zeta_s) = g^{(3)}(\zeta_s) - tg(\zeta_s)f^{(3)}(\zeta_s)$$
$$G^{(4)}(\zeta_s) = g^{(4)}(\zeta_s) - tg(\zeta_s)f^{(4)}(\zeta_s) - 4tg'(\zeta_s)f^{(3)}(\zeta_s) \quad (8.52)$$
$$\cdots\cdots\cdots\cdots$$

とおいて計算すると,

$$F(t) \approx e^{-tf(\zeta_s)} \int_{L_1} e^{-\frac{1}{2}t|f''(\zeta_s)|\rho^2} G(\zeta)d\zeta$$

$$\approx e^{-tf(\zeta_s)}\sqrt{\frac{2\pi}{tf''(\zeta_s)}}\left[G(\zeta_s)+\sum_{m=1}^{\infty}\frac{G^{(2m)}(\zeta_s)}{(2m)!}(2m-1)!!\frac{1}{f''(\zeta_s)^m}\frac{1}{t^m}\right] \quad (8.53)$$

が得られる．これは $t\to\infty$ に対する $F(t)$ の**漸近展開**(asymptotic expansion)
と呼ばれる．一般に，漸近展開式は必ずしも収束するとは限らない．

$G(\zeta)$ の展開で，$(\zeta-\zeta_s)^{2m}$ なるベキは一般に $O(1/t^m)$ の寄与を与えるから，
係数 $G^{(2m)}(\zeta_s)$ の t 依存性を考慮しても

$$\left|G^{(2m)}(\zeta_s)\frac{1}{t^m}\right| \lesssim O\left(\frac{1}{t}\right)$$

となることに注意しよう．

(8.48)において，ζ から ξ への変数変換 $f(\zeta)=f(\zeta_s)+\xi^2$ によって，剰余項
$h(\zeta)$ を繰り込んでしまうやり方もある．この方法については，次の例題 8-2
を参照せよ．

例題 8-2 $\Gamma(z+1)$ の漸近展開も求めよ．

［解］ $\Gamma(z+1)$ の積分表示(7.16)における正の実軸に沿った積分路は，コー
シーの積分定理により原点から無限遠点に引いた任意の積分路 $L_{(0,\infty)}$ に変
形できる．さらに，積分変数の置き換え $t=z\zeta$ をすると

$$\Gamma(z+1) = \int_{L_{(0,\infty)}} t^z e^{-t}dt = z^{z+1}\int_{L_{(0,\infty)}} \zeta^z e^{-z\zeta}d\zeta$$

$$= z^{z+1}\int_{L_{(0,\infty)}} e^{-zf(\zeta)}d\zeta, \quad f(\zeta)\equiv\zeta-\log\zeta \quad (8.54)$$

が成り立つ．$f'(\zeta)=1-1/\zeta$, $f''(\zeta)=1/\zeta^2$ であるから，$f'(\zeta_s)=0$ となる点 $\zeta_s=$
1 の近傍で

$$f(\zeta) = 1+\frac{1}{2}(\zeta-1)^2+\cdots$$

である．$z=|z|e^{i\delta}$, $\zeta-1=\rho e^{i\beta}$ とおくと，

$$zf(\zeta) \approx z + \frac{1}{2}|z|\rho^2\cos(2\beta+\delta) + i\frac{1}{2}|z|\rho^2\sin(2\beta+\delta)$$

となる. 積分路を変形して, 鞍部点 $\zeta_s=1$ を通る積分路 $L'_{(0,\infty)}$ を $\mathrm{Im}[zf(\zeta)] = \mathrm{Im}[zf(\zeta_s=1)]$ となるように選ぶと, $\sin(2\beta+\delta)=0$ が得られる. 山から山への解は $\beta=-\delta/2$, $\beta=\pi-\delta/2$ で, このとき $\cos(2\beta+\delta)=1$ となる. よって, $|z|\to\infty$ のとき

$$\begin{aligned}
\Gamma(z+1) &\approx z^{z+1}e^{-z}\left[e^{i(\pi-\delta/2)}\int_\infty^0 e^{-\frac{1}{2}|z|\rho^2}d\rho + e^{-i\delta/2}\int_0^\infty e^{-\frac{1}{2}|z|\rho^2}d\rho\right]\\
&\approx z^{z+1}e^{-z}e^{-i\delta/2}\sqrt{\frac{2\pi}{|z|}}\\
&\approx \sqrt{2\pi z}\,z^z e^{-z} \qquad\qquad (8.55)
\end{aligned}$$

が成り立つ. 近似を上げるには, 上の一般的処方に従って計算してもよいが, ここでは変数の置き換えで, 高次の展開項を求める. 次の変数変換

$$f(\zeta) = \zeta - \log\zeta = 1 + \xi^2 \qquad\qquad (8.56)$$

を考える. $\zeta(\xi)$ の $\xi=0$ 近傍におけるテイラー展開を求めると,

$$\zeta = 1 + \sqrt{2}\,\xi + \frac{2}{3}\xi^2 + \frac{1}{9\sqrt{2}}\xi^3 + \cdots \qquad\qquad (8.57)$$

となる. これは, (8.56) を ξ で微分することによって, 逐次近似で求められる. $(8.54), (8.56), (8.57)$ より

$$\begin{aligned}
\Gamma(z+1) &\approx z^{z+1}e^{-z}\int_{-\infty}^\infty e^{-z\xi^2}\left(\sqrt{2}+\frac{4}{3}\xi+\frac{1}{3\sqrt{2}}\xi^2+\cdots\right)d\xi\\
&\approx \sqrt{2\pi z}\,z^z e^{-z}\left(1+\frac{1}{12z}+\frac{1}{288z^2}+O\!\left(\frac{1}{z^3}\right)\right) \qquad (8.58)
\end{aligned}$$

なる漸近展開が得られる. ∎

第 8 章演習問題

[1]　次の関数が調和であることを示せ:

$$\text{(i)}\ r^n \cos n\theta \quad (z=re^{i\theta}), \qquad \text{(ii)}\ -\frac{y}{x^2+y^2} \quad (z=x+iy\neq0)$$

[2] 次の調和関数を実部とする正則関数を求めよ：

$$\text{(i)}\ x^2-y^2-y+1, \qquad \text{(ii)}\ (e^x+e^{-x})\cos y$$

[3] $|z|<R$ で調和な関数

$$u(re^{i\theta}) = \frac{a_0}{2} + \sum_{n=1}^{\infty}(a_n\cos n\theta + b_n\sin n\theta)r^n \quad (r<R)$$

の共役調和関数は，b を定数として

$$v(re^{i\theta}) = b + \sum_{n=1}^{\infty}(-b_n\cos n\theta + a_n\sin n\theta)r^n \quad (r<R)$$

で与えられることを示せ．

[4] $u(z)$ が $|z|\leqq R$ で調和ならば，そのフーリエ展開

$$u(re^{i\theta}) = \frac{a_0}{2} + \sum_{n=1}^{\infty}(a_n\cos n\theta + b_n\sin n\theta)\left(\frac{r}{R}\right)^n \quad (0\leqq r\leqq R)$$

の係数は，次の式で与えられることを示せ：

$$a_0 = \frac{1}{\pi}\int_0^{2\pi} u(Re^{i\varphi})d\varphi, \qquad a_n = \frac{R}{n\pi}\int_0^{2\pi}\frac{\partial u(Re^{i\varphi})}{\partial R}\cos n\varphi\, d\varphi,$$

$$b_n = \frac{R}{n\pi}\int_0^{2\pi}\frac{\partial u(Re^{i\varphi})}{\partial R}\sin n\varphi\, d\varphi \quad (n=1,2,\cdots)$$

[5] オイラーの定数 $\gamma = \lim_{n\to\infty}\left(1+\frac{1}{2}+\frac{1}{3}+\cdots+\frac{1}{n}-\log n\right)$ を使ったガンマ関数の無限乗積表示式

$$\Gamma(z) = \frac{e^{-\gamma z}}{z}\prod_{n=1}^{\infty}\left(1+\frac{z}{n}\right)^{-1}e^{z/n}$$

を用いてルジャンドル(Legendre)の**2倍角公式**

$$\sqrt{\pi}\,\Gamma(2z) = 2^{2z-1}\Gamma(z)\Gamma\left(z+\frac{1}{2}\right)$$

を証明せよ．

[6] リーマンのツェータ(ζ)関数について

$$\sum_{n=1}^{\infty}n^{-z} = \frac{1}{1-2^{1-z}}\sum_{n=1}^{\infty}(-1)^{n+1}n^{-z} \quad (\mathrm{Re}\,z>1)$$

が成り立つことを証明せよ．

さらに勉強するために

本書は，複素数の基礎的な事項から始めて，複素関数論を本格的に学ぶに必要な内容を紙面の許す限り盛り込んだつもりである．したがって，理工系の読者が学ぶべき複素関数の基本事項は一応網羅されており，その意味では完結しているが，複素関数論の奥は深く，これで十分とは言いがたい．

複素関数についてのより多くの問題練習，より広い応用例，さらに高度な内容等を追求したい読者のために，以下にいくつかの良書を参考書として挙げる．

まず，数学を専門としない著者の本としては：

[1] 有馬朗人・神部勉：『複素関数論』(物理のための数学入門)，共立出版 (1991).

[2] 犬井鉄郎：『特殊関数』(岩波全書)，岩波書店(1962).

[3] 寺沢寛一：『自然科学者のための数学概論』[増訂版]，岩波書店(1983).

[4] 今井功：『複素解析と流体力学』，日本評論社(1989).

[5] E. クライツィグ(丹生慶四郎・阿部寛治共訳)：『複素関数論』，培風館(1988).

[1]は，ぜひ参考にしてほしい．本書で取り上げなかったベッセル関数，本書で扱った鞍部点法以外の方法による漸近展開の説明その他が，物理屋のセンスで与えられている．[2]は，特殊関数の取扱いにおける複素関数論の応用が述べられている良書である．[3]は，理工系で専門的に必要とされる数学を網羅した古典的名著である．[4]は，流体力学と複素関数論との密接な関係が詳しく展開されている．[5]は，工学的観点からの複素関数入門である．

さて，数学者の手になる複素関数論としては：

[6] 高木貞治：『解析概論』[改訂第3版]，岩波書店(1983).

[7] 辻正次・小松勇作編：『大学演習 函数論』，裳華房(1959).

[8] 一松信：『函数論入門』(新数学シリーズ)，培風館(1957).

[9] 青木利夫・樋口禎一：『複素関数要論』，培風館(1976).

[10] L.V.アールフォルス(笠原乾吉訳)：『複素解析』，現代数学社
(1982).

[11] 小平邦彦：『解析入門』(岩波基礎数学選書)，岩波書店(1991).

[12] 小平邦彦：『複素解析』(岩波基礎数学選書)，岩波書店(1991).

[6]は，大学初年級で数学を勉強するための古典である．解析学の基本を学ぶのに有用であろう．[7]は，内容も豊富で，問題練習に最適である．[8]は，わかりやすくまとめられているが，読みごたえのある良書である．[9]は，コンパクトにまとめられた，参考になる良書である．[10]は，数学者の手になる本格的な複素関数の本である．初等的で読みやすく書かれている．[11]と[12]は，有名な数学者によって書かれた，本格的だが比較的読みやすい関数論の本である．[11]は実関数を，[12]は複素関数を中心に詳しく関数論が展開されている．

問および演習問題解答

第 1 章

問 1-1 $(x_1, y_1) = (x_2, y_2) + w$ となる w は，$w = (x_1 - x_2, y_1 - y_2)$ ととればよい．これを $w = (x_1, y_1) - (x_2, y_2)$ と書く．また，$(x_1, y_1) = (x_2, y_2)w$ となる w は，$(x_2, y_2) \neq 0$ のとき，

$$w = \left(\frac{x_1 x_2 + y_1 y_2}{x_2^2 + y_2^2}, \frac{-x_1 y_2 + x_2 y_1}{x_2^2 + y_2^2} \right)$$

で与えられることは容易に確かめられる．これを $w = (x_1, y_1)/(x_2, y_2)$ と表わす．

問 1-2 $|e^{i\theta}| = \sqrt{\cos^2\theta + \sin^2\theta} = 1$. $e^{i\theta}e^{-i\theta} = (\cos\theta + i\sin\theta)(\cos\theta - i\sin\theta) = \cos^2\theta + \sin^2\theta = 1$. 三角関数の加法定理を使って $e^{i\theta_1}e^{\pm i\theta_2} = (\cos\theta_1 + i\sin\theta_1)(\cos\theta_2 \pm i\sin\theta_2) = (\cos\theta_1\cos\theta_2 \mp \sin\theta_1\sin\theta_2) + i(\sin\theta_1\cos\theta_2 \pm \cos\theta_1\sin\theta_2) = \cos(\theta_1 \pm \theta_2) + i\sin(\theta_1 \pm \theta_2) = e^{i(\theta_1 \pm \theta_2)}$.

問 1-3 (1.23)の第3式を繰り返し使うことにより，等式 $(e^{i\theta})^m = e^{im\theta}$ $(m = 0, 1, 2, \cdots)$ が得られる．(1.23)の第2式を m 乗して，等式 $(e^{i\theta})^{-m} = e^{-im\theta}$ が求まる．したがって，一般に $(e^{i\theta})^n = e^{in\theta}$ $(n = 整数)$ が成り立つ．両辺を正弦関数・余弦関数で表わして，(1.24)が証明される．

問 1-4 三角形 $0, z_1, z_1 \pm z_2$ の3辺の長さは，$|z_1|, |z_2|, |z_1 \pm z_2|$ であるから，$|z_1 \pm z_2| \leq |z_1| + |z_2|$. 同様の理由により，$|z_1| \leq |z_2| + |z_1 \pm z_2|$ かつ $|z_2| \leq |z_1| + |z_1 \pm z_2|$, したがって $||z_1| - |z_2|| \leq |z_1 \pm z_2|$.

問 1-5 もし題意の境界点が A の集積点でないならば，その適当な r 近傍をとると，それと A との共通部分はたかだか有限集合となる．したがって，題意の点に対して十分小さな半径の r' 近傍をとると，その近傍は有限集合の点を含まず A と互いに素となり，ゆえに題意の点は外点となる．これは，題意の点が境界点であることに矛盾する．したがって，題意の境界点は，A の集積点でなければならない．

問 1-6 距離の定義から，$n = 1, 2, \cdots$ に対し，$d(a_n, b_n) < d_0 + 1/n$ なる $a_n \in A, b_n \in A'$ が存在する．点列 $\{a_n\} \in A, \{b_n\} \in A'$ は，A, A' が有界閉集合であるから，それぞれ集積点 $a_0 \in A, b_0 \in A'$ をもつ．しかも a_0 に集積する部分列 $\{a_{n'}\}$ がある．また，部分列 $\{b_{n'}\}$ に対して，b_0 に集積する部分列 $\{b_{n''}\}$ があり，$d_0 \leq d(a_{n''}, b_{n''}) < d_0 + 1/n''$ である．したがって，$n'' \to \infty$ とすると，$d(a_0, b_0) = d_0$ で，かつ A, A' は共通点がないから $a_0 \neq b_0$, ゆえに $d_0 > 0$.

問 1-7 定理 1-9 で $z=z_1$, $w=w_1$ とおく. あるいは,
$$w_j-w_k = [(ad-bc)/(cz_j+d)(cz_k+d)](z_j-z_k)$$
を使って, 具体的に示す.

問 1-8 1次変換(1.53)において, $w_2=0$, $w_3=1$, $w_4=\infty$ ととると, 円円対応は点の順序を保つから, 題意の z に対応する w は $0<w<1$ を満たす. したがって, (1.53)に w 平面の各値を代入して,
$$0 < w = (z, z_2, z_3, z_4) < 1$$
となる.

問 1-9 図 1-12 の円周上の任意の点を z とする. $\triangle OPz$ と $\triangle OzQ$ は相似であるから, 各辺の比は等しい. よって, (1.55)から $|z-p|/|z-q| = R/|q-z_0| = |p-z_0|/R = \rho/R$ となる. 次に, 2 つの関係式 $p-z_0=\rho e^{i\lambda}$, $q-z_0=(R^2/\rho)e^{i\lambda}$ の両辺の比をとると, $(p-z_0)/(q-z_0)=\rho^2/R^2=k^2$ が得られる. この式を z_0 について解くと, 答が得られる. また, 両辺の差をとると, $p-q=(\rho-R^2/\rho)e^{i\lambda}$ が得られる. この絶対値をとって変形すると, 求める答となる.

[1] 等式 $\sqrt{\alpha+i\beta}=x+iy$ の両辺を 2 乗して, 実部, 虚部を等しいとおくと, $x^2-y^2=\alpha$, $2xy=\beta$ なる方程式が得られる. $x^2+y^2=\sqrt{(x^2-y^2)^2+4x^2y^2}=\sqrt{\alpha^2+\beta^2}$ であるから, 方程式はただちに解けて, $x=\pm\sqrt{\frac{1}{2}(\alpha+\sqrt{\alpha^2+\beta^2})}$, $y=\pm\sqrt{\frac{1}{2}(-\alpha+\sqrt{\alpha^2+\beta^2})}$. 符号は方程式 $2xy=\beta$ を満たすように選ぶ必要がある. ここで, β の正負によって値 ±1 をとる記号 $\mathrm{sign}\,\beta = \pm1$(ただし $\mathrm{sign}\,0 = 1$ とする)を導入すると, 答は $\sqrt{\alpha+i\beta}=\sqrt{\frac{1}{2}(\alpha+\sqrt{\alpha^2+\beta^2})}+(\mathrm{sign}\,\beta)i\sqrt{\frac{1}{2}(-\alpha+\sqrt{\alpha^2+\beta^2})}$ で与えられる.

[2] (i) $e^{x^2-y^2}\cos 2xy$, $e^{x^2-y^2}\sin 2xy$, (ii) $r^{r\cos\theta}e^{-r\theta\sin\theta}\cos(r\theta\cos\theta + r\ln r\sin\theta)$, $r^{r\cos\theta}e^{-r\theta\sin\theta}\sin(r\theta\cos\theta + r\ln r\sin\theta)$, (iii) $e^{e^x\cos y}\cos(e^x\sin y)$, $e^{e^x\cos y}\sin(e^x\sin y)$.

[3] $x=x_0+(m/k)v_0+(m/k)\sqrt{u_0^2+v_0^2}\cos(-(k/m)t+\delta)$, $y=y_0-(m/k)u_0+(m/k)\sqrt{u_0^2+v_0^2}\sin(-(k/m)t+\delta)$, ただし $\tan\delta=-(u_0/v_0)$.

[4] 点 Z を射影した複素平面上の点 $P=(x_1,x_2,0)$ をとる. 2 つの直角 3 角形 ONz と PZz の相似比例関係に注意して, $1:1-x_3=(z+\bar z)/2:x_1=(z-\bar z)/(2i):x_2$ が成り立つ. また, $\overline{OZ}=x_1^2+x_2^2+x_3^2=1$ であることから, 設問の式は容易に証明できる.

[5] (i) A が長方形 $a\leqq x\leqq b$, $c\leqq y\leqq d$ $(z=x+iy)$ である場合. いま, この A が U に属する有限個の U_λ で覆うことができない, と仮定する. A を二直線 $x=(a+b)/2$, $y=(c+d)/2$ で 4 分割するとき, 4 つの長方形のどれもが有限個の U_λ で覆われるな

らば，A 自身も覆われることになるから，少なくとも 1 つの長方形 $A_1 : a \leqq a_1 \leqq x \leqq b_1$ $\leqq b$ $(b_1 - a_1 = (b-a)/2)$，$c \leqq c_1 \leqq y \leqq d_1 \leqq d$ $(d_1 - c_1 = (d-c)/2)$ は，有限個の U_λ で覆われない．そこで，再び A_1 を同様の 2 直線 $x = (a_1 + b_1)/2$，$y = (c_1 + d_1)/2$ で 4 分割すると，少なくとも 1 つの長方形 $A_2 : a_1 \leqq a_2 \leqq x \leqq b_2 \leqq b_1$ $(b_2 - a_2 = (b_1 - a_1)/2)$，$c_1 \leqq c_2 \leqq y \leqq d_2 \leqq d_1$ $(d_2 - c_2 = (d_1 - c_1)/2)$ は，有限個の U_λ で覆われない．この操作をどこまでも続けると，長方形の列 $\{A_n\}$ $(n = 1, 2, 3, \cdots)$ が得られる．単調増加数列 $\{a_n\}$ $(a_n \leqq b)$，$\{c_n\}$ $(c_n \leqq d)$ は，それぞれ有限な極限 $x_0 (\leqq b)$，$y_0 (\leqq d)$ に収束する．集積点 $z = z_0 \equiv x_0 + iy_0$ は閉集合 A に属するから，U の中に z_0 を含む開集合 U_λ が存在する．したがって，適当な r をとると，z_0 の r 近傍 $|z - z_0| < r$ は U_λ に含まれる．さて，十分大きな n をとると，$b_n - a_n, d_n - c_n, x_0 - a_n, y_0 - c_n$ がいずれも $r/4$ より小さくなるようにできる．したがって，A_n の任意の点 z に対して

$$|z - z_0| \leqq |z - (a_n + ic_n)| + |(a_n + ic_n) - (x_0 + iy_0)| \leqq |(b_n + id_n) - (a_n + ic_n)|$$
$$+ |(a_n + ic_n) - (x_0 + iy_0)| \leqq (b_n - a_n) + (d_n - c_n) + (x_0 - a_n) + (y_0 - c_n) < r$$

であるから，A_n は z_0 の r 近傍に含まれ，よって 1 つの U_λ で覆われる．これは，A_n のつくり方と矛盾する．

（ii） A が有界である場合．適当な長方形 $A_0 : a_0 \leqq x \leqq b_0$，$c_0 \leqq y \leqq d_0$ をとると，$A \subset A_0$ である．A に属さない A_0 の点 z は，A の外点であるから，z の適当な近傍 $U(z)$ をとると，$U(z)$ は A と互いに素である．このような $U(z)$ の集合を $\hat{U}$ で表わすと，A_0 は $U + \hat{U}$ に属する集合で覆われる．したがって，（i）によれば，A_0 は有限個の U_λ と有限個の $U(z)$ で覆われるが，$U(z)$ は A と共通点を持たないから，A はこれらを取り去った残りの有限個の U_λ で覆われる．

（iii） A が有界でない場合．∞ は集積点であるから，閉集合 A に属する：$\infty \in A$．したがって，∞ を含む開集合 U_∞ が U の中に存在する．U_∞ に含まれない A の部分，すなわち，$U_\infty^c \cap A$ は有界な閉集合であるから，（ii）によって有限個の U_λ で覆われる．これに U_∞ を付け加えれば，A はすべて覆われてしまう．

[6] 問 1-6 と同様に，$d(a_n, b_n) < d_0 + 1/n$ $(a_n \in A, b_n \in B : n = 1, 2, \cdots)$ なる点列 $\{a_n\}, \{b_n\}$ が存在する．仮定から，A は有界であるから $|a_n| \leqq M$ $(n = 1, 2, \cdots)$ とする．閉円板 $K : |z| \leqq M + d_0 + 1$ と B との共通部分を C とすると，C は有界閉集合となり，かつ $\{b_n\} \in C$ である．よって，$d(A, B) = d(A, C)$ となり，問 1-6 に帰する．

[7] $|z| < 1$ のとき，$\lim_{n \to \infty} z^n = 0$．$|z| > 1$ のとき，$\lim_{n \to \infty} z^n = \infty$．$|z| = 1$ かつ $z \neq 1$ のときは，$|z^{n+1} - z^n| = |z^n||z - 1| = |z - 1| \neq 0$ であるから，コーシーの判定法（定理 1-4）により $\lim_{n \to \infty} z^n$ は存在しない．$z = 1$ のとき，明らかに $\lim_{n \to \infty} z^n = 1$．無限級数の部分和を定義する：$s_n(z) = 1 + z + \cdots + z^{n-1} = (1 - z^n)/(1 - z)$ $(z \neq 1)$．よって複素級数 $\{z^n\}$ の結果を用いて，$|z| < 1$ のとき $\lim_{n \to \infty} s_n(z) = 1/(1 - z)$（収束），$|z| > 1$ のとき $\lim_{n \to \infty} s_n(z) = \infty$

（発散），$|z|=1$ かつ $z\neq1$ のとき $\lim\limits_{n\to\infty} s_n(z)$ は存在しない．$z=1$ のときは，明らかに $\lim\limits_{n\to\infty} s_n(z)=\lim\limits_{n\to\infty} n=\infty$（発散）.

[8] 実数 a,b,c,d に対して，
$$\operatorname{Im} w = [(ad-bc)/|cz+d|^2]\operatorname{Im} z$$
であることを使う．

第2章

問2-1 任意の大きな正の数 $R=1/\varepsilon$ に対して，適当な $r(R)=1/\delta(\varepsilon)$ を選ぶと，$|z|>r$ に対して $|f(z)|>R$ となるとき，$f(z)\to\infty$ $(z\to\infty)$ である．

問2-2 必要条件：$\{z_n\}$ は c に収束するから，任意の δ に対して，$n>n_0(\delta)$ のとき $|z_n-c|<\delta$ となる．ゆえに，(2.3)式より $n>n_0(\delta(\varepsilon))$ のとき $|f(z_n)-\gamma|<\varepsilon$ である．すなわち，$\{f(z_n)\}$ は γ に収束する．十分条件：c に収束する数列 $\{z_n\}$, $z_n\neq c$ に対して定まる極限 $\lim\limits_{n\to\infty} f(z_n)=\gamma$ は，すべての数列に共通である．なぜなら，任意の2つの数列 $\{z_n\}$, $\{z_n'\}$ が共に c に収束するとき，z_n と z_n' を交互に並べた数列 $\{w_n\}$: $z_1,z_1',z_2,z_2',\cdots$, $z_n,z_n',\cdots$ も c に収束する．したがって，数列 $\{f(w_n)\}$ は収束し，その極限は共通でなければならない：$\lim\limits_{n\to\infty} f(z_n)=\lim\limits_{n\to\infty} f(z_n')=\lim\limits_{n\to\infty} f(w_n)=\gamma$．さて，$z\to c$ のとき $f(z)$ が γ に収束しなかったと仮定すると，任意の ε に対して，どのように δ をとっても，$0<|z-c|<\delta$, $|f(z)-\gamma|\geqq\varepsilon$ となる z が存在する．そこで，任意の自然数 n をとって $\delta=1/n$ とおくと，$0<|z_n-c|<1/n$, $|f(z_n)-\gamma|\geqq\varepsilon$ となる z_n が存在する．このようにして与えた数列 $\{z_n\}$ は c に収束し，したがって $\lim\limits_{n\to\infty} f(z_n)=\gamma$．これは $|f(z_n)-\gamma|\geqq\varepsilon$ に矛盾する．

問2-3 $f(z)$ は連続であるから，任意の $\varepsilon>0$ が与えられたとき，$z_0\in A$ に対して，適当な $\delta(z_0)>0$ をとると，$|z-z_0|<\delta(z_0)$ $(z\in A)$ である限り，$|f(z)-f(z_0)|<\varepsilon/2$ が成り立つ．各点 $z_0\in A$ に対して開集合 $U(z_0)$: $|z-z_0|<\delta(z_0)/2$ を対応させると，有界閉集合 A は $U=\bigcup\limits_{z_0\in A} U_{z_0}$ で覆われる．したがって，ハイネ-ボレルの被覆定理により，A は有限個の開集合 $\{U(z_\nu)\}_{\nu=1}^n$ $(z_\nu\in A)$ で覆われる．さて，$\delta=\min\limits_{1\leqq\nu\leqq n}(\delta(z_\nu)/2)$ とおくと，$f(z)$ の一様連続性，すなわち，$z,z'\in A$, $|z-z'|<\delta$ である限り $|f(z)-f(z')|<\varepsilon$ であることを，次のようにして示すことができる：$z\in U(z_\nu)$ とすると，$|z-z_\nu|<\delta(z_\nu)/2$, $|z'-z_\nu|\leqq|z'-z|+|z-z_\nu|<\delta+\delta(z_\nu)/2\leqq\delta(z_\nu)$, したがって，$|f(z)-f(z_\nu)|<\varepsilon/2$, $|f(z')-f(z_\nu)|<\varepsilon/2$, ゆえに，$|f(z)-f(z')|\leqq|f(z)-f(z_\nu)|+|f(z_\nu)-f(z')|<\varepsilon$.

問2-4 関数 $f(z)=|z|^2$ のみ点 $z=0$ で微分可能で，$f'(0)=0$. 他の関数は，いたるところで微分不可能．

問2-5 例えば，滑らかな曲線 $C: z=z(t)=x(t)+iy(t)$, $z'(t)\neq0$ を考えよう．その写像曲線 Γ は，$w=w(t)=u(x(t),y(t))+iv(x(t),y(t))$ で与えられる．$w(t)$ は t

について連続微分可能で，$w'(t)=u_x x'(t)+u_y y'(t)+i(v_x x'(t)+v_y y'(t))$ である．いま，z から w への写像は 1 対 1 であるから，$J(x,y)=\partial(u,v)/\partial(x,y)\neq 0$ である．もし写像曲線 Γ_1 が滑らかでないとすれば，すなわち，もし t のある値に対して $w'(t)=0$ ならば，$u_x x'(t)+u_y y'(t)=0$，$v_x x'(t)+v_y y'(t)=0$ が成り立つことになる．したがって，$J(x,y)\neq 0$ より，t のその値に対して $x'(t)=y'(t)=0$，すなわち，$z'(t)=x'(t)+iy'(t)=0$ でなければならない．これは，曲線 C が滑らかであることに矛盾する．したがって，写像曲線 Γ は滑らかでなければならない．

問 2-6 必要条件であることは容易にわかる（定理 1-4 の証明を参照せよ）．定理の条件が成り立っていれば，各 $z\in A$ に対して $\{f_n(z)\}$ は収束するから（定理 1-4），極限関数 $f(z)$ が存在する．したがって，条件式で $m\to\infty$ とすると，$|f_n(z)-f(z)|\leq\varepsilon\,(n\geq n_0, z\in A)$ となる．ε は任意で，n_0 は z によらないから，これは $\{f_n(z)\}$ が一様に収束することを示している．

問 2-7 関数項級数は，$z=0$ のとき 0，$z\neq 0$ のとき $1+|z|$ となり，$z=0$ で不連続である．よって，一様収束ではない．

問 2-8 $\varlimsup_{n\to\infty}|z_{n+1}/z_n|=\alpha>0$ とおくと，$\alpha=\infty$ のときは，$\alpha\geq\varlimsup_{n\to\infty}\sqrt[n]{|z_n|}$ は明らかであるから，$0\leq\alpha<\infty$ とする．任意の $\alpha_1>\alpha$ に対して，適当な N を選ぶと，$n\geq N$ である限り $|z_{n+1}/z_n|<\alpha_1$ である．したがって，$|z_{N+k}|<|z_N|\alpha_1^k\,(k=1,2,\cdots)$，$\sqrt[N+k]{|z_{N+k}|}<\sqrt[N+k]{|z_N|\alpha_1^k}=\alpha_1\cdot\sqrt[N+k]{|z_N|/\alpha_1^N}$．ここで $\varlimsup_{k\to\infty}\alpha_1\cdot\sqrt[N+k]{|z_N|/\alpha_1^N}=\alpha_1$ であるから，$\varlimsup_{n\to\infty}\sqrt[n]{|z_n|}\leq\alpha_1$．$\alpha_1$ は α にいくらでも近くとれるから，$\varlimsup_{n\to\infty}\sqrt[n]{|z_n|}\leq\alpha$．これで第 1 の不等式が得られた．第 3 の不等式も同様にして示される．第 2 の不等式は明らかである．

問 2-9 $z\neq 0$ に対して $\lim_{n\to\infty}|(a_{n+1}z^{n+1})/(a_n z^n)|=|z|\lim_{n\to\infty}|a_{n+1}/a_n|=|z|/R$．まず，$|z|<R$ とすれば，$(|z|/R)<1$ だから，ダランベールの判定法によって $\sum a_n z^n$ は（絶対）収束する．次に，仮に $|z'|>R$ なる $z=z'$ で $\sum a_n z^n$ が収束したとすれば，$|z'|>|z_1|>R$ なる $z=z_1$ で絶対収束することになる．一方，$(|z_1|/R)>1$ だから，ダランベールの判定法により $z=z_1$ で $\sum|a_n z^n|$ は発散するから，これは矛盾である．ゆえに，$\sum a_n z^n$ は $|z|>R$ で発散する．よって，$R=\lim_{n\to\infty}|a_n/a_{n+1}|$ は $\sum a_n z^n$ の収束半径である．

[1] $1-|w|^2=1-|(z-\alpha)/(1-\bar\alpha z)|^2=(|1-\bar\alpha z|^2-|z-\alpha|^2)/|1-\bar\alpha z|^2=(1-|\alpha|^2)(1-|z|^2)/|1-\bar\alpha z|^2$，かつ $(1-|\alpha|^2)/|1-\bar\alpha z|^2>0$ であるから，$|z|<1$，$|z|=1$，$|z|>1$ のとき，それぞれ $|w|<1$，$|w|=1$，$|w|>1$ である．とくに，領域 $|z|>1$ 内の点 $z=1/\bar\alpha$ は $w=\infty$ に写像される．

[2] $f(z)$ の連続性から，任意の $\varepsilon>0$ が与えられたとき，$z_\nu\in\Omega$ に対して，適当な $\delta(z_\nu)>0$ をとると，$|z-z_\nu|<\delta(z_\nu)\,(z\in\Omega)$ である限り，$|f(z)-f(z_\nu)|<\varepsilon/2$ が成り立つ

ている. よって, $|f(z)|=|f(z_\nu)+f(z)-f(z_\nu)|\leqq|f(z_\nu)|+|f(z)-f(z_\nu)|<|f(z_\nu)|+\varepsilon/2$ である. 同様に, $|f(z_\nu)|-\varepsilon/2<|f(z)|$ である. 一方, 問 2-3 の結果とその証明から, Ω は, 有限個の点 $z_\nu\in\Omega$ ($\nu=1,2,\cdots,n$) の近傍 $U(z_\nu):|z-z_\nu|<\delta(z_\nu)/2$ の和集合 $U=\bigcup_{\nu=1}^{n}U(z_\nu)$ で覆われる. したがって, $M=\min_{1\leqq\nu\leqq n}|f(z_\nu)|$, $N=\max_{1\leqq\nu\leqq n}|f(z_\nu)|$ とすると, $z\in\Omega$ に対して $M-\varepsilon/2<|f(z)|<N+\varepsilon/2$ である. よって, $|f(z)|$ は有界である. その下限, 上限を α,β とすると, $\alpha\leqq|f(z)|\leqq\beta$. もし, β が最大値でないとすると, $z\in\Omega$ のとき常に $g(z)=1/(\beta-|f(z)|)>0$ となる. $g(z)$ は連続であるから, 上記の結果により $g(z)$ は有界, よって $1/(\beta-|f(z)|)=g(z)<\gamma$ なる正の数 γ が存在する. したがって, $|f(z)|<\beta-(1/\gamma)$ となる. これは, β が上限であったことに矛盾する. ゆえに, β は $|f(z)|$ の最大値である. 同様に, α は $|f(z)|$ の最小値である.

[3] (i) コーシー–リーマンの関係式を使って $f'(z)=\partial u/\partial x+i\partial v/\partial x=\partial v/\partial y-i\partial u/\partial y=0$. ゆえに $\partial u/\partial x=\partial u/\partial y=0$, したがって $u(x,y)=$定数. 同様に, $v(x,y)=$定数.

(ii) $\mathrm{Re}\,f(z)=u(x,y)=$定数 とコーシー–リーマンの関係式より, $\partial u/\partial x=\partial v/\partial y=0$, $\partial u/\partial y=-\partial v/\partial x=0$. したがって $u(x,y)=$定数, $v(x,y)=$定数.

(iii) (ii)と同様に証明される.

(iv) $\mathrm{Im}\,f(z)=0$ であるから, (iii)の特別な場合である.

(v) A を定数として, $f(z)=Ae^{i\theta(z)}$ とおける. $g(z)=\log f(z)=\log A+i\theta(z)$ なる関数を考えると, $\mathrm{Re}\,g(z)=$定数, したがって(ii)より $g(z)=\log f(z)=$定数 である.

[4] $|z|<1$ に含まれる任意の閉集合 A と原点との距離の最大値を $\rho<1$ とすると, A は閉領域 $|z|\leqq\rho<1$ に含まれる. $\lim_{n\to\infty}\rho^n=0$ であるから, 任意の $\varepsilon>0$ に対して, 適当な n_0 をとると, $n\geqq n_0$ に対して A 上で $|z^n|\leqq\rho^n<\varepsilon$ である. よって, $f_n(z)\to0$ ($n\to\infty$) は広義一様収束である. 一方, 任意の n に対して $\lim_{z\to1}z^n=1$ である. したがって, 任意の $\varepsilon:0<\varepsilon<1$ に対して, どのように n をとっても $|z|<1$ を十分 1 に近づけると, $|f_n(z)|>\varepsilon$ となる. よって, $f_n(z)\to0$ ($n\to\infty$) は $|z|<1$ で一様収束ではない.

[5] $z=re^{i\theta}$ とおくと,

$$\log z^2=\log r^2+i(2\theta+2m\pi)=2\log r+2i\theta+2m\pi i \quad (m=0,\pm1,\pm2,\cdots)$$

$$2\log z=2[\log r+i(\theta+2n\pi)]=2\log r+2i\theta+4n\pi i \quad (n=0,\pm1,\pm2,\cdots)$$

である. したがって, 対数関数の多価性による可能な値の集合が異なる. とくに, $\log z^2$ の分岐のうちには, $2\log z$ の分岐に含まれないものがある.

[6] 虚軸に沿っての極限は

$$-i\left[\frac{\partial u}{\partial y}+i\frac{\partial v}{\partial y}\right]_{z=0}=\lim_{y\to0}\left[\frac{f(iy)-f(0)}{iy}\right]=\lim_{y\to0}\frac{-y^3(1-i)}{iy^3}=1+i$$

また, 直線 $y=ax$ に沿っての極限は

$$\lim_{z \to 0}\left[\frac{f(z)-f(0)}{z}\right]^{y=ax} = \lim_{x \to 0}\frac{x^3(1+i)-a^3x^3(1-i)}{(x+iax)(x^2+a^2x^2)} = \frac{(1+i)-a^2(1-i)}{(1+ia)(1+a^2)}$$

とくに，$a=0$ のとき，この極限値は $1+i$ となるから，

$$\left[\frac{\partial u}{\partial x}+i\frac{\partial v}{\partial x}\right]_{z=0} = \lim_{x \to 0}\left[\frac{f(x)-f(0)}{x}\right] = 1+i$$

よって，コーシー–リーマンの関係を満たす．一般に，極限は a によるから，$z=0$ で微分可能ではない．

[7]　まず $f'(0) = \lim_{z \to 0} z\bar{z}/z = \lim_{z \to 0}\bar{z}=0$，よって $f(z)$ は $z=0$ で微分可能である．次に，原点近傍に任意の点 $z_0 = x_0+iy_0 \neq 0$ をとって，実軸に平行な方向の極限をとると，

$$\lim_{z \to z_0}\left[\frac{z\bar{z}-z_0\bar{z}_0}{z-z_0}\right]^{y=y_0} = \lim_{x \to x_0}\frac{x^2+y_0^2-(x_0^2+y_0^2)}{x+iy_0-(x_0+iy_0)} = \lim_{x \to x_0}\frac{x^2-x_0^2}{x-x_0} = 2x_0$$

虚軸に平行な方向の極限をとると，

$$\lim_{z \to z_0}\left[\frac{z\bar{z}-z_0\bar{z}_0}{z-z_0}\right]^{x=x_0} = \lim_{y \to y_0}\frac{x_0^2+y^2-(x_0^2+y_0^2)}{x_0+iy-(x_0+iy_0)} = \lim_{y \to y_0}\frac{y^2-y_0^2}{i(y-y_0)} = -2iy_0$$

したがって，$f(z)$ は，原点近傍の点 $z=z_0 \neq 0$ で微分可能でない，よって $z=0$ で正則でない．

[8]　(i)　$d(e^{z \log z})/dz = z^z(\log z+1)$．(ii)　$\sin w = z$ の両辺を微分して，$(dw/dz)\cos w = 1$．$\cos w = \sqrt{1-\sin^2 w} = \sqrt{1-z^2}$ であるから，$d \sin z/dz = 1/\sqrt{1-z^2}$．(iii)　$\cosh w = z$ の両辺を微分して，$(dw/dz)\sinh w = 1$．$\sinh w = \sqrt{\cosh^2 w-1} = \sqrt{z^2-1}$ であるから，$dw/dz = 1/\sqrt{z^2-1}$．

[9]　(i)　第 n 項を a_n とおくと，$(n+k)a_{n+k} = e^{i\pi(n+k)/k} = -e^{i\pi n/k} = -na_n$．すなわち，$k$ 番目ごとに偏角が π だけずれた項が現れる．したがって，各項の符号が交互に変わる交項級数の収束条件を用いると，次の k 個の部分無限級数 $\sum\limits_{m=0}^{\infty} a_{mk+l} = e^{i\pi l/k}\sum\limits_{m=0}^{\infty}(-1)^m[1/(mk+l)]$ $(l=1,2,\cdots,k)$ は収束する．l について加えると，$\sum\limits_{l=1}^{k}\left(\sum\limits_{m=0}^{\infty}a_{mk+l}\right) = \sum\limits_{n=0}^{\infty}a_n$ も収束することがわかる．

(ii)　$a_n = 1/(1+z^n)$ とおく．$|z|>1$ のとき，$|a_{n+1}/a_n| = |(1+z^n)/(1+z^{n+1})| = |(z^{-n}+1)/(z^{-n}+z)| \to 1/|z|$ $(n \to \infty) < 1$．したがって，ダランベールの判定法（例題 2-1）により，級数は絶対収束する．$|z| \leqq 1$ のとき，ある正の整数 n に対して $z^n = -1$ ならば，級数は意味をもたない．それ以外の場合は，$|1+z^n| \leqq 1+|z|^n \leqq 2$ であるから，$|a_n| \geqq 1/2$ となって，級数は発散する．

[10]　$f'(z) = 0$ となる点を求める：(i)　$z=1/2$，(ii)　$z=n+(1/2)$ $(n=0,\pm1,\pm2,\cdots)$，(iii)　$z=n\pi i$ $(n=0,\pm1,\pm2,\cdots)$．

第3章

問 3-1 複素数とみなした e を $\hat{e}$ と書くと，$\hat{e}^z = e^{z\log\hat{e}} = e^{z(1+i2n\pi)} = 1 = e^{i2m\pi}$ （n, m は整数）．したがって，$z = i2m\pi/(1+i2n\pi)$ （n, m＝整数）．

問 3-2 a^{b+c} の1つの値に対して，a^b, a^c の値を適当に選ぶと，$a^b a^c = a^{b+c}$ が成り立つ．すなわち，a^b, a^c, a^{b+c} は一般に多価であるから，a^b, a^c の値を勝手に選んだのでは，その積が a^{b+c} の与えられた1つの値に一致しない．

問 3-3 $z - a_k = \alpha_k e^{i\theta_k}$ （$k = 1, 2, 3$）とおくと，w の2つの値（分枝）は

$$h_0 = \sqrt{\alpha_1 \alpha_2 \alpha_3}\, e^{i(\theta_1 + \theta_2 + \theta_3)/2}, \qquad h_1 = \sqrt{\alpha_1 \alpha_2 \alpha_3}\, e^{i(\theta_1 + \theta_2 + \theta_3 + 2\pi)/2}$$

である．z 平面上で，z が，分岐点 a_k （$k = 1, 2, 3$）のどれか1つの近傍を1周すると，w の値は別の分枝に変化し，任意の2つを同時に囲む閉曲線に沿って1周すると，w の値は変化なく，3つのすべての分岐点を同時に囲む閉曲線に沿って1周すると，w の値は再び別の分枝に変化する．最後の閉曲線は，どのように大きくとっても結果は変わらないから，リーマン面の切断が無限遠点に延びていることがわかる．すなわち，∞ も1つの分岐点である．この場合のリーマン面は，これら4つの分岐点を任意に2つずつ組み合わせて対ごとに切断を入れ，例えば a_1 と a_2，a_3 と ∞ をそれぞれ結ぶ線に沿って切断を入れた2枚の z 平面を，3-3節の例1で示した要領でその切断部分を互いに接合して，2葉構造につなぎ合わせて得られる（図参照）．この場合，上から下の面（あるいは，下から上の面）へは，2つの切断のどちらからでも行ける．

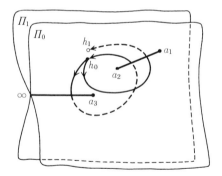

問 3-4 $z - a = \alpha e^{i\theta_a}$，$z - b = \beta e^{i\theta_b}$ とおき，$\omega = e^{i2\pi/3}$ とすると，1つの z に対して，w は3つの値 $h_0 = \sqrt[3]{\alpha\beta}\, e^{i(\theta_a + \theta_b)/3}$，$h_1 = \omega \sqrt[3]{\alpha\beta}\, e^{i(\theta_a + \theta_b)/3}$，$h_2 = \omega^2 \sqrt[3]{\alpha\beta}\, e^{i(\theta_a + \theta_b)/3}$ をとる．このリーマン面は，図（次ページ）で示されているように，2つの分岐点 a, b からそれぞれ無限遠点に延びる切断が入った3平面 Π_0, Π_1, Π_2 からなる3葉構造である．右（左）に与えた図は，3葉リーマン面の継ぎ目の構造を右（左）から見た様子である．

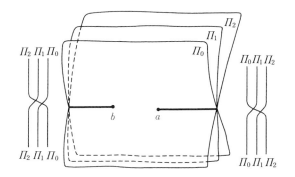

[1] (i) $1+i$, (ii) $e^{-\pi/4}[\cos(\log\sqrt{2})+i\sin(\log\sqrt{2})]$, (iii) $\sqrt{2}\,e^{\pi/4}[\cos(\log$ $\sqrt{2}-\pi/4)+i\sin(\log\sqrt{2}-\pi/4)]$.

[2] (i) $(1/2)\log 2+i(2n-1/4)\pi$, (ii) $i\pi(2n+1/2)$, (iii) $\log 2+i(2n-1/6)\pi$, (iv) $e^{(2n+3/4)\pi}$.

[3] $f(z)$ は，$-1\leqq z\leqq+1$ に切断の入った 2 葉のリーマン面 (Π_0,Π_1) をもつ 2 価関数である．切断上の実数値 $z-1=\rho e^{\pm i(\pi-\varepsilon)}$ $(0\leqq\rho\leqq 2,\ \varepsilon\to 0)$ に対して，$f(z)$ は単位円周上の値 $w=z\pm i\sqrt{1-|z|^2}$ $(|z|\leqq 1)$ をとる．よって，z の 2 葉のリーマン面 Π_0,Π_1 の写像領域は，それぞれ $|w|\geqq 1$ (Π_0)，$|w|\leqq 1$ (Π_1) である．

[4] 演習問題 [3] の解の 2 葉のリーマン面 Π_0,Π_1 において，Π_0 の上半面は w の領域 $0<\mathrm{Re}\,w<\infty$, $2n\pi<\mathrm{Im}\,w<(2n+1)\pi$ に，Π_1 の上半面は w の領域 $-\infty<\mathrm{Re}\,w<0$, $2n\pi<\mathrm{Im}\,w<(2n+1)\pi$ に写像される．

[5] $w=g(W)=1/[2(W-1)]$，$W=h(z)=(1/2)(z+1/z)$ の合成変換として，変換 $w=f(z)=g(h(z))=z/(z-1)^2$ を考える．変換 $W=h(z)$ により，単位円の内部 $|z|<1$ は W 平面上の実軸上の線分 $-1\leqq W\leqq+1$ を除いた全領域に写像される．次いで，変換 $w=g(W)$ により，実軸上の線分 $-1\leqq W\leqq+1$ を除いた全領域は w 平面上の半直線 $-\infty<w\leqq-1/4$ を除いた全領域に写像される．

[6] (i) $z=\cot w=1/\tan w$ であるから，(3.33)式で $z\to 1/z$ の置き換えをすればよい．すなわち，$w=\mathrm{arccot}\,z=\arctan(1/z)$ である．

(ii) $z=\sec w=1/\cos w$ であるから，$w=\mathrm{arcsec}\,z=\arccos(1/z)$ である．

(iii) $z=\mathrm{cosec}\,w=1/\sin w$ であるから，$w=\mathrm{arccosec}\,z=\arcsin(1/z)$ である．

[7] (i) 関係式 $z=\sinh w=(1/2)(e^w-e^{-w})=(1/i)\sin(iw)$ が成り立つから，(3.34a)式で $z\to iz$, $w\to iw$ の置き換えをすればよい．すなわち，$w=\mathrm{arcsinh}\,z=(1/i)\arcsin(iz)$ である．以下(ii)～(vi)は，対応する逆三角関数の表式で同様の置き換えをすればよい．

第4章

問4-1 極形式 $z=re^{i\theta}$, $dz=ire^{i\theta}\,d\theta$ を使って，$S=\dfrac{1}{2i}\oint_C ae^{-i\theta}iae^{i\theta}\,d\theta=\dfrac{1}{2i}ia^2 2\pi=\pi a^2$ が得られる．

問4-2 切れ目に沿って引いた単純閉曲線 $\Gamma=C_0+\sum_j(\gamma_j+\gamma_j{}^{-1}+C_j)$ に対して，コーシーの積分定理より $\oint_\Gamma f(z)dz=0$. ここで関係式 $\oint_{\gamma_j{}^{-1}}f(z)dz=-\oint_{\gamma_j}f(z)dz$, $\oint_{C_j{}^{-1}}f(z)dz=-\oint_{C_j}f(z)dz$ を使う．

問4-3 図4-10に示した切れ目を入れて単純閉曲線 $\Gamma=C_0+\sum_j(\gamma_j+\gamma_j{}^{-1}+C_j)$ を引く．コーシーの積分公式より

$$f(z)=\frac{1}{2\pi i}\oint_\Gamma\frac{f(\zeta)}{\zeta-z}d\zeta$$

である．切れ目の寄与は互いに打ち消し合うから，(4.30) が得られる．

問4-4

$$e^{iz}=1+\frac{iz}{1!}-\frac{z^2}{2!}-i\frac{z^3}{3!}+\cdots=\left(1-\frac{z^2}{2!}+\cdots\right)+i\left(z-\frac{z^3}{3!}+\cdots\right)=\cos z+i\sin z$$

問4-5 $g(z)=1/f(z)$ とおけば，$g(z)$ は D で正則でかつ定数でないから，最大値の原理により $|g(z)|$ は D で最大値をとらない．よって，$|f(z)|$ は D で最小値をとらない．後半の証明は，まず $f(z)$ は D では0にならないが，B 上では0になることがある．この場合は，0が $|f(z)|$ の最小値であるから，証明が終わる．次に，$|f(z)|$ が $\bar{D}$ で0となることがないとき，題意より $|g(z)|$ は $\bar{D}$ で連続であるから，最大値の原理より B 上で最大値をとる．よって，$|f(z)|$ は最小値を B 上でとる．

[1] 曲線 C の媒介変数表示を $z(t)=e^{it}=\cos t+i\sin t$ $(0\le t\le\pi)$ とすると，$dx=-\sin t\,dt$ であるから $\int_C(x^2+y^2)y\,dx=-\int_0^\pi\sin^2 t\,dt=\dfrac{1}{2}\int_0^\pi(\cos 2t-1)dt=[(-1/4)\sin 2t-(t/2)]_0^\pi=-\pi/2$

[2] 部分積分して求まる：(i) $\left[z\dfrac{1}{i}e^{iz}\right]_0^i-\dfrac{1}{i}\int_0^i e^{iz}\,dz=\dfrac{1}{e}-\left[\left(\dfrac{1}{i}\right)^2 e^{iz}\right]_0^i=\dfrac{2}{e}-1$,

(ii) $[z(-\cos z)]_0^i+\int_0^i\cos z\,dz=[z(-\cos z)+\sin z]_0^i=-\dfrac{i}{e}$.

[3] $R<1$ のとき，コーシーの積分定理により積分路 C を実軸上の線分に変形して $I_{R<1}=-\int_{-R}^R\dfrac{dx}{1+x^2}=-2\arctan R$ である．一方，$R>1$ のときは，積分路を $z=i$ の回りの小円 $|z-i|=\varepsilon$ (<1) と実軸上の線分に変形して $I_{R>1}=\oint_{|z-i|=\varepsilon}\dfrac{dz}{1+z^2}+\int_R^{-R}\dfrac{dx}{1+x^2}=\dfrac{1}{2i}\oint_{|z-i|=\varepsilon}\left(\dfrac{1}{z-i}-\dfrac{1}{z+i}\right)dz-\int_{-R}^R\dfrac{dx}{1+x^2}=\pi-2\arctan R$ である．

[4] グリーンの定理(4-15)において $X=0$, $Y=x$ とおく．

[5] $z=re^{i\theta}$ おくと，$dz=izd\theta$ だから $|dz|=rd\theta=-irdz/z$. よって，

$$I=\oint_{|z|=r}\frac{-irdz/z}{(z-a)(\bar{z}-\bar{a})}=\frac{ir}{\bar{a}}\oint_{|z|=r}\frac{dz}{(z-a)(z-(r^2/\bar{a}))}$$

$$=\frac{ir}{r^2-|a|^2}\left[\oint_{|z|=r}\frac{dz}{z-(r^2/\bar{a})}-\oint_{|z|=r}\frac{dz}{z-a}\right]$$

ここで，$|a|\neq r$ だから，a と $r^2/\bar{a}$ のどちらか一方だけが $|z|<r$ に含まれていることに注意すると，$|a|<r$ のとき，

$$I=-\frac{ir}{r^2-|a|^2}\oint_{|z|=r}\frac{dz}{z-a}=\frac{2\pi r}{r^2-|a|^2}\quad(|a|<r)$$

$|a|>r$ のとき，

$$I=\frac{ir}{r^2-|a|^2}\oint_{|z|=r}\frac{dz}{z-(r^2/\bar{a})}=\frac{2\pi r}{|a|^2-r^2}\quad(|a|>r)$$

[6] $|\zeta|=1$ のとき，$\zeta\bar{\zeta}=1$, $d\zeta=-d\bar{\zeta}/\bar{\zeta}^2$ だから，

$$I=\frac{1}{2\pi i}\oint_{|\zeta|=1}\frac{\overline{f(\zeta)}}{(1/\bar{\zeta})-z}\left(-\frac{d\bar{\zeta}}{\bar{\zeta}^2}\right)=\overline{\frac{1}{2\pi i}\oint_{|\zeta|=1}\frac{f(\zeta)}{\zeta(1-\bar{z}\zeta)}d\zeta}$$

ここで，被積分関数は $\zeta=0$ と $\zeta=1/\bar{z}$ に極をもつ．$|z|<1$ のとき，単位円周 $|\zeta|=1$ は極 $\zeta=0$ のみを含むから，コーシーの積分公式によって

$$\frac{1}{2\pi i}\oint_{|\zeta|=1}\frac{f(\zeta)}{\zeta(1-\bar{z}\zeta)}d\zeta=\left[\frac{f(\zeta)}{1-\bar{z}\zeta}\right]_{\zeta=0}=f(0)$$

$|z|>1$ のとき，極 $\zeta=1/\bar{z}$ が単位円周内に入るから，再びコーシーの積分公式によって

$$\frac{1}{2\pi i}\oint_{|\zeta|=1}\frac{f(\zeta)}{\zeta(1-\bar{z}\zeta)}d\zeta=\frac{1}{2\pi i}\oint_{|\zeta|=1}f(\zeta)\left(\frac{1}{\zeta}-\frac{1}{\zeta-(1/\bar{z})}\right)d\zeta=f(0)-f(1/\bar{z})$$

[7] B 上で $|f(z)|\equiv M$ とすれば，最大値の原理によって $\bar{D}$ で $|f(z)|\leqq M$. もし $f(z)$ が D で零点をもたない，すなわち $f(z)\neq0$ とすれば，$1/f(z)$ は $\bar{D}$ で正則でかつ B 上で $|1/f(z)|=1/M$ となるから，最大値の原理によって $\bar{D}$ で $|1/f(z)|\leqq1/M$, すなわち $|f(z)|\geqq M$ となる．したがって，$\bar{D}$ で $|f(z)|=M$ が成り立ち，よって第2章の演習問題[3](v)の結果により $f(z)\equiv$ 定数 となる．これは矛盾である．ゆえに，D で $f(z)=0$ となる点がある．

[8] (i) $(z/2)\cot(z/2)=(iz/2)+iz/(e^{iz}-1)$ を使う．(ii) $\tanh z=1-1/(e^{2z}-1)+2/(e^{4z}-1)$ を使う．

[9] (i) まず部分分数展開をして，テイラー展開を行う：$1/(1+z+z^2)=1/(z+e^{i\pi/3})(z+e^{-i\pi/3})=[1/(e^{i\pi/3}-e^{-i\pi/3})][e^{i\pi/3}/(1+e^{i\pi/3}z)-e^{-i\pi/3}/(1+e^{-i\pi/3}z)]=[1/2i\sin(\pi/3)]\sum_{n=0}^{\infty}(-1)^n[(e^{i\pi/3})^{n+1}-(e^{-i\pi/3})^{n+1}]z^n=\sum_{n=0}^{\infty}[(2/\sqrt{3})\sin(2\pi(n+1)/3)]z^n$.

(ii) テイラー展開 $\log(1+z)=\sum_{n=1}^{\infty}[(-1)^{n-1}/n]z^n$ を使う：

$\arctan z = (1/2i)\log[(i-z)/(i+z)] = (1/2i)\{\log[(i-1)/(i+1)]+\log[1-(z-1)/$
$(i-1)]-\log[1+(z-1)/(i+1)]\} = (1/2i)(3\pi i/4 - \pi i/4)+(1/2i)\sum_{n=1}^{\infty}(1/n)[(z-1)/$
$\sqrt{2}\,]^n(-e^{-3in\pi/4}+e^{3in\pi/4}) = \pi/4+\sum_{n=1}^{\infty}(1/n)[(z-1)/\sqrt{2}\,]^n\sin(3n\pi/4)$

あるいは，$(\arctan z)' = 1/(1+z^2)$ を部分分数展開して，$z_0=1$ の回りでテイラー展開した結果を，項別積分することによっても求められる.

第5章

問5-1 定義から $\mathrm{Res}(a) = c_{-1}$ である. また, $f(z=1/\zeta)$ の $z=\infty$ $(\zeta=0)$ のまわりのローラン展開は $f(z) = c_{-1}/z + \sum_{n+1}(b_n/z^n)$ となるから, $\mathrm{Res}(\infty) = -c_{-1}$ である.

問5-2 十分大きな R をとると, 領域 $R<|z|<\infty$ で $f(z)$ は1価正則だから, 無限遠点の留数は

$$\mathrm{Res}(\infty) = -\frac{1}{2\pi i}\oint_{|z|=R}f(z)dz$$

一方, 有限領域の特異点を $a_j\,(j=1,2,\cdots,n)$ とすると, 留数の定理により

$$\frac{1}{2\pi i}\oint_{|z|=R}f(z)dz = \sum_{j=1}^{n}\mathrm{Res}(a_j)$$

よって, $\mathrm{Res}(\infty)+\sum_{j=1}^{n}\mathrm{Res}(a_j)=0$ が成り立つ.

問5-3 ζ の関数 $zf(\zeta)/\zeta(\zeta-z)$ は, 積分路 C_n 内にたかだか $n+2$ 個の点 $\zeta=0,z,z_k$ $(k=1,2,\cdots,n)$ に極をもつ. 関係式

$$\frac{zf(\zeta)}{\zeta(\zeta-z)} = f(\zeta)\left(\frac{1}{\zeta-z}-\frac{1}{\zeta}\right) = f(\zeta)\left(-\sum_{m=0}^{\infty}\frac{(\zeta-z_k)^m}{(z-z_k)^{m+1}}+\sum_{m=0}^{\infty}\frac{(\zeta-z_k)^m}{(-z_k)^{m+1}}\right)$$

を使って, 各極の留数を拾い出すと

$$\frac{z}{2\pi i}\oint_{C_n}\frac{f(\zeta)}{\zeta(\zeta-z)}d\zeta = f(z)-f(0)+\sum_{k=1}^{n}(-p_k(z)+p_k(0))$$

が得られる.

問5-4 (i) 複素関数 $1/\cos z$ について, 定理5-9の条件が $q=1$ としてすべて満たされていることを確かめる方法もあるが, ここでは例題5-1の結果を使って, 別の証明を与える：展開式(5.18)

$$\frac{1}{\sin z} = \frac{1}{z}+2z\sum_{n=1}^{\infty}\frac{(-1)^n}{z^2-n^2\pi^2} = \frac{1}{z}+\sum_{n=1}^{\infty}(-1)^n\left(\frac{1}{z-n\pi}+\frac{1}{z+n\pi}\right)$$

において, $z\to z+\pi/2$ なる代入をすると,

$$\frac{1}{\cos z} = \sum_{-\infty}^{\infty}(-1)^n\left(\frac{1}{z-(2n-1)\pi/2}+\frac{1}{(2n-1)\pi/2}\right)+c,$$

$$\text{ただし}\quad c = \frac{1}{\pi/2} + \sum_{n=1}^{\infty} (-1)^n \left(\frac{1}{\pi/2 - n\pi} + \frac{1}{\pi/2 + n\pi} \right)$$

が成り立つ. 最後の定数は,上式で $z=0$ とおいて $c=1$ であることがわかる.

(ii) $f(z) = \cot z - 1/z$, $f(0) = 0$ とおくと,$f(z)$ は $|z| < \infty$ で有理型で,その極 $z = n\pi$ ($n = \pm 1, \pm 2, \cdots$)はすべて 1 位で,$\mathrm{Res}(n\pi) = 1$ である. 定理 5-9 の条件が $q=1$ としてすべて満たされ,よって例題 5-1 にならって

$$f(z) = \cot z - \frac{1}{z} = \sum_{n=1}^{\infty} \left(\frac{1}{z - n\pi} + \frac{1}{n\pi} + \frac{1}{z + n\pi} + \frac{1}{-n\pi} \right) = \sum_{n=-\infty}^{+\infty}{}' \left(\frac{1}{z - n\pi} + \frac{1}{n\pi} \right)$$

が得られる.

(iii) (ii)で $z \to z + \pi/2$ の代入をすると,

$$-\tan z = \frac{1}{z + \pi/2} + \sum_{n=-\infty}^{+\infty}{}' \left(\frac{1}{z - (2n-1)\pi/2} + \frac{1}{n\pi} \right)$$

$$= \frac{1}{z + \pi/2} + \frac{1}{-\pi/2} + \sum_{n=-\infty}^{+\infty}{}' \left(\frac{1}{z - (2n-1)\pi/2} + \frac{1}{(2n-1)\pi/2} \right) + c,$$

$$c = \frac{1}{\pi/2} + \sum_{n=-\infty}^{+\infty}{}' \left(\frac{1}{n\pi} - \frac{1}{(2n-1)\pi/2} \right)$$

である. 上式で $z=0$ とおけば,$c=0$ となるから,求める展開式が得られる.

[1] 部分分数展開

$$\frac{1}{z(z-a)(z-b)} = \frac{1}{ab}\frac{1}{z} + \frac{1}{a(a-b)}\frac{1}{z-a} - \frac{1}{(a-b)b}\frac{1}{z-b}$$

を使う.

(i) $\quad \dfrac{1}{ab}\dfrac{1}{z} - \dfrac{1}{a^2(a-b)}\sum_{n=0}^{\infty} \left(\dfrac{z}{a} \right)^n + \dfrac{1}{(a-b)b^2}\sum_{n=0}^{\infty} \left(\dfrac{z}{b} \right)^n$

(ii) $\quad \dfrac{1}{ab}\dfrac{1}{z} + \dfrac{1}{a^2(a-b)}\sum_{n=0}^{\infty} \left(\dfrac{a}{z} \right)^{n+1} + \dfrac{1}{(a-b)b^2}\sum_{n=0}^{\infty} \left(\dfrac{z}{b} \right)^n$

(iii) $\quad \dfrac{1}{ab}\dfrac{1}{z} + \dfrac{1}{a^2(a-b)}\sum_{n=0}^{\infty} \left(\dfrac{a}{z} \right)^{n+1} - \dfrac{1}{(a-b)b^2}\sum_{n=0}^{\infty} \left(\dfrac{b}{z} \right)^{n+1}$

[2] 定理 5-1 により,$J_n(t) = \dfrac{1}{2\pi i} \displaystyle\int_{|z|=1} \exp\left[\dfrac{t}{2}\left(z - \dfrac{1}{z} \right) \right] z^{-n-1} dz$. ここで $z = e^{i\theta}$ とおくと,$J_n(t) = \dfrac{1}{2\pi} \displaystyle\int_{-\pi}^{\pi} \exp[t(e^{i\theta} - e^{-i\theta})/2] e^{-in\theta} d\theta = \dfrac{1}{2\pi} \displaystyle\int_{-\pi}^{\pi} e^{it\sin\theta - in\theta} d\theta = \dfrac{1}{2\pi} \displaystyle\int_{-\pi}^{\pi} \cos(t\sin\theta - n\theta) d\theta + \dfrac{i}{2\pi} \displaystyle\int_{-\pi}^{\pi} \sin(t\sin\theta - n\theta) d\theta$. 第 1(2)項の被積分関数は偶(奇)関数であるから,$J_n(t) = \dfrac{1}{\pi} \displaystyle\int_{0}^{\pi} \cos(t\sin\theta - n\theta) d\theta$. この結果から,積分変数の置き換え $\theta \to \pi - \theta$ によっ

て，$J_n(t)=(-1)^n J_{-n}(t)$ は直接示すことができる．

[3] 問5-4(ii)，(iii)の右辺はいずれも広義の一様に収束するから，項別微分が許される．両辺を微分すると，それぞれ(i)，(ii)が求まる．

[4] 留数はそれぞれ，$\mathrm{Res}(0)=1/ab$, $\mathrm{Res}(a)=1/a(a-b)$, $\mathrm{Res}(b)=-1/(a-b)b$. 積分は，$\dfrac{1}{2\pi i}\displaystyle\oint_{|z|=R}f(z)dz=\mathrm{Res}(0)+\mathrm{Res}(a)+\mathrm{Res}(b)=0$.

[5] 定理5-8の証明で用いた方法$\left(\text{関係式 }\dfrac{1}{\zeta-z}=\sum_{n=1}^{\infty}\dfrac{(z-a)^{n-1}}{(\zeta-a)^n}\text{ を使う}\right)$で直接証明できるが，ここでは別の証明を与える．$f(z)=p(z)+q(z)$ とおくと，$q(z)/(\zeta-z)$ は $z=a$ で正則であるから，$f(z)/(\zeta-z)$ の $z=a$ における留数 $\mathrm{Res}(a)$ は $p(z)/(\zeta-z)$ の留数に等しい．$p(z)/(\zeta-z)$ は $|z|<\infty$ で有理型で，その極は $z=a,\zeta$ だけである．$z=\zeta$ における留数を $\mathrm{Res}_p(\zeta)=-p(\zeta)$ とすると，$R>\max(|a|,|\zeta|)$ に対して留数の定理より $\mathrm{Res}(a)+\mathrm{Res}_p(\zeta)=\dfrac{1}{2\pi i}\displaystyle\int_{|z|=R}\dfrac{p(z)}{\zeta-z}dz$. 任意の $\varepsilon>0$ に対して十分大きな R をとり，$R>2|\zeta|$ であると同時に，$|z|=R$ のとき $|p(z)|<\varepsilon/2$ となるようにすると，$|\zeta-z|>R/2$ であるから $\left|\dfrac{1}{2\pi i}\displaystyle\int_{|z|=R}\dfrac{p(z)}{\zeta-z}dz\right|<\dfrac{1}{2\pi}\displaystyle\int_0^{2\pi}\dfrac{\varepsilon}{2}\dfrac{2}{R}R\,d\theta=\varepsilon$. したがって，$\mathrm{Res}(a)+\mathrm{Res}_p(\zeta)=0$，ゆえに $\mathrm{Res}(a)=-\mathrm{Res}_p(\zeta)=p(\zeta)$

[6]

$$p_n=\pi z\prod_{k=1}^{n}\left(1+\frac{z}{2k-1}\right)\left(1+\frac{z}{2k}\right)\left(1-\frac{z}{k}\right)=\pi z\prod_{k=1}^{2n}\left(1+\frac{z}{k}\right)\prod_{k=1}^{n}\left(1-\frac{z}{k}\right)$$

$$=\pi z e^{z\left(1+\frac{1}{2}+\cdots+\frac{1}{2n}\right)}\left[\prod_{k=1}^{2n}\left(1+\frac{z}{k}\right)e^{-z/k}\right]e^{-z\left(1+\frac{1}{2}+\cdots+\frac{1}{n}\right)}\left[\prod_{k=1}^{n}\left(1-\frac{z}{k}\right)e^{z/k}\right]$$

$$=\pi z e^{z\left(\frac{1}{n+1}+\frac{1}{n+2}+\cdots+\frac{1}{2n}\right)}\prod_{k=-2n}^{n}{}'\left(1-\frac{z}{k}\right)e^{z/k}$$

である．ここで

$$\lim_{n\to\infty}\left(\frac{1}{n+1}+\frac{1}{n+2}+\cdots+\frac{1}{2n}\right)=\lim_{n\to\infty}\frac{1}{n}\left(\frac{1}{1+1/n}+\frac{1}{1+2/n}+\cdots+\frac{1}{1+n/n}\right)=\int_0^1\frac{dx}{1+x}=\log 2$$

を使うと，

$$\lim_{n\to\infty}e^{z\left(1+\frac{1}{2}+\cdots+\frac{1}{2n}\right)}=e^{z\log 2}.$$ また，(5.21)式において $z\to\pi z$ なる代入を行うと，$\sin\pi z=\pi z\displaystyle\prod_{n=-\infty}^{\infty}{}'\left(1-\frac{z}{n}\right)e^{z/n}$ が得られる．したがって，$\displaystyle\lim_{n\to\infty}p_n=e^{z\log 2}\sin\pi z$ となる．

[7] 二項定理により

$$a_n=(-1)^n\frac{(-i)(-i-1)\cdots(-i-n+1)}{n!}=\frac{i(i+1)\cdots(i+n-1)}{1\cdot 2\cdots n}$$

$$=i\left(1+\frac{i}{1}\right)\left(1+\frac{i}{2}\right)\cdots\left(1+\frac{i}{n-1}\right)\frac{1}{n}=i\frac{1}{n}\prod_{k=1}^{n-1}\left(1+\frac{i}{k}\right)$$

である．よって，(5.21)式を使って

$$\lim_{n\to\infty}|na_n|^2 = \lim_{n\to\infty}(na_n)(n\bar{a}_n) = \lim_{n\to\infty}\prod_{k=1}^{n-1}\Big(1+\frac{i}{k}\Big)\prod_{k=1}^{n-1}\Big(1-\frac{i}{k}\Big) = \lim_{n\to\infty}\prod_{k=1}^{n-1}\Big(1-\frac{i^2}{k^2}\Big)$$
$$= \prod_{k=1}^{\infty}\Big(1-\frac{(i\pi)^2}{k^2\pi^2}\Big) = \frac{1}{i\pi}i\pi\prod_{k=1}^{\infty}\Big(1-\frac{(i\pi)^2}{k^2\pi^2}\Big) = \frac{1}{i\pi}\sin i\pi = \frac{\sinh\pi}{\pi}$$

が得られる．したがって，証明すべき結果が得られる．

[8]
$p_n(z)=\prod\limits_{k=0}^{n}(1+z^{2^k})$ とおくと，

$$p_n(z) = \sum_{k=0}^{2^{n+1}-1} z^k \quad (n=0,1,2,\cdots)$$

であることが，帰納法で証明される．よって，

$$\prod_{n=0}^{\infty}(1+z^{2^n}) = \sum_{n=0}^{\infty} z^n = \frac{1}{1-z}$$

が得られる．

[9] 零点 a_i の近傍で $g(z)f'(z)/f(z)\simeq g(a_i)k_i/(z-a_i)$，また極 b_j の近傍では $g(z)f'(z)/f(z)\simeq -g(b_j)l_j/(z-b_j)$ であることに注意して，定理 5-5 と同様に証明する．

[10] 題意より，$f(z)=0$ はただ 1 つの根 $z=h^{-1}(w)$ をもつ．前問で $f(z)=h(z)-w$，$f'(z)=h'(z)$，$g(z)=z$ とおくと，逆関数 $h^{-1}(w)$ の表示が証明される．

第 6 章

問 6-1 関数 $f(\theta)=\sin\theta$ は，領域 $0\leqq\theta\leqq\pi/2$ で，$f'(\theta)=\cos\theta\geqq0$，$f''(\theta)=-\sin\theta\leqq0$ であるから，上に凸である．したがって $f(\theta)$ は，2 点 $\theta=0,\pi/2$ での値 $f(0)=0$，$f(\pi/2)=1$ を結ぶ直線 $g_1(\theta)=(2/\pi)\theta$ より上にあり，かつ $\theta=0$ における勾配 $f'(0)=1$ の接線 $g_2(\theta)=\theta$ より下にある．ゆえに，ジョルダンの不等式が成り立つ．

問 6-2 $z=e^{i\theta}$ の置き換えにより

$$I = \frac{1}{2a}\oint_{|z|=1} \frac{z^2+1}{z(z+i/a)(z+ia)}\,dz$$

被積分関数は単位円内の 2 点 $z=0,-ia$ に極をもち，その留数は

$$\mathrm{Res}(0) = \lim_{z\to0}\frac{z^2+1}{(z+i/a)(z+ia)} = -1,\ \ \mathrm{Res}(-ia) = \lim_{z\to-ia}\frac{z^2+1}{z(z+i/a)} = +1$$

したがって，$I=(1/2a)2\pi i\{\mathrm{Res}(0)+\mathrm{Res}(-ia)\}=0$ である．

問 6-3 積分路として，図 6-5 に示した閉曲線を x 軸に関して反転して得られる閉曲線を考えると，証明は本文の IV と同様にしてできる．

[1] 1 位の極 $z=0$ に留数の定理を使って, $\oint_{|z|=1}(e^z/z)dz=2\pi ie^0=2\pi i$. 積分変数変換 $z=e^{i\theta}$ を行って両辺の虚部をとると, $\int_0^{2\pi}e^{\cos\theta}\cos(\sin\theta)d\theta=2\pi$.

[2] $e^{i\theta}=z$ とおいて, 留数の定理, コーシーの積分公式または定理 4-8 を使う:

(i) $\dfrac{i}{2}\oint_{|z|=1}\dfrac{(z^2-1)dz}{z(az-i)(z-ia)}=\dfrac{i}{2}2\pi i\left[\mathrm{Res}(0)+\mathrm{Res}\left(\dfrac{i}{a}\right)\right]$

$\qquad =-\pi\left(\dfrac{1}{a}+\dfrac{a^2+1}{a(1-a^2)}\right)=\dfrac{2\pi}{a(a^2-1)}$

(ii) $-\dfrac{4i}{b^2}\oint_{|z|=1}\dfrac{zdz}{[z+(a/b)-\sqrt{(a^2/b^2)-1}]^2\,[z+(a/b)+\sqrt{(a^2/b^2)-1}]^2}$

$\qquad =\left(-\dfrac{4i}{b^2}\right)2\pi i\dfrac{d}{dz}\left[\dfrac{z}{[z+(a/b)+\sqrt{(a^2/b^2)-1}]^2}\right]_{z=-(a/b)+\sqrt{(a^2/b^2)-1}}=\dfrac{2\pi a}{\sqrt{a^2-b^2}}$

(iii) $(-i)\oint_{|z|=1}\dfrac{(1/2)(z^n+z^{-n})dz/z}{a-(b/2)(z+1/z)}$

$\qquad =\dfrac{i}{b}\oint_{|z|=1}\dfrac{(z^n+z^{-n})dz}{(z-(a/b)-\sqrt{(a/b)^2-1})(z-(a/b)+\sqrt{(a/b)^2-1})}$

$\qquad =\dfrac{i}{b}2\pi i\dfrac{((a/b)+\sqrt{(a/b)^2-1})^n+((a/b)-\sqrt{(a/b)^2-1})^n}{-2\sqrt{(a/b)^2-1}}$

$\qquad +\dfrac{i}{b}2\pi i\dfrac{1}{((a/b)+\sqrt{(a/b)^2-1})((a/b)-\sqrt{(a/b)^2-1})}$

$\qquad \times\sum_{k=0}^{n-1}\left[\dfrac{1}{(a/b)+\sqrt{(a/b)^2-1}}\right]^k\left[\dfrac{1}{(a/b)-\sqrt{(a/b)^2-1}}\right]^{n-1-k}$

$\qquad =\dfrac{i}{b}2\pi i\dfrac{((a/b)+\sqrt{(a/b)^2-1})^n+((a/b)-\sqrt{(a/b)^2-1})^n}{-2\sqrt{(a/b)^2-1}}$

$\qquad +\dfrac{i}{b}2\pi i\dfrac{((a/b)-\sqrt{(a/b)^2-1})^n-((a/b)+\sqrt{(a/b)^2-1})^n}{-2\sqrt{(a/b)^2-1}}$

$\qquad =\dfrac{2\pi}{b}\dfrac{((a/b)-\sqrt{(a/b)^2-1})^n}{\sqrt{(a/b)^2-1}}=\dfrac{2\pi(a-\sqrt{a^2-b^2})^n}{b^n\sqrt{a^2-b^2}}$

[3] (i) 面積分にし, 極座標を使って計算する: $\left(\int_{-\infty}^{\infty}e^{-x^2}dx\right)\left(\int_{-\infty}^{\infty}e^{-y^2}dy\right)=$
$4\left(\int_0^{\infty}e^{-x^2}dx\right)\left(\int_0^{\infty}e^{-y^2}dy\right)=\int_0^{2\pi}d\theta\int_0^{\infty}e^{-r^2}rdr=2\pi\dfrac{1}{2}=\pi$ から, 答を得る.

(ii) 扇形 $0\leqq\theta\leqq\pi/4$, $|z|\leqq R$ の周に沿って e^{-z^2} を積分すると, $z=re^{i\theta}$ とおいて
$\int_0^R e^{-x^2}dx+\int_0^{\pi/4}e^{-R^2e^{2i\theta}}Re^{i\theta}\,i\,d\theta+\int_R^0 e^{-r^2e^{\pi i/2}}e^{\pi i/4}dr=0$ が得られる. 左辺の第 3 項は

$e^{\pi i/4}\displaystyle\int_R^0 e^{-x^2 i}\,dx = e^{\pi i/4}\displaystyle\int_R^0(\cos x^2 - i\sin x^2)dx$ に等しく，また第 2 項は $2\theta=\dfrac{\pi}{2}-t$ の置き換えをし，ジョルダンの不等式を使って

$$\left|\int_0^{\pi/4} e^{-R^2 e^{2i\theta}}Re^{i\theta}d\theta\right| \leqq \int_0^{\pi/4} e^{-R^2\cos 2\theta}Rd\theta = \frac{R}{2}\int_0^{\pi/2} e^{-R^2\sin t}dt$$

$$\leqq \frac{R}{2}\int_0^{\pi/2} e^{-R^2 2t/\pi}dt = \frac{\pi}{4R}(1-e^{-R^2})$$

となるから，$R\to\infty$ で 0 に収束する．よって，

$$\int_0^\infty(\cos x^2 - i\sin x^2)dx = e^{-\pi i/4}\int_0^\infty e^{-x^2}dx = \frac{1}{\sqrt{2}}(1-i)\frac{\sqrt{\pi}}{2}$$

である．両辺の実部と虚部を比べると，求める結果が得られる．

[4]　（a）　$m>0$ のとき，変換 $z=i\zeta=i(\xi+i\eta)$ をほどこすと，ζ 面上の曲線を $D_{\delta,R}:-R\leqq\xi\leqq-\delta;\ \zeta=\delta e^{i\theta}(-\pi\leqq\theta\leqq 0);\ \delta\leqq\xi\leqq R$ として，

$$\int_{C_{\delta,R}}\frac{e^{mz}}{z}dz = \int_{D_{\delta,R}}\frac{e^{im\zeta}}{\zeta}d\zeta$$

となる．$D_{\delta,R}$ に半円 $K_R:\zeta=Re^{i\theta}(0\leqq\theta\leqq\pi)$ をつないで閉曲線をつくると，$e^{im\zeta}/\zeta$ は $\zeta=0$ を 1 位の極とし，留数は 1 であるから，

$$\int_{D_{\delta,R}}\frac{e^{im\zeta}}{\zeta}d\zeta + \int_{K_R}\frac{e^{im\zeta}}{\zeta}d\zeta = 2\pi i \cdots(1)$$

となる．ジョルダンの補助定理により，$m>0$ のとき

$$\lim_{R\to\infty}\int_{K_R}\frac{e^{im\zeta}}{\zeta}d\zeta = 0.\ \ \text{ゆえに}\ \ \text{p.\,v.}\int_{C_\delta}\frac{e^{mz}}{z}dz = 2\pi i \quad(m>0).$$

（b）　$m=0$ のとき，（a）と同じ要領で(1)式（ただし，$m=0$）を得るが，

$$\int_{K_R}\frac{d\zeta}{\zeta} = \int_0^\pi i\,d\theta = \pi i \ \text{であるから,}\ \ \text{p.\,v.}\int_{C_\delta}\frac{dz}{z} = \pi i \quad(m=0)$$

（c）　$m<0$ のとき，変換 $z=-i\zeta\,(\zeta=\xi+i\eta)$ をほどこすと，ζ 面上の曲線を $D'_{\delta,R}:-R\leqq\xi\leqq-\delta;\ \zeta=\delta e^{i\theta}(\pi\geqq\theta\geqq 0);\ \delta\leqq\xi\leqq R$ として，

$$\int_{C_{\delta,R}}\frac{e^{mz}}{z}dz = -\int_{D'_{\delta,R}}\frac{e^{i(-m)\zeta}}{\zeta}d\zeta$$

となる．$D'_{\delta,R}$ に K_R を付け加えて得られる閉曲線の内部で $e^{i(-m)\zeta}/\zeta$ は正則であるから，

$$\int_{D'_{\delta,R}}\frac{e^{i(-m)\zeta}}{\zeta}d\zeta + \int_{K_R}\frac{e^{i(-m)\zeta}}{\zeta}d\zeta = 0$$

ここで $R\to\infty$ とすれば，再びジョルダンの補助定理により第 2 項は 0 に収束し，よって

$$\mathrm{p.\,v.}\int_{C_\delta}\frac{e^{mz}}{z}dz=0\quad(m<0)$$

[5] z 平面上の 4 点 $-R, R, R+ib, -R+ib$ を頂点とする長方形に沿って e^{-z^2} を積分すると，コーシーの積分定理により $\int_{-R}^{R}e^{-x^2}dx+\int_{0}^{b}e^{-(R+iy)^2}i\,dy+\int_{R}^{-R}e^{-(x+ib)^2}dx+\int_{b}^{0}e^{-(-R+iy)^2}i\,dy=0$ である．第 2, 4 項を評価すると，$\left|\int_{0}^{b}e^{-(\pm R+iy)^2}i\,dy\right|\leqq\int_{0}^{b}e^{-R^2+b^2}dy=be^{-R^2+b^2}\to0\,(R\to\infty)$ であるから，$\lim_{R\to\infty}\int_{-R}^{R}e^{-(x+ib)^2}dx=\int_{-\infty}^{\infty}e^{-x^2}dx=\sqrt{\pi}$ が成り立つ．$|e^{-(x+ib)^2}|=e^{b^2}e^{-x^2}$ だから，左辺は広義の積分として存在し，その値は $\sqrt{\pi}$ である．両辺の実部をとり，$\int_{-\infty}^{\infty}e^{-x^2+b^2}\cos2bx\,dx=\sqrt{\pi}$．ゆえに，$\int_{-\infty}^{\infty}e^{-x^2}\cos2bx\,dx=\sqrt{\pi}\,e^{-b^2}$．

[6] （i） 原点を分岐点とし，正の実軸に沿って切断を入れた複素平面で定義された関数

$$f(z)=\frac{z^p}{1+2z\cos\theta+z^2}=\frac{z^p}{(z-e^{i(\pi+\theta)})(z-e^{i(\pi-\theta)})}\quad(0<\pi\pm\theta<2\pi)$$

を考える．$f(z)$ は $z=e^{i(\pi\pm\theta)}$ に 1 位の極をもつ．図 6-7 に示された閉曲線に沿って積分路をとると，留数の定理により，

$$\left(\int_{\rho}^{R}+e^{2\pi pi}\int_{R}^{\rho}\right)\frac{x^p\,dx}{1+2x\cos\theta+x^2}+\left(\int_{K_R}+\int_{K_\rho}\right)\frac{z^p dz}{1+2z\cos\theta+z^2}$$
$$=2\pi i\left(\frac{e^{i(\pi+\theta)p}}{e^{i(\pi+\theta)}-e^{i(\pi-\theta)}}+\frac{e^{i(\pi-\theta)p}}{e^{i(\pi-\theta)}-e^{i(\pi+\theta)}}\right)=2\pi i\frac{e^{i\pi p}(-2i\sin\theta p)}{2i\sin\theta}$$

が成り立つ．$-1<p<1$ であることに注意すると，極限 $R\to\infty$, $\rho\to0$ で左辺の第 3, 4 項の寄与は消えるから，

$$\int_{0}^{\infty}\frac{x^p\,dx}{1+2x\cos\theta+x^2}=2\pi i\frac{e^{i\pi p}(-2i\sin\theta p)}{2i\sin\theta}\frac{1}{1-e^{2i\pi p}}=\frac{\pi}{\sin\pi\theta}\frac{\sin\theta p}{\sin\theta}$$

が得られる．

（ii），（iii） 定積分

$$\int_{0}^{\infty}(\cos x^\alpha+i\sin x^\alpha)dx=\int_{0}^{\infty}e^{ix^\alpha}dx=\frac{1}{\alpha}\int_{0}^{\infty}e^{it}t^{(1/\alpha-1)}dt$$

を考える．$z=re^{i\theta}$ とおいて，4 つの部分曲線（$\rho\leqq r\leqq R$, $\theta=0$），$K_R:(r=R,\,0\leqq\theta\leqq\pi/2)$，$(R\geqq r\geqq\rho,\,\theta=\pi/2)$，$K_\rho:(r=\rho,\,\pi/2\geqq\theta\geqq0)$ からなる閉曲線 C を考える．複素関数 $f(z)=(1/\alpha)e^{iz}z^{(1/\alpha-1)}$ に対してコーシーの積分定理を適用すると，$\int_{\rho}^{R}f(t)dt+\int_{0}^{\pi/2}f(Re^{i\theta})iRe^{i\theta}d\theta+\int_{R}^{\rho}f(re^{i\pi/2})e^{i\pi/2}dr+\int_{\pi/2}^{0}f(\rho e^{i\theta})i\rho e^{i\theta}d\theta=0$ が成り立つ．極限 $R\to\infty$,

$\rho \to 0$ で左辺の第2,4項の寄与は消えることが示せるから,

$$\int_0^\infty e^{ix^a}dx = \frac{1}{\alpha}\int_0^\infty e^{it}t^{(1/\alpha-1)}dt = e^{i\frac{\pi}{2\alpha}}\frac{1}{\alpha}\int_0^\infty e^{-r}r^{(1/\alpha-1)}dr = \frac{1}{\alpha}\Gamma\left(\frac{1}{\alpha}\right)e^{i\frac{\pi}{2\alpha}}$$

が得られる. この実部, 虚部をとると, (ii), (iii)の結果が得られる.

(iv) 複素関数

$$f(z) = \frac{1}{z}\left(\frac{z-b}{z-a}\right)^\beta$$

は, 正の実軸上の切断 $0<a\le z\le b$ を除いた領域において, 原点と無限遠点以外で1価正則である. よって, $z=0$ の回りでのローラン展開は

$$f(z) = \left(\frac{b}{a}\right)^\beta\frac{1}{z} + \beta\left(\frac{1}{a}-\frac{1}{b}\right)\left(\frac{b}{a}\right)^\beta + \cdots \quad (0<|z|<a)$$

また $z=\infty$ の回りのローラン展開は

$$f(z) = \frac{1}{z} - \beta(b-a)\frac{1}{z^2} + \cdots \quad (b<|z|<\infty)$$

である. これより, 原点および無限遠点での留数はそれぞれ $\text{Res}(0)=(b/a)^\beta$, $\text{Res}(\infty) = -1$ である. 図6-9に示されたように(ただし, 切断は原点を含まないとする.), 切断 $0<a\le z\le b$ の回りに切断を左に見て回る閉曲線 C_2 をとると, $f(z)$ は原点と無限遠点を含む閉曲線 C_2 で囲まれた領域で, 有限個の点 $z=0$, $z=\infty$ を除いて1価正則であるから, 留数の定理(5.9)式により $\oint_{C_2^{-1}} f(z)dz = -\oint_{C_2} f(z)dz = 2\pi i[\text{Res}(0)+\text{Res}(\infty)] = 2\pi i[(b/a)^\beta-1]$ が得られる. 切断の回りの積分は, $-1<\beta<1$ を考慮すると, 分岐点 a,b の回りの寄与は閉曲線の半径を0にする極限で消えるから, 切断に沿った寄与のみとなる. 各因子の位相を正しくとると,

$$-\oint_{C_2} f(z)dz = -\int_b^a \frac{1}{x}\left(\frac{e^{i\pi}(b-x)}{x-a}\right)^\beta dx - \int_a^b \left(\frac{e^{i\pi}(b-x)}{e^{2i\pi}(x-a)}\right)^\beta dx$$

$$= (e^{i\pi\beta}-e^{-i\pi\beta})\int_a^b \frac{1}{x}\left(\frac{b-x}{a}\frac{x}{x}\right)^\beta dx$$

となる. よって,

$$\int_a^b \frac{1}{x}\left(\frac{b-x}{a-x}\right)^\beta dx = \frac{2\pi i}{e^{i\pi\beta}-e^{-i\pi\beta}}\left[\left(\frac{b}{a}\right)^\beta-1\right] = \frac{\pi}{\sin \pi\beta}\left[\left(\frac{b}{a}\right)^\beta-1\right]$$

が得られる.

[ivの別解] 積分変数変換

$$\frac{b-x}{x-a} = u$$

を行うと,

$$\frac{1}{x} = \frac{u+1}{a(u+b/a)}, \quad \frac{b-a}{x-a} = u+1, \quad dx = -\frac{b-a}{(u+1)^2}du$$

であるから,

$$\int_a^b \frac{1}{x}\left(\frac{b-x}{x-a}\right)^\beta dx = \frac{b-a}{a}\int_0^\infty \frac{u^\beta\, du}{(u+1)(u+b/a)}$$

である.(i)と同様に,図 6-7 の積分路に沿って複素関数

$$g(z) = \frac{b-a}{a}\frac{z^\beta}{(z+1)(z+b/a)}$$

を積分する.$-1<\beta<1$ に注意すると,極限 $R\to\infty$, $\rho\to 0$ で部分曲線 K_ρ, K_R からの寄与は消えるから,留数の定理により

$$(1-e^{2i\pi\beta})\frac{b-a}{a}\int_0^\infty \frac{u^\beta\, du}{(u+1)(u+b/a)} = \frac{b-a}{a}2\pi i\left[\mathrm{Res}\left(e^{i\pi}\frac{b}{a}\right)+\mathrm{Res}(e^{i\pi})\right]$$

$$= \frac{b-a}{a}2\pi i\left[\frac{e^{i\pi\beta}(b/a)^\beta}{-b/a+1}+\frac{e^{i\pi\beta}}{-1+b/a}\right]$$

よって,

$$\int_a^b \frac{1}{x}\left(\frac{b-x}{x-a}\right)^\beta dx = \frac{\pi}{\sin\pi\beta}\left[\left(\frac{b}{a}\right)^\beta - 1\right]$$

が得られる.

第 7 章

問 7-1 $P(z\,;a_m), P(z\,;b_n)$ は領域 Ω で正則であるから,Ω の部分領域で等しいならば,4-5 節の一致の定理により Ω の全領域で等しい.

[1]

$$P(z\,;2) = -\frac{1}{1+(z-2)} = \frac{1}{1-z} \quad (|z-2|<1), \qquad P(z\,;0) = \frac{1}{1-z} \quad (|z|<1)$$

であるから,$P(z\,;2)$ は,$z=1$ を含まない領域内の $z=0$ から $z=2$ に至る道に沿って,$P(z\,;0)$ を直接接続して得られる.

[2] 対数関数のテイラー展開を使って $P(z\,;0) = -\log(1-z)\,(|z|<1)$,一方 $P(z\,;2) = i\pi - \log[1+(z-2)] = -\log[e^{-i\pi}(z-1)]\,(|z-2|<1)$ である.複素関数 $\log(1-z)$ は $z\geqq 1$ なる正の実軸上に切断をもつから,点 $z=0$ から出発して $\mathrm{Im}\,z>0$ なる半円 $|z-1|=1$ に沿って切断の上部の点 $z=2$ に至ると,関係式 $1-z = e^{-i\pi}(z-1)$ が成り立つ.よって,$P(z\,;2)$ は複素関数 $P(z\,;0) = -\log(1-z)$ を半円 $|z-1|=1\,(\mathrm{Im}\,z>0)$ に沿っ

て直接接続して得られる.

[別解]

$$\frac{d}{dz}P(z\,;\,0) = \sum_{n=1}^{\infty} z^{n-1} = \frac{1}{1-z} \quad (|z|<1)$$

$$\frac{d}{dz}P(z\,;\,2) = \sum_{n=1}^{\infty} (-1)^n(z-2)^{n-1} = \frac{-1}{1+(z-2)} = \frac{1}{1-z} \quad (|z-2|<1)$$

であるから,$P(z\,;\,0), P(z\,;\,2)$ はそれぞれ

$$P(z\,;\,0) = P(0\,;\,0) + \int_0^z \frac{dz}{1-z} = \int_0^z \frac{dz}{1-z} = \log\frac{1}{1-z}$$

$$P(z\,;\,2) = P(2\,;\,2) + \int_2^z \frac{dz}{1-z} = i\pi + \int_2^z \frac{dz}{1-z} = i\pi + \log\frac{-1}{1-z}$$

で与えられる.これは,解析接続が $\int_{0,C}^2 \frac{dz}{1-z} = i\pi$ となる積分路 C に沿って行われたことを示している.すなわち,C は上半平面内で $z=1$ を右に見て時計回りにまわる.

[3]

$$f(z) = \sum_{n=0}^{q-1} z^{n!} + \sum_{n=q}^{\infty} z^{n!} = g(z) + h(z)$$

とおく.$z=re^{2p\pi i/q}$ とおいたとき,$g(z)$ は多項式であるから $r\to 1$ のとき有限である.一方,$n \geqq q$ のとき,$z^{n!} = r^{n!}$,よって

$$h(z) = \sum_{n=q}^{\infty} r^{n!} \to \infty \quad (r\to 1)$$

この結果より,$z=e^{2p\pi i/q}$ は $f(z)$ の特異点である.このような特異点 $e^{2p\pi i/q}$ は単位円周上に稠密に存在する.よって,単位円周は $f(z)$ の自然境界となる.

[4] 負の実軸に沿った切断をもつ複素関数 $w^{-\alpha}$($-\pi < \arg w < \pi$)を考える.切断の上部と下部に沿った線分 L_1, L_2 と原点のまわりの半径 ρ の小円 K_ρ と半径 R の大円 K_R から成る閉曲線 $C = L_1 + K_\rho + L_2 + K_R$ をとる.z を閉曲線 C の内部の点とすると,コーシーの積分公式により

$$z^{-\alpha} = \frac{1}{2\pi i}\oint_C \frac{w^{-\alpha}}{w-z}dw = \frac{1}{2\pi i}\Big(\int_{L_1} + \int_{K_\rho} + \int_{L_2} + \int_{K_R}\Big)\frac{w^{-\alpha}}{w-z}dw$$

が成り立つ.$0<\mathrm{Re}\,\alpha<1$ に注意すると,$R\to\infty$,$\rho\to 0$ の極限で,小円と大円の寄与は消える.よって,

$$z^{-\alpha} = \frac{1}{2\pi i}\int_\infty^0 \frac{(re^{i\pi})^{-\alpha}}{-r-z}e^{i\pi}dr + \frac{1}{2\pi i}\int_0^\infty \frac{(re^{-i\pi})^{-\alpha}}{-r-z}e^{-i\pi}dr$$

$$= \frac{1}{2\pi i}(-e^{-i\pi\alpha}+e^{i\pi\alpha})\int_0^\infty \frac{r^{-\alpha}}{r+z}dr = \frac{\sin\pi\alpha}{\pi}\int_0^\infty \frac{r^{-\alpha}}{r+z}dr$$

が得られる.

第8章

問8-1 辺々の足し算(8.6)+$i\times$(8.7)を行い,$z=re^{i\theta}$,$\zeta=Re^{i\varphi}$ を代入して得られる等式

$$\frac{\zeta+z}{\zeta-z}\frac{d\zeta}{\zeta} = \frac{(\zeta+z)(\bar\zeta-\bar z)}{|\zeta-z|^2}\frac{d\zeta}{\zeta} = \frac{R^2-r^2+2iRr\sin(\theta-\varphi)}{R^2+r^2-Rr\cos(\theta-\varphi)}id\varphi$$

を使う.

問8-2 ベータ関数の積分表示において,6-3節の例5の結果を使って

$$\Gamma(z)\Gamma(1-z) = B(z,1-z) = \int_0^\infty \frac{x^{z-1}}{x+1}dx = \frac{\pi}{\sin\pi z}$$

問8-3 素数が有限個しか存在しないと仮定し,その最大の素数を p_N するとζ$(s)(1-2^{-s})(1-3^{-s})\cdots(1-p_N{}^{-s})=1$ が成り立つことになる.よって,$\sigma\to 1$ のとき ζ(σ) が有限の極限値をもつことになる.これは,$\sum_{n=1}^\infty n^{-1}$ が発散することに矛盾する.

問8-4 (8.28)式の右辺の積分を

$$g(s) = \int_0^\infty \frac{x^{s-1}}{e^x-1}dx = \int_0^\infty x^{s-2}f(x)dx$$

とおく.だだし $g(s)$ の解析性を調べるため,

$$f(x) \equiv \frac{x}{e^x-1} = 1 + \sum_{n=1}^\infty \frac{f^{(n)}(0)}{n!}x^n$$

とおいた.$g(s)$ の積分は $\mathrm{Re}(s-1)>0$ のとき収束し,したがって $g(s)$ はそこで正則である.条件 $\mathrm{Re}(s-1)>0$ のもとで部分積分すると表面項の寄与は0となり,

$$g(s) = \left[\frac{f(x)x^{s-1}}{s-1}\right]_0^\infty - \frac{1}{s-1}\int_0^\infty x^{s-1}f'(x)dx = -\frac{1}{s-1}\int_0^\infty x^{s-1}f'(x)dx$$

が得られる.項 $-1/(s-1)$ を抜き出した残りの積分項は,$\mathrm{Re}\,s>0$ で収束し,したがって正則である.よって $g(s)$ のこの表現は,領域 $\mathrm{Re}\,s>0$ で成り立つ.これより,$g(s)$ は $s=1$ に1位の極をもち,その留数は $\mathrm{Res}(1)=-\int_0^\infty f'(x)dx=f(0)=1$ であることがわかる.条件 $\mathrm{Re}\,s>0$ のもとでさらに部分積分すると,表面項の寄与は再び0となり,

$$g(s) = \frac{1}{(s-1)s}\int_0^\infty x^s f^{(2)}dx$$

が得られる．積分の収束性から，この表現は領域 $\mathrm{Re}(s+1)>0$ で成り立ち，よって $g(s)$ は $s=0$ に1位の極をもつことがわかる．その留数は $\mathrm{Res}(0)=-\int_0^\infty f^{(2)}dx=f'(0)$ で与えられる．一般に，部分積分を n 回繰り返すと，領域 $\mathrm{Re}(s+n-1)>0$ で成り立つ積分表現

$$g(s)=\frac{(-1)^n}{(s-1)s\cdots(s+n-2)}\int_0^\infty f^{(n)}dx$$

が得られる．1位の極 $s=-n+2$ $(n=1,2,\cdots)$ における留数は $\mathrm{Res}(-n+2)=f^{(n-1)}(0)/(n-1)!$ で与えられる．

問8-5 因数 $1-s,s$ はそれぞれ $\zeta(s),\Gamma(s/2)$ の極を相殺する．また，$\zeta(s)$ の自明な零点は $\Gamma\left(\dfrac{s}{2}\right)$ の残りの極を相殺する．よって $\xi(s)$ は整関数である．$\xi(s)=\xi(1-s)$ の関係を(8.30)を用いて書き直すと，

$$\pi^{-s/2}\Gamma\left(\frac{s}{2}\right)\zeta(s)=\pi^{(s-1)/2}\Gamma\left(\frac{1-s}{2}\right)\zeta(1-s)=2^{1-s}\pi^{-(s+1)/2}\Gamma(s)\Gamma\left(\frac{1-s}{2}\right)\cos\frac{\pi s}{2}\zeta(s)$$

となる．これは

$$\cos\frac{\pi s}{2}\,\Gamma(s)\Gamma\left(\frac{1-s}{2}\right)=2^{s-1}\pi^{1/2}\Gamma\left(\frac{s}{2}\right)$$

と等価である．さらに，関係式(8.32)を使って上式は

$$\pi^{1/2}\Gamma(s)=2^{s-1}\Gamma\left(\frac{s}{2}\right)\Gamma\left(\frac{1+s}{2}\right)$$

に等しい．これはルジャンドルの2倍角公式である（演習問題 [5] 参照のこと）．

[1] 正則関数の実部，虚部である：（i）$\mathrm{Re}\,z^n$，（ii）$\mathrm{Im}\,\dfrac{1}{z}$

[2] （i）z^2+iz+定数，（ii）$2\cosh z+$定数

[3] $c_n=a_n-ib_n$ $(n=1,2,\cdots)$ とおけば，

$$u(z)=\frac{a_0}{2}+\sum_{n=1}^\infty \mathrm{Re}(c_n z^n)\quad(|z|<R)$$

$|z|<R$ において $u(z)$ を実部としてもつ正則関数を（その存在は例題8-1による）$f(z)$ で表わせば，$f(z)$ は純虚数の付加定数 ib を除いて定まるから，そのテイラー展開は

$$f(z)=\frac{a_0}{2}+ib+\sum_{n=1}^\infty c_n z^n\quad(|z|<R)$$

で与えられる．虚部をとって，

$$v(re^{i\theta})=b+\sum_{n=1}^\infty(-b_n\cos n\theta+a_n\sin n\theta)r^n\quad(r<R)$$

が得られる.

[4] $|z| \leqq R$ で $u(re^{i\theta})$ が調和だから,

$$r\frac{\partial u(re^{i\theta})}{\partial r} = \sum_{n=1}^{\infty} n(a_n \cos n\theta + b_n \sin n\theta)\left(\frac{r}{R}\right)^n$$

もまた調和である.これに,調和関数の展開公式(8.9)をあてはめると,a_n, b_n $(n = 1, 2, \cdots)$ が得られる.a_0 は(8.9a)の第1式で $n=0$ とおいて得られる.

[5] 表示式

$$\Gamma(z) = \frac{e^{-\gamma z}}{z}\prod_{n=1}^{\infty}\left(1+\frac{z}{n}\right)^{-1}e^{z/n}$$

の両辺の対数をとり,2回微分すると

$$\frac{d}{dz}\left(\frac{\Gamma'(z)}{\Gamma(z)}\right) = \sum_{n=0}^{\infty}\frac{1}{(z+n)^2}$$

である.よって,

$$\frac{d}{dz}\left(\frac{\Gamma'(z)}{\Gamma(z)}\right) + \frac{d}{dz}\left(\frac{\Gamma'(z+1/2)}{\Gamma(z+1/2)}\right) = \sum_{n=0}^{\infty}\left(\frac{1}{(z+n)^2}+\frac{1}{(z+n+1/2)^2}\right)$$

$$= 4\sum_{n=0}^{\infty}\left(\frac{1}{(2z+2n)^2}+\frac{1}{(2z+2n+1)^2}\right) = 4\sum_{m=0}^{\infty}\frac{1}{(2z+m)^2} = 2\frac{d}{dz}\left(\frac{\Gamma'(2z)}{\Gamma(2z)}\right)$$

が得られる.両辺を2回積分すると,積分定数を a, b として $\Gamma(z)\Gamma(z+1/2) = e^{az+b}\Gamma(2z)$ となる.$z=\frac{1}{2}$, $z=1$ を代入して,関係式 $\Gamma(z+1) = z\Gamma(z)$ を使うと $\Gamma(1) = 1$, $\Gamma(2) = \Gamma(1) = 1$, $\Gamma(1/2) = \sqrt{\pi}$, $\Gamma(1+1/2) = (1/2)\Gamma(1/2) = \sqrt{\pi}/2$ となるから,$\sqrt{\pi} = e^{a/2+b}$, $\sqrt{\pi}/2 = e^{a+b}$ が成り立つ.よって,$a = -2\log 2$, $b = (1/2)\log\pi + \log 2$. ゆえに,$\sqrt{\pi}\Gamma(2z) = 2^{2z-1}\Gamma(z)\Gamma(z+1/2)$ が得られる.

[6] $\text{Re}\, z > 1$ において,

$$(1-2^{1-z})\sum_{n=1}^{\infty}n^{-z} = \sum_{n=1}^{\infty}n^{-z} - 2\sum_{n=1}^{\infty}(2n)^{-z}$$

$$= \sum_{n=1}^{\infty}(2n-1)^{-z} + \sum_{n=1}^{\infty}(2n)^{-z} - 2\sum_{n=1}^{\infty}(2n)^{-z}$$

$$= \sum_{n=1}^{\infty}(2n-1)^{-z} - \sum_{n=1}^{\infty}(2n)^{-z} = \sum_{n=1}^{\infty}(-1)^{n+1}n^{-z}$$

である.

索　引

松田 哲

1942年広島市に生まれる. 1964年東京大学理学部物理学科卒業.
1968年東京大学大学院理学系研究科博士課程修了. 1968年カリフ
ォルニア工科大学リチャード・チェイス・トルマン研究員となる.
その後, プリンストン高級研究所研究員, 欧州合同原子核研究機
関(CERN)研究員, トリエステ理論物理学国際センター研究員を
経て, 1972年京都大学理学部専任講師. さらに同大学総合人間学
部教授, 京都大学大学院理学研究科教授等を務め, 現在, 京都大
学名誉教授. 東京大学理学博士.
専攻, 素粒子論. 2001年第1回素粒子メダル受賞.
著書 :『力学』(パリティ物理学コース)(丸善).

理工系の基礎数学 新装版
複素関数

―――――――――――――――――――――――――

1996 年 6 月 18 日　第 1 刷発行
2017 年 3 月 24 日　第 10 刷発行
2022 版 11 月 9 日　新装版第 1 刷発行

著　者　松田 哲

発行者　坂本政謙

発行所　株式会社 岩波書店
　　　　〒101-8002 東京都千代田区一ツ橋 2-5-5
　　　　電話案内 03-5210-4000
　　　　https://www.iwanami.co.jp/

印刷製本・法令印刷

―――――――――――――――――――――――――

© Satoshi Matsuda 2022
ISBN978-4-00-029917-6　　Printed in Japan

吉川圭二・和達三樹・薩摩順吉 編

理工系の基礎数学［新装版］

A5 判並製（全 10 冊）

理工系大学 1〜3 年生で必要な数学を，現代
的視点から全 10 巻にまとめた．物理を中心
とする数理科学の研究・教育経験豊かな著者
が，直観的な理解を重視してわかりやすい説
明を心がけたので，自力で読み進めることが
できる．また適切な演習問題と解答により十
分な応用力が身につく．「理工系の数学入門
コース」より少し上級．

微分積分	薩摩順吉	248 頁	定価 3630 円
線形代数	藤原毅夫	240 頁	定価 3630 円
常微分方程式	稲見武夫	248 頁	定価 3630 円
偏微分方程式	及川正行	272 頁	定価 4070 円
複素関数	松田 哲	224 頁	定価 3630 円
フーリエ解析	福田礼次郎	240 頁	定価 3630 円
確率・統計	柴田文明	240 頁	定価 3630 円
数値計算	髙橋大輔	216 頁	定価 3410 円
群と表現	吉川圭二	264 頁	定価 3850 円
微分・位相幾何	和達三樹	280 頁	定価 4180 円

━━━━━ 岩 波 書 店 刊 ━━━━━

定価は消費税 10% 込です

2022 年 11 月現在